U0249314

国家级工程训练示范中心"十二五"规划教材

机电工程训练基础教程
(第2版)

郑勐　雷小强　主编

李可青　尚军　惠蓉　李余峰　参编

清华大学出版社

北京

内 容 简 介

本教材在第 1 版的基础上,根据教学需要进行了部分修改。修改后教材共分为 6 大部分:第一部分安全与急救常识,主要介绍了学生参加工程训练时应该注意的安全常识和注意事项,以及日常生活中的急救知识、安全常识等;第二部分为常用金属材料的基本知识;第三部分为热加工,介绍了金属热处理、焊接和铸造;第四部分是传统加工,主要有车削、钳工、铣削、磨削、刨削以及齿轮加工;第五部分是现代加工,主要介绍了数控车削、数控铣削、数控加工中心、电火花加工、逆向工程等;第六部分为电工电子,主要介绍了电子装配、电工装配和传感器应用等。每个部分都包含了基本理论、基本工艺方法、设备和工具的使用方法和要领,便于组织、安排工程训练,同时,不同的专业也可以根据专业要求选择不同的内容和深度,具有很强的可操作性。每部分概述均安排了相关背景知识,注重介绍各工种的特点,使学生能够自己学习,掌握每一个工种在装备制造业中发挥的作用,逐步形成完整的工程概念。

图书在版编目(CIP)数据

机电工程训练基础教程/郑勐,雷小强主编.--2 版.--北京:清华大学出版社,2015(2024.2 重印)
国家级工程训练示范中心"十二五"规划教材
ISBN 978-7-302-40873-4

Ⅰ.①机… Ⅱ.①郑…②雷… Ⅲ.①机电工程-高等学校-教材 Ⅳ.①TH

中国版本图书馆 CIP 数据核字(2015)第 164210 号

责任编辑:赵　斌
封面设计:常雪影
责任校对:刘玉霞
责任印制:沈　露

出版发行:清华大学出版社
　　网　　址:https://www.tup.com.cn,https://www.wqxuetang.com
　　地　　址:北京清华大学学研大厦 A 座　　　　　　邮　　编:100084
　　社 总 机:010-83470000　　　　　　　　　　　邮　　购:010-62786544
　　投稿与读者服务:010-62776969,c-service@tup.tsinghua.edu.cn
　　质量反馈:010-62772015,zhiliang@tup.tsinghua.edu.cn
印 装 者:艺通印刷(天津)有限公司
经　　销:全国新华书店
开　　本:185mm×260mm　　印　　张:18.75　　　　字　　数:450 千字
版　　次:2007 年 4 月第 1 版　　2015 年 8 月第 2 版　　印　　次:2024 年 2 月第 17 次印刷
定　　价:49.80 元

产品编号:066175-04

序言

PREFACE

　　自国家的"十五"规划开始,我国高等学校的教材建设就出现了生机蓬勃的局面,工程训练领域也是如此。面对高等学校高素质、复合型和创新型的人才培养目标,工程训练领域的教材建设需要在体系、内涵以及教学方法上深化改革。

　　以上情况的出现,是在国家相应政策的主导下,源于两个方面的努力:一是教师在教学过程中,深深感到教材建设对人才培养的重要性和必要性,以及教材深化改革的客观可能性;二是出版界对工程训练类教材建设的积极配合。在国家"十五"期间,工程训练领域有 5 部教材列入国家级教材建设规划;在国家"十一五"期间,约有 60 部教材列入国家级"十一五"教材建设规划。此外,还有更多的尚未列入国家规划的教材已正式出版。对于国家"十二五"规划,我国工程训练领域的同仁,对教材建设有着更多的追求与期盼。

　　随着世界银行贷款高等教育发展项目的实施,自 1997 年开始,在我国重点高校建设 11 个工程训练中心的项目得到了很好的落实,从而使我国的工程实践教学有机会大步跳出金工实习的原有圈子。训练中心的实践教学资源逐渐由原来热加工的铸造、锻压、焊接和冷加工的车、铣、刨、磨、钳等常规机械制造资源,逐步向具有丰富优质实践教学资源的现代工业培训的方向发展。全国同仁紧紧抓住这百年难得的机遇,经过 10 多年的不懈努力,终于使我国工程实践教学基地的建设取得了突破性进展。在 2006—2009 年期间,国家在工程训练领域共评选出 33 个国家级工程训练示范中心或建设单位,以及一大批省市级工程训练示范中心,这不仅标志着我国工程训练中心的发展水平,也反映出教育部对我国工程实践教学的创造性成果给予了充分肯定。

　　经过多年的改革与发展,以国家级工程训练示范中心为代表的我国工程实践教学发生了以下 10 个方面的重要进展:

　　(1) 课程教学目标和工程实践教学理念发生重大转变。在课程教学目标方面,将金工实习阶段的课程教学目标"学习工艺知识,提高动手能力,转变思想作风"转变为"学习工艺知识,增强工程实践能力,提高综合素质,培养创新精神和创新能力";凝练出"以学生为主体,教师为主导,实验技术人员和实习指导人员为主力,理工与人文社会学科相贯通,知识、素质和能力协调发展,着重培养学生的工程实践能力、综合素质和创新意识"的工程实践教学理念。

　　(2) 将机械和电子领域常规的工艺实习转变为在大工程背景下,包括机械、电子、计算机、控制、环境和管理等综合性训练的现代工程实践教学。

　　(3) 将以单机为主体的常规技术训练转变为部分实现局域网络条件下,拥有先进铸造技术、先进焊接技术和先进钣金成形技术,以及数控加工技术、特种加工技术、快速原型技术和柔性制造技术等先进制造技术为一体的集成技术训练。

　　(4) 将学习技术技能和转变思想作风为主体的训练模式转变为集知识、素质、能力和创新实践为一体的综合训练模式,并进而实现模块式的选课方案,创新实践教学在工程实践教学中逐步形成独有的体系和规模,并发展出得到广泛认可的全国工程训练综合能力竞赛。

（5）将基本面向理工类学生转变为除理工外,同时面向经济管理、工业工程、工艺美术、医学、建筑、新闻、外语、商学等尽可能多学科的学生。使工程实践教学成为理工与人文社会学科交叉与融合的重要结合点,使众多的人文社会学科的学生增强了工程技术素养,不仅成为我国高校工程实践教学改革的重要方向,并开始纳入我国高校通识教育和素质教育的范畴,使愈来愈多的学生受益。

（6）将面向低年级学生的工程训练转变为本科4年不断线的工程训练和研究训练,开始发展针对本科毕业设计,乃至硕士研究生、博士研究生的高层人才培养,为将基础性的工程训练向高层发展奠定了基础条件。

（7）由单纯重视完成实践教学任务转变为同时重视教育教学研究和科研开发,用教学研究来提升软实力和促进实践教学改革,用科研成果的转化辅助实现实验技术与实验方法的升级。

（8）实践教学对象由针对本校逐渐发展到立足本校、服务地区、面向全国,实现优质教学资源共享,并取得良好的教学效益和社会效益。

（9）建立了基于校园网络的中心网站,不仅方便学生选课,有利于信息交流与动态刷新,而且实现了校际间的资源共享。

（10）卓有成效地建立了国际国内两个层面的学术交流平台。在国际,自1985年在华南理工大学创办首届国际现代工业培训学术会议开始,规范地实现了每3年举办一届。在国内,自1996年开始,由教育部工程材料及机械制造基础课指组牵头的学术扩大会议（邀请各大区金工研究会理事长参加）每年举办一次,全国性的学术会议每5年一次;自2007年开始,国家级实验教学示范中心联席会工程训练学科组牵头的学术会议每年两次;各省市级金工研究会牵头举办的学术会议每年一次,跨省市的金工研究会学术会议每两年一次。

丰富而优质的实践教学资源,给工程训练领域的系列课程建设带来极大的活力,而系列课程建设的成功同样积极推动着教材建设的前进步伐。

面对目前工程训练领域已有的系列教材,本规划教材究竟希望达到怎样的目标？又可能具备哪些合理的内涵呢？个人认为,应尽可能将工程实践教学领域所取得的重大进展,全面反映和落实在具有下列内涵的教材建设上,以适应大面积的不同学科、不同专业的人才培养要求。

（1）在通识教育与素质教育方面。面对少学时的工程类和人文社会学科类的学生,需要比较简明、通俗的"工程认知"或"实践认知"方面的教材,使学生在比较短时间的实践过程中,有可能完成课程教学基本要求。应该看到,学生对这类教材的要求是比较迫切的。

（2）在创新实践教学方面。目前,我们在工程实践教学领域,已建成"面上创新、重点创新和综合创新"的分层次创新实践教学体系。虽然不同类型学校所开创的创新实践教学体系的基本思路大体相同,但其核心内涵必然会有较大的差异,这就需要通过内涵和风格各异的教材充分展现出来。

（3）在先进技术训练方面。正如我们所看到的那样,机械制造技术中的数控加工技术、特种加工技术、快速原型技术、柔性制造技术和新型的材料成形技术,以及电子设计和工艺中的电子设计自动化技术（EDA）、表面贴装技术和自动焊接技术等已经深入到工程训练的许多教学环节。这些处于发展中的新型机电制造技术,如何用教材的方式全面展现出来,仍然需要我们付出艰苦的努力。

（4）在以项目为驱动的训练方面。在世界范围的工程教育领域,以项目为驱动的教学组织方法已经显示出强大的生命力,并逐渐深入到工程训练领域。但是,项目训练法是一种综合性很强的教学组织法,不仅对教师的要求高,而且对经费的要求多。如何克服项目训练中的诸多困难,将处于探索中的项目驱动教学法继续深入发展,并推广开去,使更多的学生受益,同样需要教材作为一种重要的媒介。

（5）在全国大学生工程训练综合能力竞赛方面。2009年和2011年在大连理工大学举办的两届全国大学生工程训练综合能力竞赛,开创了工程训练领域无全国性赛事的新局面。赛事所取得的一系列成功,不仅昭示了综合性工程训练在我国工程教育领域的重要性,同时也昭示了综合性工程训练所具有的创造性。从赛事的命题,直到组织校级、省市级竞赛,最后到组织全国大赛,不仅吸引了数量众多的学生,而且提升了参与赛事的众多教师的指导水平,真正实现了我们所长期企盼的教学相长。这项重要赛事,不仅使我们看到了学生的创造潜力,教师的创造潜力,而且看到了工程训练的巨大潜力。以这两届赛事为牵引,可以总结归纳出一系列有价值的东西,来推进我国的高等工程教育深化改革,来推进复合型和创造型人才的培养。

总之,只要我们主动实践、积极探索、深入研究,就会发现,可以纳入本规划教材编写视野的内容,很可能远远超出本序言所囊括的上述5个方面。教育部工程材料及机械制造基础课程教学指导组经过近10年努力,所制定的课程教学基本要求,也只能反映出我国工程实践教学的主要进展,而不能反映出全部进展。

我国工程训练中心建设所取得的创造性成果,使其成为我国高等工程教育改革不可或缺的重要组成部分。而其中的教材建设,则是将这些重要成果进一步落实到与学生学习过程紧密结合的层面。让我们共同努力,为编写出工程训练领域高质量、高水平的系列新教材而努力奋斗！

清华大学　傅水根
2011年6月26日

第2版前言

FOREWORD

　　本书的第 1 版出版已经有 8 年的时间,随着工程训练中心的建设,教学内容也在发生着变化。经过认真的总结,我们对教材的内容作了部分调整,主要目的是为了适应新的教学理念和教学内容。

　　为了使学生对在工程训练期间所使用的金属材料有基本的认识,本教材增加了第 2 章材料的基本知识,可作为学生工训的基本资料。郑勐老师编写了本章内容。

　　而可编程逻辑控制器的实训,因由其他实践环节代替故而删除。

　　逆向工程是目前比较热门的话题,各个高校都在开设有关的工程训练,为此,教材增加了有关逆向工程训练的章节,并力求使学生掌握三维扫描、建模、3D 打印等最基本的知识。李余峰老师编写了本章内容。

　　全书由郑勐修改并统稿。在教材使用过程中,很多学校老师提出了宝贵的意见,在此致以真诚的感谢! 书中不足之处,希望读者给予批评指正。所有反馈信息或指正意见请寄:西安理工大学工程训练中心(地址:陕西省西安市金花南路 5 号),邮编:710048。

编　者

2015 年 5 月

第1版前言

FOREWORD

　　随着科学技术的迅猛发展,社会对人才的需求也在发生着深刻的变化,特别是对学生动手能力、创新意识等提出了更高的要求。工程训练作为培养学生的工程意识、建立工程概念、了解工程过程、体验工程环境、提高工程素质和综合能力的重要环节,其内容和形式正在从单一的技能训练向综合训练、系统训练、集成训练的方向发展。

　　本书以"学习基本知识,提高工程素质,培养创新精神"为宗旨,遵循实践教学的特点,探索了现代工程训练的方法和内涵,全书共分16章,其中,第1章由陕西省人民医院副主任护师惠蓉同志编写,其余均由西安理工大学老师编写,其中第2～5,8,12章由李可青老师编写,第6,7章由尚军老师编写,第9～11章由郑劢老师编写,第13～16章由雷小强老师编写。全书由郑劢任主编,雷小强任副主编,李言教授和郑刚教授主审了本书。

　　本书的编写力求简明扼要、突出重点,以求在指导训练中起到实际的作用。本课程总课时为3～6周,可采用灵活的方法安排工程训练的有关内容。

　　尽管作者投入了很大精力,力图使取材合理、内容正确,但还是难免有错误和不足,敬请指正。

编　者

2007 年 2 月

目 录

CONTENTS

机电工程训练中的安全与急救基本知识

1.1 工程训练的安全注意事项

1. 进入工程训练中心应注意的事项

工程训练是体会工程环境、了解和掌握工程过程的重要步骤,也是工科大学生必须经过的重要学习环节。工程训练既然是实践过程,学生就必须动手操作各种仪器、设备。为了保证学生自身和设备的安全,进入工程训练中心学习,必须遵守以下规定:

(1)进入工作场地必须穿工作服或紧袖口的夹克服,热天可以穿短袖衫,但不能穿背心和裙子。

(2)不得穿凉鞋、高跟鞋进入工作场地。

(3)操作机械设备时,长发学生必须戴帽子。

(4)进入工作场地不得大声喧哗、打闹、戴耳机听音乐和看与工作无关的书籍。

(5)不准将食物带入工作场地。

2. 操作仪器、设备应注意的安全事项

仪器设备是学生进入工程训练必须操作的对象,但操作不当会造成设备损坏或导致人身事故,各位参加实训的学生务必牢记以下准则:

(1)上课时认真学习指导老师的讲解和示范,并做好笔记。

(2)在教师没有讲明以前不得随意乱动设备上的按钮、手柄、电源开关等。

(3)操作旋转的机械设备时不能戴手套。

(4)发现设备的声音有变化或仪器出现怪气味时要及时停机并切断电源。

(5)不要用手随便触摸工件(如铸、锻、焊、热处理及机械加工刚完成的工件),以免烫伤。

(6)工程训练时不得穿拖鞋、凉鞋、高跟鞋、短裤、背心、裙子。

(7)不得用手去触摸正在旋转或运动的机床部件。

(8)多人一机时,只允许一个人操作。

(9)开动机床后,不得离开、坐着或做与工作无关的事。

(10)不得擅自更改、变换实习模块。

1.2 心肺复苏术

心肺复苏术是指当任何原因引起呼吸或心跳停止时,在体外实施的基本急救操作和措施,其目的在于保护脑和心脏等重要脏器,并尽快恢复自主呼吸和循环功能。

(1)判断患者有无意识。轻拍、轻摇患者肩部或呼唤患者,也可用疼痛刺激判断患者有无反应,如掐人中穴、合谷穴,如图1-1所示。

(2)呼救。若患者无反应,立即大声呼救,拨打"120"时,应讲明事故地点、回电号码、患者简况等,如图1-2所示。

(3)复苏准备。让患者仰卧在硬地或木板上,双臂放于身体两侧。翻转患者时,应整体翻转,特别是有颈椎患者,应防止颈部扭曲。衣领、裤带、内衣要解开,以免妨碍胸部运动,救助者跪于患者右侧,如图1-3所示。

图1-1 判断患者有无意识

图1-2 呼救

图1-3 复苏准备

(4)清理呼吸道。如患者口、鼻中有泥沙、痰涕、呕吐物,应尽快清除干净。

(5)开放气道——仰头举颏法。将一只手放在患者前额上,手掌用力向后压使头后仰,另一只手的食指和中指放在下颌骨下方,将颏部向上抬起,气道开放,注意食指和中指尖不要压迫颈部,如图1-4所示。

(6)判断有无呼吸。开放气道后,抢救者用耳听患者口鼻的呼吸气流声,用眼看患者胸部和上腹部有无呼吸运动,用面部感觉患者口、鼻有无呼吸,时间不超过5s。若无呼吸,应立即进行人工呼吸;若有呼吸,则保持气道通畅,如图1-5所示。

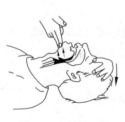
图1-4 开放气道

图1-5 判断有无呼吸

(7)口对口人工呼吸。用放在前额的手的拇指和食指捏住患者鼻孔,抢救者深吸一口气,双唇包住患者的嘴,用力吹气,看到患者胸廓有明显升起时,放开鼻孔待患者呼气,抢救者再吸气,准备下一次吹气,连续吹气 2 次,频率 10~12 次/min(约 5~6s 吹气 1 次),如图 1-6 所示。

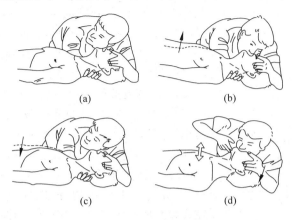

图 1-6　口对口人工呼吸

(8) 判断有无脉搏。抢救者的一只手仍放在患者额部,保持气道通畅;另一只手的食指和中指放在颈前甲状软骨外侧,滑向气管和胸锁乳突肌之间,触摸颈动脉搏动,如图 1-7 所示。如脉搏消失,施行胸外心脏按压。

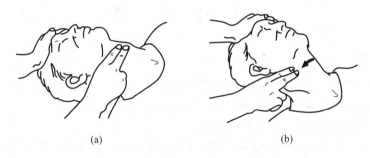

图 1-7　判断有无脉搏

(9) 胸外心脏按压。胸骨下部、双乳头连线的中央为按压部位。抢救者双臂绷直,肘关节固定不动,双臂在患者胸骨的正上方,靠上半身的重量和肩、臂的力量上下垂直按压,切忌左右摆动。下压幅度 4~5cm。一次按压后完全放松对胸骨的压力,但手和身体的位置不变,如图 1-8 所示。按压和放松的时间均等,按压频率 100 次/min。

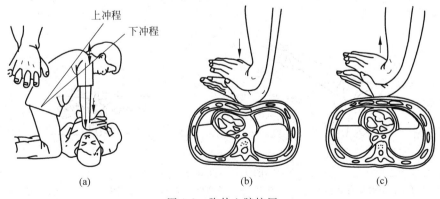

图 1-8　胸外心脏按压

（10）单人和双人心肺复苏的协调。在原则上，心肺复苏应连续进行，胸外按压和人工呼吸之比为30∶2，进行5个循环之后判断有无脉搏和呼吸。若无脉搏和呼吸，再进行5个循环或持续2min后再作判断，如此周而复始。若多人在场，可轮流替换操作。双人心肺复苏时，一人做胸外心脏按压，一人做人工呼吸，按压和人工呼吸不能同时进行，以防气体进入胃内引起胃胀，如图1-9所示。

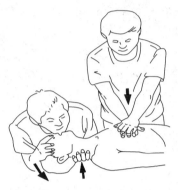

图1-9　双人心肺复苏的操作

（11）心肺复苏的有效指征。心肺复苏的效果，可从患者的瞳孔、面色、神志、脉搏和呼吸5个方面来判断。若瞳孔缩小（说明对光有反应）、面色转红、神志渐清、脉搏在停止胸外按压时仍然跳动，并有了自主呼吸，说明复苏有效。

（12）心肺复苏的停止和继续。一旦心肺复苏开始就应坚持进行，只有在以下几种情况下才可以停止：①呼吸和循环有效恢复；②医生已接手并开始急救，或者有其他人接替急救；③事故危险迫在眼前，已无法保障救助者和患者的安全；④经医生判断患者已死亡；⑤无心跳和脉搏，并且已做心肺复苏30min以上。

1.3　止　血　法

（1）手脚出血时，抬高出血部位。

（2）用清洁的纱布、毛巾等按住出血部位，并用力压迫——直接压迫止血法。

（3）用力压住距伤口最近的动脉（止血点）——间接压迫止血法。

（4）同时用直接、间接压迫的方法止血。

（5）无法止住手、脚的出血，或在等待诊疗时，可以使用止血带。若止血带能有效地制止出血，则以上方法都可停止，如图1-10所示。

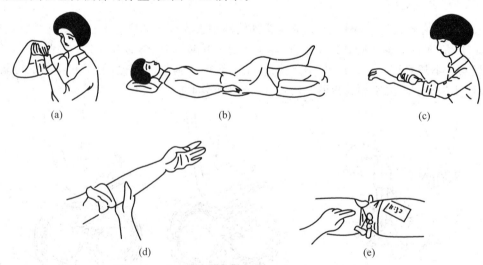

(a)　　　　　　　　　　(b)　　　　　　　　　　(c)

(d)　　　　　　　　　(e)

图1-10　止血法

(a) 手部出血时抬高出血部位；(b) 脚部出血时抬高出血部位；(c) 直接压迫——用力压住患部；
(d) 间接压迫——用力压迫血管；(e) 用止血带阻止出血，记下止血时间手部出血,一般举起手臂即可充分达到止血的效果。手、脚受伤的患者,可以采取坐着或躺着抬高出血部位的方法来止血,以等待患部的进一步处理。图 1-11 所示为人体各部位止血点,务请熟悉并记住。

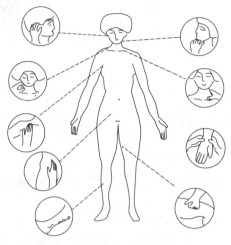

图 1-11　人体各部位止血点

1.4　常见病的急救方法

1. 脑卒中(中风)急救法

(1) 让患者保持绝对安静。当在浴室、厕所或行人来往频繁的地方发病时,应小心地将患者静静地移到容易处置的场所。

(2) 把患者上半身稍稍垫高,宽松衣服,使其舒适,屋内需安静,并使室温保持在 15～20℃。

(3) 气管分泌物增加,使呼吸变得急促困难时,必须采取确保气管通畅的姿势。积存在口腔内的分泌物要用毛巾轻拭除去。

(4) 有呕吐现象时,注意不要让患者将呕吐物吸入气管,以免阻塞呼吸道。可轻轻地将患者头部转向旁边,如图 1-12 所示。

(5) 中风患者多半有大小便失禁现象,不要移动上半身,保持原状进行处理即可。

(6) 患者由于脱水,会有口干舌燥的感觉,可用棉签蘸水润湿唇部,并轻轻擦去患者口中的黏液。

(7) 患者处于昏睡状态时,不可给予食物或饮料。

(8) 送往医院时,务必将患者发病的详细情况告诉大夫。

2. 流鼻血急救法

(1) 流鼻血时,紧紧捏住鼻子,张开嘴,慢慢地用口呼吸,数分钟后鼻血自会停止,如图 1-13 所示。

图 1-12　呕吐时将患者头部偏向一侧　　　　　图 1-13　流鼻血时捏住鼻子用口呼吸

(2) 用冷湿布覆盖鼻子上方到额头处。

(3) 不要用脱脂棉或卫生纸塞鼻孔。因纤维留在鼻内容易引起再出血,最好撕一块软纱布塞在鼻孔内。

(4) 止血后,不可立即用力擤鼻子。

用以上方法止血无效或经常流鼻血的人,可能患有高血压、血友病或鼻腔疾病,务必请大夫诊治。

一般人在流鼻血时常把脸部向上仰,这样会使血液流向喉咙而变得更不舒服,因此倒不如张开嘴,不使血液流进口中。

流鼻血的原因很多,如受打击时的外伤、挖鼻孔、气压的变化、鼻病(如鼻炎)、高血压、月经期间的代谢性出血等。

3. 烧伤急救法

(1) 灭:迅速灭火,除去热源,特别注意着火的衣服。

(2) 查:除烧伤外,检查全身有无其他伤害,如骨折、内脏损伤、煤气中毒等。

(3) 防:防休克,防窒息,防创面污染。

(4) 包:用干净的布类、毛巾或纱布、三角巾包裹创面。

(5) 送:初救后速送医院。

烧伤面积估计:五指并拢时人的手掌面积约等于体表总面积的 1%。

烧伤深度:一度烧伤——最轻,仅烧及皮肤表层,局部红肿、灼痛。二度烧伤——真皮被破坏,局部起水泡,疼痛剧烈。三度烧伤——最重,烧伤皮下组织、肌肉,甚至骨头。

烧伤的轻重:特重烧伤——烧伤总面积在 90% 以上,或三度烧伤总面积在 50% 以上。重度烧伤——烧伤总面积在 31%~50%,或三度烧伤总面积在 11%~20%,或烧伤面积不到 30%,或有下列情况之一:①全身烧伤情况较重或已休克;②创伤严重或合并有化学中毒;③呼吸道烧伤。中度烧伤——烧伤总面积 11%~30%,或三度烧伤面积在 10% 以下。轻度烧伤——烧伤面积在 10% 以下的二度烧伤。

4. 神志不清急救法

(1) 解开患者衣服纽扣、腰带等,使其躺卧在安静的地方,如图 1-14 所示。

(2) 为使患者的呼吸通畅,可在肩部垫上毛巾,使头后仰,如图 1-15 所示。

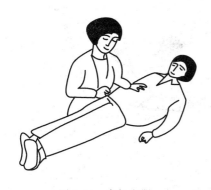

图 1-14　宽松衣服

图 1-15　使患者呼吸顺畅

（3）不可给予患者食物或饮料。

（4）患者发生呕吐时,注意不要让呕吐物误入气管,预防方法是将患者头部侧向一边躺卧,如图 1-16 所示。

（5）对头部外伤后的意识障碍患者,在意识恢复后也必须保持安静,千万不可立即走动。

（6）无论是何种原因造成的意识障碍,务必到医院进行紧急诊治。

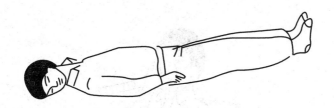

图 1-16　呕吐时把患者脸部侧向一边

神志不清患者的特征为:对于任何质问皆无反应,不能作答,记忆丧失,动作迟钝,对于眼前的地方、时日无法辨别。对严重的患者,即使大声与其说话、拧他,也无感觉。

除了头部外伤、脑卒中、癫痫等脑部疾病之外,患有肝硬化、严重的糖尿病、尿毒症、肺病、心脏病等患者也会发生神志不清。需注意的是,若是因煤气中毒、安眠药中毒而产生的神志不清,要求救助者立即根据周围的状况来判断病情,进行最有效的急救。

5. 煤气中毒急救法

（1）尽快把患者移到空气流通的地方。

（2）解开患者的纽扣、皮带等,并把衣服敞开,使患者呼吸顺畅。

（3）对呼吸停止的患者,要即刻进行人工呼吸,若能戴上氧气面罩效果更好,如图 1-17 所示。

（4）让患者安静休息,用毛毯裹住身体,保持体温正常。

（5）注意恶心、呕吐所造成的窒息。

（6）对于有毒气体的中毒,不但要进行上面所说的急救处理,而且应尽快送往医院。

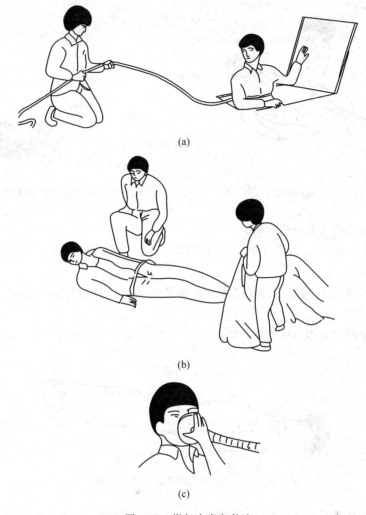

图 1-17 煤气中毒急救法

(a) 救助时,谨防二次事故再度发生,尽快让患者吸入新鲜空气

(b) 有恶心感时把患者头部侧向一边并保持体温,在安慰患者的同时宽松患者衣服

(c) 可能的话给患者戴上氧气面罩

  燃料用的煤气和一些化学制品,燃烧时都会产生有毒气体。使用煤炉取暖时,室内要装通风斗,要经常清理烟道,保持烟道畅通。

  平时要充分注意室内空气流通。罐装煤气的输气管不可太长,因管子受到践踏或弯曲时,会使炉火熄灭,放出的煤气容易造成意外事故。因此,要勤于关闭煤气开关。

  在古井、贮藏室、地窖、地下贮藏库等地方,氧气也不充足,应避免点火或金属相碰产生火花。在这些地方救人时,救助者要腰系绳子,并作其他必要的准备,以防止事故再次发生。

6. 烫伤急救法

(1) 如烫伤点在衣服上,要迅速在衣服上喷冷水。

(2) 如手、脚烫伤,可将手、脚浸泡在水中,直到疼痛消失为止。

（3）用湿毛巾或床单盖在伤处，再往上喷洒冷水，如图 1-18 所示。

（4）不要弄破水泡。因爆炸事故造成的烫伤，当无法处理身上的衣物或碎片时，要保持原状并送往医院急救。

（5）也可用湿毛巾裹住患处，不要涂抹药物，尽快送医院治疗。

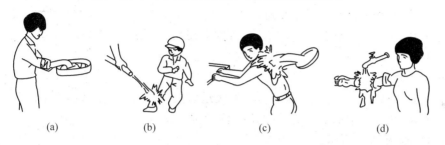

| (a) | (b) | (c) | (d) |

图 1-18　用水冷敷

烫伤的病情可分为 3 种程度：一度烧伤（红斑性）——皮肤会变红，并有火辣辣的刺痛感；二度烫伤（水泡性）——患处会产生水泡；三度烫伤（坏死性）——皮肤剥落。

无论属何种情况，急救措施的第一步就是把伤口冷却，注意不要受到感染。为了使伤痕减少至最低程度，务必要进行正确的急救，再转往专门医院诊疗；若发生休克、脱水、严重感染等性命攸关的症状，务必住院。

7. 外伤急救法

（1）对大量出血的患者，首先采取止血方法处理。

（2）为了预防患处出血感染，需先用清洁的水洗净伤口，如图 1-19 所示。

（3）对无法彻底清洁的伤口，必须用清洁的布覆盖在伤口上。注意不可将棉花、卫生纸直接放在伤口处。

（4）对切伤、刺伤等的小伤口，若能挤出少量的血液反而能排出细菌与尘垢，对治疗有好处，如图 1-20 所示。

（5）任何一种外伤，都容易引起细菌的感染而化脓，特别是较深的刺伤，弄不好有得破伤风的危险，所以务必送医院治疗。

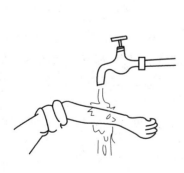

图 1-19　清洗伤口

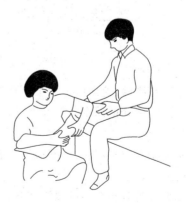

图 1-20　稍微挤压伤口

当出血无法止住时,首先应止血,即在伤口处用清洁的布覆盖后用力压迫(即直接压迫止血法)。如仍不能止血,则需采取止血点压迫法(即间接压迫止血法),或者直接、间接压迫止血法同时使用。若是手、脚外伤,且要等待很长时间才能得到大夫的治疗时,可先用止血带来止血。

若是刀伤,不可涂抹软膏之类的药物,否则会使伤口不易愈合。而且不可重复涂抹多种消毒剂,否则易引起化学反应,反而发挥不了疗效。

对伤口过大或需要手术缝合的患者,尽快送医院急救才是上策。对头、胸、腹部的伤害,容易损及内脏,务必注意内出血的可能性,如图 1-21 所示。

图 1-21　头、胸、腹部外伤有内出血的可能

8. 骨折急救法

(1) 开放性骨折(从受伤处可以看见骨折)的伤痛及出血,需进行伤痛处理急救,并把伤口清洁干净。

(2) 不可让患者走动,更不可把骨折部分推回原处。

(3) 若患者的骨折是在手、足部位,可用夹板支撑固定。夹板至少固定在骨折部中央前后两个关节处,所以必须选择长宽适当且坚固的板子。

(4) 若骨折部位为头、脊椎、腰部,则需使患者安安静静地躺在类似门板的硬板上,并且在头部周围放置被褥或毛毯卷成的软质物体来固定,如图 1-22 所示。

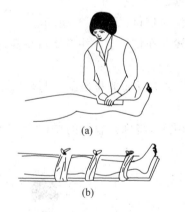
(a)

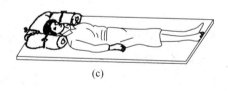
(c)

(b)

图 1-22　骨折急救法

尤其要注意,受伤后患者不经意的走动,或者扭动身体及用力,都有可能使不完全的骨折转变成完全性的骨折,使得周围的血管及神经因外力压迫而恶化,所以绝对不可掉以轻心。

还应注意的是,与其急着搬动患者,倒不如先正确固定骨折部位,等人手足够时再小心地搬运患者。

发生骨折时一般会有以下症状:

(1) 局部疼痛,即当患者受到触摸或移动时,会有痛苦感。

（2）红肿现象，即可能因皮下出血而产生淤血和红肿。

（3）患处扭曲变形，即与正常状况相比，会有肿大、突出、凹陷或缩短的现象。

在事故发生的瞬间，若有"咔嚓"的断裂声，可能是骨折了。可用 X 光检查，确定病的状况。但绝对不可有"能活动就不是骨折"的错误观念。

在骨折的紧急情况下，必须用现有材料做个固定用的夹板。譬如，一段厚纸板即可成为很好的固定材料。此外，硬的周刊杂志、瓦楞包装箱等也都可以用。在夹板与关节的空隙处，可塞进毛巾、衣物等来固定。

9. 冻伤急救法

冻伤多发生在手指、脚趾、耳垂、鼻子等处。冻伤是当气温在 10℃ 以下，因血液循环不畅而出现的皮肤发红、发痒、红肿的现象。小孩及女性易发生冻伤。

（1）冻伤时，用柔软干净的布轻轻地在患处反复按摩。

图 1-23　反复地按摩，用冷水、温水交替浸泡

（2）将患部交替浸在冷水和 20～37℃（体温程度）的热水中，如图 1-23 所示。

（3）手部的冻伤可在与体温差不多的温水中反复浸泡，每次浸泡 4～5s 后取出，直到冻伤部恢复正常体温时为止。

（4）不可直接用火烤，也不可把浸泡患处的热水加热。

（5）把患者置于暖和的屋内，并给予温热的食物，尽可能保持患者全身温暖。

（6）体温恢复后轻移患部，并进行按摩。

（7）全身冻伤的患者，可浸泡在低于体温 10℃（约 27℃）的温水缸里，让身体慢慢恢复至正常的体温。

（8）若伤口溃烂化脓或手脚的指头变紫，则务必送医院治疗。

冻伤与烫伤一样可以分为 3 种程度：一度冻伤——产生红紫色的斑点；二度冻伤——形成水泡；三度冻伤——皮肤坏死（组织溃烂）。

冻伤时，民间有人直接用雪团按摩患部，并用毛巾用力揉搓，这样做有可能使病情恶化。因为剧烈的按摩会使伤口糜烂。急速加热也会使患处更难痊愈。所以冻伤部位应尽可能缓慢地使之温暖，逐渐恢复正常体温。潮湿的衣服必须立即换去。在野外无衣服替换时，不要随意脱下患者的衣服，要注意保暖。

要注意的是，身体受潮后再次吹到风，体温会急速下降而冻伤。为了防止冻伤，出门时要充分保护暴露在外的肌肤，可戴上手套、帽子等。过紧的鞋子、手套，反而容易引起冻伤。

10. 中暑急救法

（1）将患者移往阴凉通风处，宽松衣服，让其保持安静、轻松的姿势躺着，如图 1-24 所示。

（2）用水擦拭患者全身，并用电扇或扇子为其散热，但不要快速降低体温，当体温降至 38℃ 以下时，要停止一切冷敷，如图 1-25 所示。

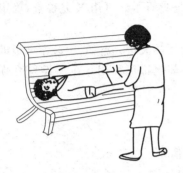

图 1-24　宽松患者衣服,移至通风良好的地方　　　　图 1-25　用水擦洗,并用电扇送风

（3）患者有意识时,可给一些清凉的饮料。为患者补充水分时,可加入少量的盐或小苏打水,记住千万不可急于补充大量水分,否则会引起呕吐、腹痛、恶心等症状。

（4）搬运患者时应用担架运送,不让其步行。

（5）症状严重（痉挛、休克）的患者必须送医院诊治。

（6）患者呼吸困难时立即进行人工呼吸。

中暑是处于高温、多湿、通风不良条件下引起的疾病。在拥挤的人群中、在夏天闷热的汽车里、在浴室等不易散热的地方、长时间在高温的阳光下曝晒,均能引起中暑。

无论是哪一种中暑,患者皆会满脸通红、高热、头痛、心悸、呼吸急促,在恶心、连打哈欠之后,可能就丧失意识而昏倒,体温也会上升到 39～40℃。

中暑的原因很容易根据周围的状况判断出来。如果及时进行急救,约数十分钟后即可恢复。若不及时急救,则会使症状恶化。

1.5　安全常识

1. 安全用电

如何预防触电呢?

不要用潮湿的手触摸电器用品,更不可在受潮的地板上玩弄电器。对洗衣机等电器用品,要按照注意事项正确使用。

随着使用电器的增多,触电事故也随之增加。对于已有"霹、霹"迸发火花的电器,务必切断电源开关,进行检查修理,防止意外发生。

电器使用的多线路接线板,往往是导致漏电事故和火灾的根源,应避免使用。

对触高压电的患者,没有专家在场就实施救助工作是非常危险的。因此台风期间外出时,要注意掉下来的电线。也不应在电线和高压线旁放风筝。

2. 发现有人触电后的急救措施

当有人触电后,其身边的人不要惊慌失措,应及时采取以下应急措施:

（1）火速切断电源，如图1-26所示。

① 立即拉下闸门或关闭电源，使触电者很快脱离电源。不可用手去拉触电者的身体。

② 就地使用干燥的竹竿、扁担、木棍、塑料制品、橡胶制品、皮制品等挑开接触的电源。绝不能使用铁器或潮湿的棍棒，以防触电。

③ 救护者可站在干燥的木板上或穿上不带钉子的胶底鞋，用一只手去拉触电者的干燥衣服，使触电者脱离电源。

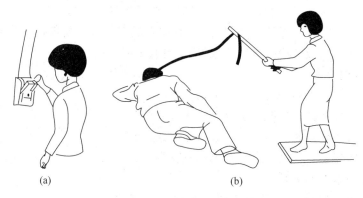

图1-26　火速切断电源

（2）如患者仍在漏电的机器上，则应赶快用干燥的绝缘棉衣、棉被将患者推拉开。

（3）未切断电源之前，抢救者切忌用自己的手直接去拉触电者，这样自己也会立即触电而伤，再有人拉这位触电者也会同样触电。这是因为人体是导体，极易导电。

（4）确认心跳停止时，在用人工呼吸和胸外心脏按压后才可使用强心剂。

（5）触电灼烧伤应合理包扎。在高空高压线触电抢救中，还要防止从高处跌下摔伤。

（6）触电时的灼伤是最严重也是最难治疗的，因此务必送医院诊疗。

3. 防火安全

1）使用液化石油气的防火要求

液化石油气具有易燃、易爆特性，一旦泄漏会向空间大量挥发，遇火源会发生燃烧爆炸。安全使用液化石油气要做到以下几点：

（1）液化石油气钢瓶与炉具应有1m以上的距离，胶管长度以1.2～1.5m为宜。

（2）公用厨房不准使用液化石油气。在单独厨房内，禁止液化石油气与煤炉、柴炉等同时使用。

（3）使用时钢瓶应直立，每次用完后要关闭钢瓶开关，切断气源。

（4）禁止用户私自倾倒残液和倒气过罐。

（5）发生漏气时要停止用火、用电，迅速关闭钢瓶开关，切断气源，禁止用火种寻找漏气点。

（6）一旦失火，即用干粉或1211灭火器灭火，也可用湿麻袋、湿毛巾覆盖，同时拨打119电话向消防队报警。

2）用电防火要求

为了防止电器火灾，在日常生活及工作中要做到以下几点：

（1）及时更换残旧老化的电线，不要在原有的电器线路上私自增加用电量大的电器。

（2）切勿用铜、铁线代替保险丝。

（3）家用电表宜在 5A 以上，并安装漏电保护开关，防止因漏电引起火灾。

（4）电炉、电饭煲、电熨斗、电热水器等不要在同一个插座上同时使用，外出前要关闭电源开关。

（5）家庭装修宜选用经消防机关鉴定的电器产品，天花板内的电线要套金属管或难燃硬塑料管保护，插座、开关不要安装在木板或其他可燃材料上。

（6）白炽灯不要接触可燃物，日光灯镇流器不要靠近易燃杂物。

（7）洗衣机电路部分要保持干燥，使用时勿放入过多衣物；电视机一次开机时间不要太长；空调机应从电表接专线供电，防止超负荷造成火灾。

3）防火的其他要求

（1）室内装修、装饰不要采用易燃、可燃材料。

（2）居民住宅楼在任何情况下都要保持疏散通畅。

（3）父母师长要教育儿童养成不玩火的好习惯。

（4）爱护消防器材，掌握常用消防器材的使用方法。

（5）切莫乱扔烟头和火种。

（6）生活用火要特别小心，附近不要放置可燃、易燃物品。

（7）任何人发现危及公共消防安全的行为，都要向公安消防部门举报。

4．发生火灾时应采取的措施

平时，每个家庭都应该配备 1～2 个灭火器，一旦发生火灾，切勿惊慌，要保持镇静，果断采取以下措施：

（1）就地取材，及时灭火。家庭起火后，要抓住有利时机，迅速利用一个灭火器、一盆清水、一个湿棉被等将火扑灭。

（2）保持镇静，大声呼救。发生火灾后，首先发现者应大声呼救，通知旁人前来帮助灭火或及时逃生。

（3）因地制宜，积极逃生。住在高楼的居民万一被火围困，千万不要轻易跳楼，可利用阳台、排水管作为逃生的通道，也可将绳索绑在室内固定物上，爬向着火点的下一层逃生。万一不能逃生，要关闭门窗，用湿床单、湿毛巾塞住缝隙，并用水泼湿隔火物，防止烟雾扩散和火灾蔓延，等待消防队援救。

（4）及时打 119 电话报警。报警时要讲清以下事项：

① 着火楼房的名称、地址；

② 烧着了什么东西；

③ 哪一层楼失火；

④ 报警人的姓名和电话号码。

报警后派人到门口或路口等候消防车。

5．火灾现场逃生要诀

第 1 诀：逃生预演　临危不乱

每个人对自己工作、学习或居住所在的建筑物的结构及逃生路径要做到了然于胸，必要时可集中组织应急逃生预演,使大家熟悉建筑物内的消防设施及自救逃生方法。这样,火灾发生时就不会觉得走投无路了。

请记住:事前预演将会事半功倍。

第 2 诀:熟悉环境　暗记出口

当你处在陌生的环境时,如入住酒店、商场购物、进入娱乐场所时,为了自身安全,务必留心疏散通道、安全出口及楼梯方位等,以便关键时候能尽快逃离现场。

请记住:在安全无事时,一定要居安思危,给自己预留一条退路。

第 3 诀:通道出口　畅通无阻

楼梯、通道、安全出口等是火灾发生时最重要的逃生之路,应保证畅通无阻,切不可堆放杂物或设闸上锁,以便紧急时能安全、迅速地通过。

请记住:自断后路,必死无疑。

第 4 诀:扑灭小火　惠及他人

当发生火灾时,如果发现火势并不大,且尚未对人造成很大威胁时,如果周围有足够的消防器材,如灭火器、消火栓等,应奋力将小火控制、扑灭,千万不要惊慌失措地乱叫乱窜,置小火于不顾而酿成火灾。

请记住:要争分夺秒扑灭"初期火灾"。

第 5 诀:保持镇静　明辨方向　迅速撤离

突遇火灾,面对浓烟和烈火,首先要强令自己保持镇静,迅速判断危险地点和安全地点,决定逃生的办法,尽快撤离险地。千万不要盲目地跟从人流或相互拥挤、乱冲、乱撞。撤离时要注意,朝明亮处或外面空旷地方跑,若通道已被烟火封住,则应背向烟火方向离开,通过阳台、窗户等往室外逃生。

请记住:人只有沉着镇静,才能想出好办法。

第 6 诀:不入险地　不贪财物

在火场中人的生命是最重要的。身处险境,应尽快撤离,不要因害羞或顾及贵重物品,而把宝贵的逃生时间浪费在穿衣或寻找、搬离贵重物品上。已经逃生、脱离险境的人员,切莫重返险地,自投罗网。

请记住:留得青山在,不怕没柴烧。

第 7 诀:简易防护　蒙鼻匍匐

逃生时经过充满烟雾的路线,要防止烟雾中毒,预防窒息。为了防止火场浓烟呛人,可采用毛巾、口罩蒙鼻、匍匐撤离的办法。烟气较空气轻而飘于上部,贴近地面撤离是避免烟气吸入、滤去毒气的最佳方法。穿过烟火封锁区时应佩戴防毒面具、头盔、阻燃隔热服等护具,如果没有这些护具,可向头部、身上浇冷水或用湿毛巾、湿棉被、湿毯子等将头、身裹好后再冲出去。

请记住:多件防护工具在手,总比赤手空拳要好。

第 8 诀:善用通道　莫入电梯

按规范标准设计建造的建筑物,都会有两条以上逃生楼梯、通道或安全出口。发生火灾时要根据情况选择进入相对较为安全的楼梯通道。除可以利用楼梯外,还可以利用建筑物的阳台、窗台、屋顶等攀到周围的安全地点。沿着落水管、避雷线等建筑结构中凸出物滑下楼,也可脱险。在高层建筑中,电梯的供电系统在火灾时随时会断电,或因热的作用电梯发生变形,而使人被困在电梯内。同时由于电梯井犹如贯通的烟囱直通各楼层,有毒的烟雾直接威胁被困人员的生命,因此,千万不要乘普通的电梯逃生。

请记住:逃生的时候乘电梯极危险。

第9诀:缓降逃生　滑绳自救

高层、多层公共建筑内一般都设有高层缓降器或救生绳,人员可以通过这些设施,安全地离开危险的楼层。如果没有这些专门设施而安全通道又已被堵,在救援人员不能及时赶到的情况下,可以迅速利用身边的绳索或床单、窗帘、衣服等自制简易救生绳,并用水打湿,从窗台或阳台沿绳缓滑到下面楼层或地面,安全逃生。

请记住:胆大心细,救命绳就在身边。

第10诀:避难场所　固守待援

假如用手摸房门已感到烫手,此时一旦开门,火焰与浓烟势必迎面扑来。逃生通道被切断,且短时间内无人救援时,可采取创造避难场所、固守待援的办法。首先,关紧迎火的门窗,打开背火的门窗,用湿毛巾、湿布堵塞门缝,或用水浸湿棉被蒙上门窗;然后,不停地用水淋透房间,防止烟火渗入,固守在房内,直到救援人员到达。

请记住:坚盾何惧利矛。

第11诀:缓晃轻抛　寻求援助

被烟火围困暂无法逃离的人员,应尽量待在阳台、窗台等易被人发现和能避免烟火近身的地方。在白天,可以向窗外晃动鲜艳衣物,或外抛轻型晃眼的东西;在晚上,可用手电筒不停地在窗口闪动或者敲击东西,及时发出有效的求救信号,引起救援者的注意。因为消防人员进入室内都是沿壁摸索进行,所以在被烟气窒息失去自救能力时,应努力滚到墙边或门边,便于消防人员寻找、营救。此外,滚到墙边也可防止房屋结构塌落砸伤自己。

请记住:只有充分暴露自己,才能有效拯救自己。

第12诀:火已及身　切勿惊跑

火场上的人如果发现身上着了火,千万不可惊跑或用手拍打,因为奔跑或拍打会形成风势,加速氧气的补充,促旺火势。当身上着火时,应设法脱掉衣服或就地打滚,压灭火苗。如果能及时跳进水中或让人向身上浇水、喷灭火剂就更有效了。

请记住:就地打滚虽狼狈,烈火焚身可免除。

第 2 章

常用金属材料基本知识

任何机器或者仪器、设备都是由一个个的零件组成。零件间通过不同的联结方式连接在一起，就构成设备。有的设备或机器简单，只需要十几个或者几十个零件，如单级减速机；有的设备或机器很复杂，就需要成千上万个零件，如汽车、飞机等。不管多庞大的或者多复杂的设备，其构成都是一个道理。既然零件是构成机器或者设备的基础，或者说是构成机器、设备的最小单元，那么它的重要性不言而喻。零件又是用什么做成的呢？用来做零件的材料有什么特殊的要求呢？一般来讲，用在不同场合的机器或设备，对零件材料的要求是不同的。例如：用在轮船上的材料要求耐腐蚀，而飞机上的零件要求强度好、重量轻，等等。机械零件所用的材料大多数为金属材料，非金属材料只占一小部分。所用的金属分为黑色金属和有色金属。随着材料科学的快速发展，非金属材料的应用比例也越来越大。下面就常用的金属材料和非金属材料作简单介绍，供大家在选择时参考。

2.1 常用金属材料的力学性能指标说明

金属材料的力学性能主要有强度、塑性、硬度、韧性和疲劳强度。

(1) 强度：金属材料在静载荷作用下抵抗塑性变形或断裂的能力称为强度。强度大小通过应力（N/mm^2 或 MPa）表示。强度可分为抗拉强度、抗压强度、抗弯强度和抗扭强度4 种。一般情况下，多以抗拉强度 σ_b 作为判别金属强度高低的指标。强度越高，表示材料的抗拉能力越强。

(2) 塑性：金属材料在断裂发生前塑性变形的能力，称为塑性。常用金属材料拉断后的伸长率 δ 和断面收缩率 ψ 表示。伸长率和断面收缩率越大，表示材料的塑性越好。

(3) 硬度：金属材料表面抵抗局部变形，特别是塑性变形、压痕或划痕的能力，称为硬度。金属材料的硬度值越大，表示金属材料的硬度越高。

(4) 韧性：金属材料抵抗冲击载荷作用而不被破坏的能力称为韧性。常用冲击韧性 a_k 表示。冲击韧性越大，表示材料的韧性好。

(5) 疲劳强度：常用疲劳极限表示。许多机械零件，如轴、齿轮、叶片、弹簧、轴承等，在工作过程中各点的应力随着时间周期性变化，这种随时间变化的应力称为交变应力。在长期交变应力作用下，零件突然破坏叫做金属的疲劳。当应力低于一定值时，金属试样可以经受无限期周期循环的交变应力而不破坏，此应力值称为材料的疲劳极限。

2.2　常用金属材料的牌号、性能和用途

如图2-1所示，金属材料通常分为黑色金属和有色金属两大类。钢和铸铁都是由铁和碳两种元素组成的合金，它们的区别在于含碳量的多少。通常将含碳量在2.11%以下的称为钢，以上称为铸铁。

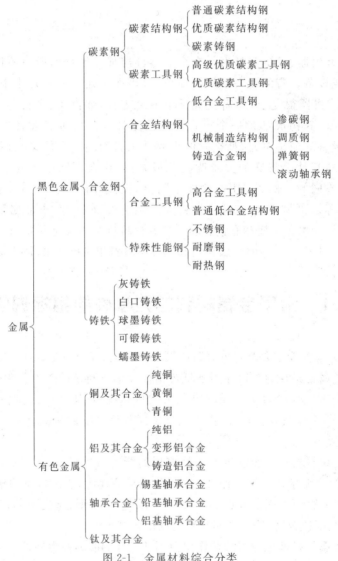

图 2-1　金属材料综合分类

钢具有较好的力学性能，可以满足一般机械零件的使用性能要求，而且可锻造、轧制、焊接和切削加工，因而应用广泛。一般情况下，随着含碳量的增高，钢的强度、硬度升高，塑性、韧性降低。

如果在碳钢的基础上加入一定量的合金元素，如锰、硅、镐、镍、钼、钨等，就可以形成合

金钢。由于合金元素的作用,使钢具有更高的强度、硬度和塑性等特别的性能。

铸铁含碳量一般在 $2.5\%\sim4\%$ 之间,含硅、硫、磷比钢多一些。铸铁的塑性和韧性差,不能锻造和轧制,也难以焊接,但却具有良好的铸造、减震、耐磨性以及切削加工性能,所以应用也很广泛。

1) 普通碳素结构钢

一般含碳量小于 0.3% 。其性能特点是塑性、韧性较高,强度、硬度较低。典型牌号是Q235A,它主要用于制造型钢,如角钢、槽钢、钢管、工字钢、钢板等,也用于制造不重要的机械零件,如螺钉、小轴、销子等。这类钢的力学性能(σ_s 为屈服强度,σ_b 为抗拉强度,δ 为伸长率)、牌号和用途见表 2-1。

表 2-1　普通碳素结构钢的牌号、力学性能和用途

牌号	力学性能			用　　途
	σ_s/MPa	σ_b/MPa	δ/%	
Q195	195	315～390	33	用于制造钉子、铆钉、垫块和轻负荷冲压件等
Q215	215	335～140	31	
Q235	235	375～460	26	用于制造小轴、拉杆、连杆、螺栓、法兰等不太重要的零件
Q255	255	410～510	24	用于制造拉杆、连杆、转轴、心轴、齿轮和键等
Q275	275	490～610	20	

其中最常用的普通碳素结构钢的牌号是 Q235,其 GB 700—79 的牌号为 A3。

2) 优质碳素结构钢

这类钢的牌号用两位数字标出,表示平均含碳量的万分之几。其牌号、力学性能和特点及用途见表 2-2。

表 2-2　常用优质碳素结构钢的牌号、力学性能和特点及用途

牌号	力学性能			特点及用途
	σ_s/MPa	σ_b/MPa	δ/%	
普通含锰量钢				
08F	175	295	60	强度低而塑性和韧性高,焊接性好,易冲压成型。常用于制造钉子、铆钉、垫块和轻负荷冲压件
10	205	335	55	强度低而塑性和韧性高,焊接性能好,易冲压成型,用于制造强度要求不高的拉杆、卡头、螺钉螺母、垫片和铆钉
15	225	375	55	综合性能较好。用于制造受应力不大而要求有塑性的冲压件及渗碳件,如小轴、齿轮、拉杆、连杆等,也用于制造螺栓、法兰等不太重要的零件
20	245	410	55	
25	275	450	50	
35	315	530	45	综合力学性能较高。用于制造曲轴、转轴、销轴、拉杆、连杆、齿轮、联轴器等,一般不作焊接件
45	355	600	40	具有较高的强度和硬度,韧性适中,是应用最广泛的一种钢材。用于制造强度要求较高的齿轮、链轮、蜗杆、轴、销等

续表

牌号	力学性能			特点及用途
	σ_s/MPa	σ_b/MPa	δ/%	
55	380	645	35	强度和硬度很高，塑性和焊接性较差。用于制造齿轮、凸轮、连杆、轧辊、牙嵌离合器等
65	410	695	30	热处理后强度和弹性都很高。用于制造不重要的弹性元件及耐磨零件：弹簧、弹簧垫片、轴、轧辊等
较高含锰量的钢				
15Mn	245	410	55	性能与 15 钢相似，但强度和塑性都较 15 钢高，用于芯部机械性能较高的渗碳件：凸轮轴、齿轮、联轴器、铰链、销、拉杆等
25Mn	295	490	50	
35Mn	335	560	45	强度、硬度都较高，焊接性能差。用于制造易受磨损的零件，如轴、齿轮、拨叉、花键轴、摩擦片、摩擦盘、凸轮轴等
45Mn	375	620	40	
65Mn	430	735	30	强度、弹性、硬度都很高。用于制造较大截面的扁形弹簧、螺旋弹簧、弹簧卡、摩擦片、弹簧垫圈等

其中在工程中最常用的材料是 45 钢。通常的冷轧板为 08F，也比较常用。

3）碳素工具钢

这类钢的牌号用"T"（碳）表示，其后的数字表示平均含碳量的千分之几，如 T8 表示含碳量为 0.8% 的优质碳素工具钢。高级优质碳素工具钢是在最后标注"A"，如 T8A。常用碳素工具钢的牌号淬火硬度和用途见表 2-3。

表 2-3　常用碳素工具钢的牌号、淬火硬度和用途

牌号	淬火硬度/HRC	用　　途
T8	62	用于制造能承受冲击、具较高硬度与耐磨性的工具，如冲头、手钳、木工工具等
T8A		
T10	62	用于制造不受剧烈冲击，但要求高硬度和耐磨性的工具，如冲模、钻头、丝锥、刮刀等
T10A		
T12	62	用于制造不受冲击，要求高硬度、极耐磨的工具，如锉刀、刮刀、量具、丝锥、精车刀、拉丝模
T12A		

其中最常用的是 T10 和 T8A。

4）合金钢

为了提高钢的性能，以满足生产发展的需要，有意识地在钢中加入一定量的合金元素，这种钢称为合金钢。合金钢必须经过热处理，才能充分显示出其优良的性能。通常加入钢中的合金元素有硅、锰、铬、镍、钼、钨、钒、钛、铝、硼和稀土元素等。

合金钢种类比较复杂，它包括低合金钢、合金结构钢、弹簧钢、合金工具钢、滚动轴承钢、不锈钢、耐热钢等。合金钢的分类方法较多，不同的场合，采用不同的分类方法，有时几种方法混合使用。

合金钢的牌号采用合金元素符号和阿拉伯数字来表示。简要表示为：数字＋合金元素符号＋数字。合金符号最前面的数字表示含碳量：低合金钢、合金结构钢、合金弹簧钢用两

位数字表示平均含碳量的万分之几；不锈钢、耐热钢等，一般用一位数字表示平均含碳量的千分之几，平均含碳量小于千分之一的用"0"表示，含碳量不大于 0.03% 的用"00"表示；合金工具钢、高速工具钢、高碳轴承钢等，一般不标出含碳量的数字；若平均含碳量小于 1.00% 时，可用一位数字表示含碳量的千分之几。

　　紧跟在合金元素符号后面的数字表示合金元素含量，平均合金元素含量小于 1.50% 时，牌号中仅标明元素，不标明含量。平均合金元素含量为 1.50%~2.49%、2.50%~3.49%、…时，相应写成 2、3、…。高碳铬轴承钢，其含铬量用千分之几计，并在牌号最前端加符号"G"。如平均含铬量为 1.5% 的轴承钢，其牌号表示为"GCr15"。高级优质合金结构钢、弹簧钢等，在牌号尾部加符号"A"。其他还有很多规定，详细规定请参阅有关手册。

　　(1) 低合金结构钢：低合金结构钢是结合我国资源条件而发展起来的。钢中的合金元素总量不超过 5%，其目的就是利用较少的合金元素，获得较优良的综合性能，并使成本降低。低合金结构钢的性能是：① 高的强度，良好的综合机械性能。在热轧和正火状态具有较高的强度，特别是高的屈服强度，有较好的塑性和韧性。② 良好的焊接性能。即焊缝性能不低于母材，焊缝及其附近热影响区不得有裂纹，热影响区的组织变化要小。③ 良好的耐腐蚀性能。比碳钢具有更高的抗大气、海水或土壤的腐蚀能力，构件寿命长。

　　低合金结构钢的应用已非常广泛，用低合金结构钢代替碳素结构钢是我国钢铁生产发展的方向之一。目前，低合金结构钢已广泛应用于建造桥梁，制造车辆、船舶、锅炉、高压容器、油管、拖拉机和挖掘机等方面。常用低合金结构钢的牌号、力学性能和用途见表 2-4。

表 2-4　常用低合金结构钢的牌号、力学性能和用途

牌　　号	力学性能			用　　途
	σ_s/MPa	σ_b/MPa	δ/%	
09MnV	295	430~580	23	制造建筑金属构件、车辆中部分冲压件
16Mn	345	510~660	22	制造锅炉、压力容器、桥梁、管道
15MnTi	390	530~680	20	制造压力容器、桥梁、船舶
10MnSiCu	345	490~640	22	制造石油井架、铁路车辆、桥梁
14MnVTiRE	440	550~700	19	制造高压容器、桥梁、大型船舶

　　其中 16Mn 具有良好的冷变形能力和焊接性能，用量较大。

　　(2) 不锈钢：不锈钢是不锈耐酸钢的简称。在空气和弱腐蚀介质中能抵抗腐蚀的钢，称为不锈钢；在酸、盐溶液等强腐蚀介质中能够抵抗腐蚀的钢称为耐酸钢。

　　常用的不锈钢有铬不锈钢和铬镍不锈钢两类。铬不锈钢常用的牌号是 1Cr13、2Cr13、3Cr13 等，通称 Cr13 型不锈钢。其中 1Cr13、2Cr13 具有良好的抗大气、海水、蒸汽等介质腐蚀的能力，而且塑性和韧性较好，通常用来制造腐蚀条件下工作的、受冲击载荷的零件，如汽轮机叶片、水压机阀等。而 3Cr13 通常用于制造弹簧、轴承、医疗器械等高强度的耐腐蚀零件。

　　铬镍不锈钢常用的牌号有 1Cr18Ni9Ti 和 0Cr19Ni9。这类钢含碳量低，其耐酸性、塑性和韧性都较 Cr13 型不锈钢好，主要用来制造强腐蚀介质中工作的设备，如吸收塔、贮槽、管道及容器等。

　　(3) 合金结构钢：合金结构钢是合金钢中用途广、产量大、钢号多的一个钢类。其产量占全国钢产量的 2.5%~3%，约占合金钢产量的 1/3。根据钢中的含碳量和热处理工艺的

不同，合金结构钢通常分为渗碳钢和调质钢两类。

渗碳钢用于制造渗碳零件。一些零件，如齿轮、凸轮、活塞销等，要求表面具有高的硬度和耐磨性，而心部则要求足够的强度和韧性，使零件既具有耐磨的表面又能承受较大的冲击载荷，生产中就选择一些含碳量低的"渗碳钢"，通过渗碳淬火，使表面变成高碳，具有高的硬度和高的耐磨性，心部则仍然有高的强度和足够的韧性。常用渗碳钢的牌号、力学性能和用途见表 2-5。

表 2-5　常用渗碳钢的牌号、力学性能和用途

牌　号	力学性能（不小于）			用　途
	σ_s/MPa	σ_b/MPa	$\delta/\%$	
20Cr	540	835	10	制造齿轮、齿轮轴、活塞销
20Mn2B	785	980	10	制造齿轮、轴套、气阀挺杆、离合器
20MnVB	885	1080	10	制造重型机床的齿轮和轴、汽车后桥齿轮
20CrMnTi	835	1080	10	制造汽车变速箱齿轮、传动轴
12CrNi3	685	930	11	制造重负荷下工作的齿轮、轴、凸轮轴
20Cr2Ni4	1080	1175	10	制造大型齿轮和轴，也可以做调质件

其中最常用的合金渗碳钢为 20CrMnTi，主要用于制造受冲击的耐磨零件。

合金调质钢用来制造一些受力复杂的重要零件，它既要求很高的强度，又要求很好的塑性和韧性，即有良好的综合力学性能。这类钢的含碳量一般为 0.25%～0.5%，含碳量过低，硬度不够，含碳量过高，则韧性不足。

合金调质钢中常加入铬、锰、硅、镍、硼等合金元素以增加钢的淬透性，并使铁素体强化和提高塑性。加入少量钼、钒、钨、钛等碳化物形成元素，可以阻止奥氏体晶粒长大和提高钢的回火稳定性，进一步改善钢的性能。

合金调质钢的热处理工艺是调质，就是淬火后高温回火。处理后获得回火索氏体组织，使零件具有良好的综合性能。若要求零件表面有很高的耐磨性，可在调质后再进行表面淬火或化学热处理。常用调质合金钢的牌号、热处理条件及用途见表 2-6。

表 2-6　常用调质合金钢的牌号、热处理条件及用途

牌　号	热处理条件				用　途
	淬火		回火		
	温度/℃	介质	温度/℃	介质	
40Cr	850	油	520	水、油	制造齿轮、花键轴、连杆、主轴
45Mn2	840	油	550	水、油	制造齿轮、齿轮轴、连杆盖、螺栓
35CrMo	850	油	550	水、油	制造大电机轴、连杆、轧钢机曲轴
30CrMnSi	880	油	520	水、油	制造飞机起落架、螺栓
40MnVB	850	油	520	水、油	代替 40Cr 制造汽车、机床上轴、齿轮
30CrMnTi	850	油	200	水、空气	制造汽车主动伞齿轮、后主齿轮、齿轮轴
38CrMoAL	940	油、水	640	水、油	制造磨床主轴、精密丝杠、量规、样板

其中，30CrMnTi 钢淬火前需加热到 880℃进行第一次淬火或正火。40Cr 是最常用的合金调质钢，它的强度比 45 钢高 20%，淬透性较 45 钢好很多，而价格和 45 钢相近，所以应用很广泛。

（4）合金弹簧钢：弹簧是各种机器和仪表中的重要零件，它利用弹性变形吸收能量以缓和震动和冲击，或依靠弹性贮存能量来起驱动作用。因此要求制造弹簧的材料具有高的弹性极限、高的疲劳极限以及足够的塑性和韧性。

弹簧钢含碳量一般为 $0.45\% \sim 0.70\%$。含碳量过高，塑性、韧性、疲劳极限降低，含碳量低，则屈强比小，也就是弹性不够。为此，在弹簧钢中加入合金元素来达到要求。加入硅、锰主要是提高淬透性，同时也提高屈强比，其中硅的作用更为突出。加入铬、钒、钨等，不仅使钢材有更高的淬透性，不易在淬火时脱碳或过热，而且可使钢材具有更高的高温强度和韧性。常用弹簧钢的牌号、热处理条件及用途见表 2-7。

表 2-7　常用弹簧钢的牌号、热处理条件及用途

牌　　号	热处理温度/℃		用　　途
	淬火（油）	回火	
65Mn	830	540	制造 8～15mm 以下的小弹簧
55Si2Mn	870	480	制造 20～25mm 弹簧，可用于230℃以下温度
60Si2Mn	870	480	制造 25～30mm 弹簧，可用于230℃以下温度
50CrVA	850	500	制造 30～50mm 弹簧，可用于210℃以下温度
60Si2CrVA	850	410	制造小于 50mm 弹簧，可用于250℃以下温度

其中常用的弹簧钢是 60Si2Mn，对其进行淬火加中温回火处理后，可获得较高的弹性和耐疲劳性能，用于制造较重要的弹簧，如汽车板簧。65Mn 是一种价格较便宜的弹簧钢，一般弹簧都用它制造，应用也比较广泛。

（5）滚珠轴承钢：滚珠轴承钢用来制造各种轴承的滚珠、滚柱和轴承内外圈，也用来制造各种工具和耐磨零件。由于轴承工作时，承受着较高的交变应力和摩擦力，因而轴承钢必须具有高的硬度和耐磨性、高的弹性极限和接触疲劳强度、足够的韧性和较强的耐腐蚀性。应用最广泛的轴承钢是高碳铬钢。其含碳量为 $0.95\% \sim 1.05\%$，含铬量为 $0.4\% \sim 1.65\%$。加入合金元素铬是为了提高淬透性，并在热处理后形成细小的均匀分布的碳化物，以提高钢的硬度、接触疲劳极限和耐磨性。

由于滚珠轴承钢的化学成分和主要性能和低合金工具钢相近，一般工厂也常用来制造刀具、冷冲模、量具以及性能要求和轴承相同的耐磨零件。常用滚珠轴承钢的牌号、热处理条件以及用途见表 2-8。

表 2-8　常用滚珠轴承钢的牌号、热处理条件及用途

牌　　号	热处理温度/℃		回火后硬度/HRC	用　　途
	淬火	回火		
GCR6	800～820（油、水）	150～170	62～64	制造<ϕ10mm 的滚珠、滚柱
GCr9	800～820（油、水）	150～170	62～64	制造<ϕ20mm 的滚珠、滚柱
GCr9SiMn	810～830（油、水）	150～160	62～64	制造ϕ25～50mm 的滚珠、滚柱<ϕ22mm 的滚珠、滚柱，壁厚<12mm，外径<250mm 的套圈
GCr15	820～840（油）	150～160	62～64	制造>ϕ50mm 的滚珠，>ϕ22mm 的滚柱，壁厚>12mm，外径>250mm 的套圈
GCr15SiMn	810～830（油）	150～200	61～65	

其中应用最多的是 GCr15 和 GCr15SiMn,前者主要用于制造中小型轴承,后者主要用于制造较大的滚珠轴承。

(6) 合金工具钢:工具钢可分为碳素工具钢和合金工具钢。碳素工具钢的加工性能较好,价格便宜,但淬透性差,容易变形和开裂,且当切削温度较高时,容易软化(也就是通常所说的红硬性差)。而合金工具钢不存在这一问题。因此,尺寸大、精度高和形状复杂的模具、量具以及切削速度较高的刀具,都采用合金工具钢制造。合金工具钢按用途还可以分为刀具钢、模具钢和量具钢。

合金刀具钢主要用来制造车刀、铣刀、钻头等各种金属切削用的刀具。这些用途要求其具有高耐磨性、高硬度、高红硬性,并具有足够的强度和韧性。常用的合金刀具钢牌号、热处理条件和用途见表 2-9。

表 2-9　常用合金刀具钢的牌号、热处理条件和用途

牌　号	热处理温度/℃		回火后硬度/HRC	用　途
	淬火(油)	回火		
9CrSi	820～860	180～200	62	制造冷冲模、板牙、丝锥、钻头、铰刀、拉刀、齿轮铣刀
CrWMn	800～830	140～160	62	制造板牙、拉刀、量规、形状复杂的高精度冲模
W18Cr4V	1270～1285	550～570	63	制造一般高速钢切削车刀、刨刀、钻头、铣刀、插齿刀、铰刀
W6Mo5Cr4V2	1210～1230	540～560	64	制造钻头、滚刀、拉刀、插齿刀
W6Mo5Cr4V2AL	1230～1240	540～560	65	制造切削各种难加工材料用的车刀和各种成型刀具

其中最常用的有 9CrSi、CrWMn 和 W18Cr4V。9CrSi 和 CrWMn 是低合金工具钢,主要用来制造较精密的低速切削刀具。W18Cr4V 是高合金工具钢,也叫高速钢,具有较高的红硬性(600℃),故用于制造较高切削速度的刀具。

模具钢主要用来制造各种金属成型用的模具、工具。例如使金属在冷态下变形的冷冲模、冷挤压模、拉丝模,在高温下使金属成型的热锻模、热挤压模、压铸模等。小型冷加工模具可用碳素工具钢来制造,如 T10A、T12、9CrSi、CrWMn、9Mn2V、GCr15 等;大型冷加工模具一般采用 Cr12、Cr12MoV 等来制造。热加工模具目前常采用 5CrMnMo 和 5CrNiMo 钢制造热锻模,采用 3Cr2W8V 制造挤压模和压铸模。

5) 铸铁

铸铁是指含碳量大于 2.11% 的铁碳铸造合金。除铁和碳外,还含有硅、锰、硫、磷等元素。与钢相比,铸铁的强度、塑性和韧性都较差,不能进行锻造,但它有优良的铸造性、减振性和切削加工性等优异性能,而且生产工艺和设备简单,成本低廉,因此广泛地应用于机械制造、石油、化工、冶金、矿山、交通运输和国防工业等领域。常用的铸铁有灰铸铁和球墨铸铁。

(1) 灰铸铁:灰铸铁中的碳主要以片状石墨形式存在,其断口呈灰色。这类铸铁有一定的强度,耐磨、耐压、减振性能均佳,是应用最广泛的一类铸铁。它的产量占各类铸铁总产量的 80% 以上。

灰铸铁的牌号是由"灰铁"两个汉字的拼音首位字母"HT"以及后面的一组数字组成，数字表示最小抗拉强度。常用灰铸铁的牌号和应用见表 2-10。

表 2-10 常用灰铸铁的牌号及应用

牌　　号	最小抗拉强度/MPa	应 用 举 例
HT100	100	制造低载荷不重要的零件，如盖、外罩、手轮、重锤、支架等
HT150	150	制造中载荷零件，如箱体、带轮、刀架、阀体、飞轮、机床支架等
HT200	200	制造中载荷的重要零件，如气缸、齿轮、齿条、一般机床床身等
HT250	250	制造较大载荷的较重要零件，如气缸、齿轮、凸轮、油缸、轴承座等
HT300	300	制造承受较高载荷的重要零件，如压力机床身、高压液压筒、车床卡盘、凸轮、齿轮等
HT350	350	

（2）球墨铸铁：石墨呈球状的铸铁称为球墨铸铁，简称球铁。球墨铸铁与灰铸铁相比，碳、硅的含量较高，锰的含量较低，对硫、磷的限制较严。常用球墨铸铁的牌号、力学性能和用途见表 2-11。牌号中"QT"是"球铁"两字的汉语拼音的首字母，其后的两组数字分别表示最小抗拉强度和最小伸长率。

表 2-11 常用球墨铸铁的牌号、力学性能和用途

牌　　号	力学性能（不小于）			用　　途
	σ_b/MPa	$\sigma_{r0.2}$/MPa	δ/%	
QT400-15	400	250	15	制造汽车轮毂、减速器壳体、离合器壳体、阀体、拨叉、铁路垫板、阀盖等
QT450-10	450	310	10	
QT500-7	500	320	7	制造内燃机油泵齿轮、铁路车辆轴瓦、飞轮
QT600-3	600	370	3	制造柴油机曲轴、轻型柴油机凸轮、连杆、气缸套、铣床、车床主轴、矿车车轮
QT700-2	700	420	2	
QT800-2	800	480	2	
QT900-2	900	600	2	制造汽车的弧齿锥齿轮、转向节、内燃机曲轴等

6）有色金属

有色金属具有许多特殊的性质，如高导电性和导热性、较低的密度和熔化温度以及良好的力学性能和工艺性能。常用的有色金属有铝及其合金、铜及其合金、钛及其合金和轴承合金。这里我们主要介绍铝和铜两种有色金属及其合金。

（1）铝及其合金

工业纯铝是银白色轻金属，密度为 2.7kg/m³，仅是铁的 1/3。它强度低，具有良好的塑性、导电性、导热性和耐腐蚀能力，能承受各种冷、热加工，适合制造热交换器、散热器、导线等，但不宜作结构件。工业纯铝的牌号为 L1、L2、…、L6，序号越大，含杂质越多，耐腐蚀性和塑性越差。

在铝中加入适量的铜、硅、锰、镁、锌等元素形成铝合金，经过冷变形和热处理后，可获得良好的力学性能。铝合金可分为形变铝合金和铸造铝合金两类。

形变铝合金是指经过冷、热压力加工成各种型材、板材、线材等的铝合金。常用的形变铝合金有防锈铝合金、硬铝合金、超硬铝合金及锻造铝合金。常用形变铝合金的牌号、力学

性能和用途见表 2-12。

表 2-12　常用形变铝合金的力学性能及用途

合金类别	合金牌号	力学性能			用　途
		σ_b/MPa	$\delta/\%$	硬度/HBS	
防锈铝	LF21	125	21	30	制造油箱、油管、小载荷零件、铆钉
硬铝	LY11	400	13	115	制造梁框、滑轮、铆钉、长桁
超硬铝	LC4	600	8	150	制造承力件如梁、桁条、加强框、接头等
锻铝	LD10	480	10	135	制造高载荷零件，如发动机风扇叶片

工业结构件中最常用的是硬铝合金 LY11。它具有较高的强度和硬度，耐热性好，但塑性和韧性低。

铸造铝合金是指用来制造铸件的铝合金。按照主要合金元素的不同，可分为铝硅合金、铝铜合金、铝镁合金和铝锌合金。其中，铝硅合金使用最广。铸造铝合金的代号以"ZL"（铸铝）开头，后面跟着 3 个数字，第一个数字表示合金类别：1 表示铝硅合金，2 表示铝铜合金，3、4 分别表示铝镁和铝锌合金。第二、三个数字表示顺序号。部分铸造铝合金的牌号、代号和用途见表 2-13。

表 2-13　部分铸造铝合金的牌号、代号和用途

合金牌号	合金代号	用　途
ZAlSi7Mg	ZL101	制造形状复杂的飞机、仪器零件，水泵壳体、工作温度小于 185℃ 的汽化器
ZAlSi9Mg	ZL104	制造形状复杂、在 200℃ 以下工作的零件，如发动机机匣、汽缸体
ZAlCu4	ZL203	制造形状简单零件，如托架、活塞
ZAlMg5Si	ZL303	制造腐蚀介质作用下的中等载荷零件，如轮船的配件和各种壳体
ZAlZn11Si7	ZL401	制造工作温度小于 200℃ 的形状复杂的汽车、飞机零件

（2）铜及其合金

铜是一种重要的有色金属，熔点比铁低，是工业上极为重要的有色金属材料之一。

纯铜呈玫瑰色，表面形成氧化铜膜后，外观为紫红色，也叫紫铜。纯铜具有很高的导电性、塑性和耐腐蚀性，易于热压或冷加工，但强度不高，不宜作结构材料，广泛用于制造电线、电缆、电刷、铜管等。纯铜经轧制和退火后，力学性能为 $\sigma_b=200\sim250MPa$，$\delta=1\%\sim3\%$，硬度为 $100\sim120HBS$。纯铜牌号为 T1、T2、T3、TU1、TU2 等，分别是一号铜、二号铜、三号铜、一号无氧铜及二号无氧铜。序号越大，杂质含量越多。

铜与锌的合金称为黄铜。仅铜与锌组成的黄铜为普通黄铜，另外加入其他合金元素的黄铜，叫特殊黄铜。普通黄铜的代号用"H"表示，字母后面的数字表示平均含铜量的百分数，如 H62 表示平均含铜量为 62%，含锌量为 38%。特殊黄铜是在普通黄铜的基础上加入一些合金元素，改变黄铜的某些性质（如塑性、强度等），以满足某些零件的特殊需要。特殊黄铜的代号用 H+主要元素化学符号+数字来表示。数字依次为铜及主加元素的百分数。例如 HPb59-1 表示含铜量为 59%，含铅量为 1% 的铅黄铜。如果是铸造黄铜，牌号前加"Z"字，其牌号有铜及其主要合金元素的化学符号组成，主要合金元素化学符号后的数字，表示

该元素的百分含量。常用部分黄铜的牌号、力学性能和用途见表 2-14。

表 2-14　部分黄铜的牌号、力学性能和用途

类别	牌号	力学性能（不小于）			用　途
		σ_b/MPa	δ/%	硬度/HBS	
普通黄铜	H90	260	45		制造双金属片、供水和排水管、艺术品
	H68	320	55		制造复杂冲压件、散热器波纹管、轴套、弹壳
	H62	330	49	56	制造销钉、铆钉、螺钉、垫圈、弹簧
特殊黄铜	HPb59-1	350	25	49	制造销钉、螺钉、衬套、垫圈
	HMn58-2	390	30	85	制造船舶和弱电用零件
	HSn90-1	280	45	82	制造船舶零件、汽车、拖拉机的弹性套管
铸造黄铜	ZCuZn16Si4	345	15	90	制造海水和蒸汽条件下工作的零件，如法兰盘、导电外壳
	ZCuZn40Pb2	220	15	80	制造选矿机大型轴套及滚珠轴承的轴承套
	ZCuZn31Al2	295	12	80	制造海运机械，通用机械的耐腐蚀零件

注：力学性能部分的 σ_b 为 600℃下的退火状态，铸造黄铜为手工造型试样。

除了黄铜和白铜（铜镍合金）外，所有铜基合金都称为青铜。按主添加元素种类分为锡青铜、铝青铜、硅青铜和铍青铜等。和黄铜一样，青铜也分为压力加工青铜和铸造青铜两类。

青铜代号表示方法是：Q＋主添加元素符号和含量＋其他元素含量。例如 QSn4-3 表示含锡 4%、含锌 3%，其余为铜的锡青铜。铸造青铜的牌号表示方法和铸造黄铜的牌号表示方法相同。青铜的牌号、力学性能及用途见表 2-15，铸造青铜的牌号、力学性能及用途见表 2-16。

表 2-15　部分青铜的牌号、力学性能和用途

合金名称	牌号	力学性能（不小于）			用　途
		σ_b/MPa	δ/%	硬度/HBS	
4-3 锡青铜	QSn4-3	350/550	40/4	60/160	制造弹性元件、化工机械中的耐磨零件及抗磁零件
6.5-0.1 锡青铜	QSn6.5-0.1	350～450/700～800	60～70/7.5～12	70～90/160～200	制造弹簧、接触片、振动片、精密仪器中的耐磨零件
4-4-4 锡青铜	QSn4-4-4	200/250	3/5	80/90	制造重要的耐磨零件：轴承、轴套、蜗轮、丝杠螺母
7 铝青铜	QAl7	470/980	70/3	70/154	制造重要用途的弹性元件
2 铍青铜	QBe2	500/850	40/3	84/247	制造重要的弹性元件、耐磨零件、高速、高压、高温下轴承
3-1 硅青铜	QSi3-1	370/700	55/3	80/180	制造弹性元件，在腐蚀介质中工作的耐磨零件

注：力学性能中分子为 50%变形程度的硬化状态，分母为 600℃下退火状态。

表 2-16　部分铸造青铜的牌号、力学性能和用途

合金名称	牌号	力学性能（不小于）			用　途
		σ_b/MPa	δ/%	硬度/HBS	
5-5-1 锡青铜	ZCuSn5PbZn5	200/200	13/3	60/60	制造较高载荷、中速的耐磨、耐蚀零件，如轴瓦、蜗轮、缸套
10-1 锡青铜	ZCuSn10Pb1	200/310	3/2	80/90	制造高负荷、高速下的耐磨零件，如轴瓦、衬套、齿轮
30 铅青铜	ZCuPb30	—	—	—/25	制造高速下的双金属轴瓦
9-2 铝青铜	ZCuAl9Mn2	390/440	20/20	85/95	制造耐蚀、耐磨件，如齿轮、衬套、蜗轮

注：力学性能中分子为砂型铸造试样测定值，分母为金属型铸造试样测定值。

7）硬质合金

硬质合金是用粉末冶金的方法制备而成的。它的硬度很高（89～93HRA，相当于74～81HRC），主要用来制造金属加工中的切削刀具。它不但硬度高，而且有很高的红硬性，在800～1000℃时还有一定的硬度。因此用它作切削刀具，切削速度比高速钢高4～10倍。但其韧性较差，同时刀口不易磨锋利，故不能做复杂的刀具。常用硬质合金的牌号、用途及代号见表 2-17。

表 2-17　常用硬质合金的牌号、用途及代号

合金类别	牌号	性能		用　途	代号
钨钛钴合金	YT30	↑硬度，耐磨性	强度，韧性↓	钢与铸钢工件在高速切削、小切削截面、无振动条件下精车、精镗	P01
	YT15			钢与铸钢工件在高速、连续切削时的粗车、半精车、精车、半精铣与精铣，间断切削时的精车，旋风车螺纹，孔的粗、精扩	P10
	YT14			钢或铸钢工件连续切削时的粗车、粗铣，间断切削时的半精车与精车，铸孔的扩钻与粗扩	P20
	YT5			钢类件（锻钢件、铸钢件的表皮）连续与非连续表面的粗车、粗刨、半精刨、粗铣及钻孔	P30
碳化钛基合金	YN05			钢、铸钢件和合金铸铁的高速精加工	P01
	YN10			碳素钢、各种合金钢、工具钢、淬火钢等钢材的连续加工	P01 P05
通用合金	YW1			耐热钢、高锰钢、不锈钢等难加工钢材及碳素钢、灰铸铁和合金铸铁的中、高速车削	M10
	YW2			耐热钢、高锰钢、不锈钢等难加工钢材，普通钢材和灰铸铁的中、低速车削、铣削	M20

续表

合金 类别	牌号	性能		用　途	代号
钨钴合金	YG3X	↑ 硬度，耐磨性	强度，韧性↓	铸铁、有色金属及其合金的精镗、精车等，亦可用于合金钢、淬火钢的精车	K01
	YG6A YA6			硬铸铁、可锻铸铁、淬火硬钢、高锰钢及合金钢的半精加工，也可用于有色金属及合金、硬塑料、硬硅胶及硬纸板的半精加工	K10
	YG6X			铸铁、冷硬合金铸铁和耐热合金钢的精加工	K10
	YG3			铸铁、硬铸铁、有色金属及其合金在无冲击时的精加工和半精加工、钻孔、扩孔、螺纹车削等	K01
	YG6			铸铁、有色金属及其合金与非金属材料连续切削时的粗车，间断切削时的半精车、精车、粗车螺纹、旋风车螺纹、半精铣、精铣	K20
	YG8N			硬铸铁、球墨铸铁、白口铁及有色金属的粗加工，也可用于不锈钢的粗加工和半精加工	K20 K30
	YG8			铸铁、有色金属及其合金与非金属材料加工中，间断切削时的粗车、粗刨、粗铣及一般孔和深孔的钻孔、扩孔等	K30

　　硬质合金中最常用的有 YG 类(钨钴类)硬质合金和 YT 类(钨钴钛类)硬质合金。钨钴类硬质合金是由碳化钨 WC 和钴 Co 所组成。它的韧性、耐磨性和导热性较好，可用于切削铸铁等脆性材料和有色金属及合金。钨钴钛类硬质合金由碳化钛 TiC、碳化钨 WC 和钴 Co 所组成，耐热性、红硬性和耐磨性较高，通常用于切削普通钢材。

第 3 章

金属材料及热处理

3.1 铁碳合金的显微组织

3.1.1 铁碳合金的显微组织简介

在进行热处理时,通过加热、保温和冷却等过程,使钢的组织发生变化,从而提高钢的机械性能。铁碳合金的基本组织有以下几种。

1. 铁素体

铁素体(F)是碳溶解于 α-Fe 中的间隙固溶体。α-Fe 是体心立方晶格,空隙小,碳的溶解度较小。铁素体的性能与纯铁相似,即塑性、韧性较好,强度、硬度较低。低碳钢中含有较多的铁素体,其塑性较好。工业纯铁用质量分数为 4% 的硝酸酒精溶液浸蚀后,在显微镜下呈现明亮的等轴晶粒。亚共析钢中的铁素体呈块状分布。当含碳量接近共析成分时,铁素体则呈现断续的网状,分布于珠光体周围。

2. 奥氏体

奥氏体(A)是碳溶入 γ-Fe 间隙中形成的固溶体。γ-Fe 是面心立方晶格,空隙比 α-Fe 大,碳的溶解度也比 α-Fe 大。奥氏体一般在高温($>727℃$)时存在,具有很好的塑性,适合于锻造。钢材在锻造前都要加热到奥氏体状态。

3. 渗碳体

渗碳体(Fe_3C)是铁与碳形成的金属间化合物,其含碳量为 6.69%。渗碳体硬度很高,约为 800HBW,韧性很差,极脆,耐蚀性强。经质量分数为 4% 的硝酸酒精浸蚀后,渗碳体仍呈亮白色而铁素体浸蚀后呈灰白色,由此可区别铁素体和渗碳体。渗碳体能够呈现不同的形态:一次渗碳体直接由液体中结晶出,呈粗大的片状;二次渗碳体由奥氏体中析出,常呈网状分布于奥氏体的晶界;三次渗碳体由铁素体中析出,呈不连续片状分布于铁素体晶界处,数量极微,可忽略不计。

4. 珠光体

珠光体(P)是铁素体和渗碳体呈层片状交替排列的机械混合物。由于它是硬、软两相的混合物,因此硬度介于两者之间,约为 $180\sim200$HBS。经质量分数为 4% 的硝酸酒精浸蚀后,在不同放大倍数的显微镜下可以看到不同特征的珠光体组织。当放大倍数较低时,珠光体中的渗碳体只是呈现一条黑线,甚至珠光体片层因不能分辨而呈黑色。

5. 莱氏体

莱氏体(Ld)在室温时是珠光体和渗碳体组成的机械混合物,质硬而脆,是白口铸铁的基本组织。其组织特征是在亮白色渗碳体基底上相间地分布着暗黑色斑点及细条状珠光体。

图 3-1　工业纯铁的显微组织(400 倍)

根据含碳量及组织特点的不同,铁碳合金可分为工业纯铁、钢和铸铁 3 大类。其中,钢又可分为亚共析钢、共析钢和过共析钢 3 种;铸铁又可分为亚共晶白口铁、共晶白口铁和过共晶白口铁 3 种。各种铁碳合金的平衡组织如图 3-1～图 3-7 所示。

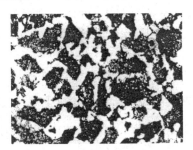

图 3-2　45 钢的显微组织(400 倍)

图 3-3　T8 钢的显微组织(400 倍)

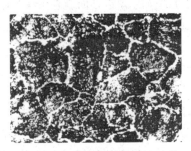

图 3-4　T12 钢的显微组织(400 倍)

图 3-5　共晶白口铸铁的显微组织

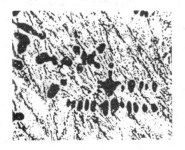

图 3-6　亚共晶白口铸铁的显微组织

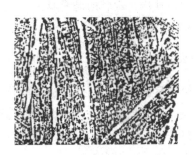

图 3-7　过共晶白口铸铁的显微组织

3.1.2　试样制备

在利用金相显微镜观察钢的显微组织之前,必须先制备金相试样。试样的制作过程包括取样、镶嵌、磨制、抛光、浸蚀等工序。

1. 取样

根据研究目的,选取具有代表性的部位。试样的尺寸通常采用直径 12～15mm、高 12～15mm 的圆柱体或边长 12～15mm 的方形试样。取样的方法可用手锯、锯床切割或锤击等方法。

2. 镶嵌

对丝、带、片、管等尺寸过小或形状不规则的试样,由于不便握持,常采用镶嵌法来获得尺寸适当、外形规则的试样,即把试样镶嵌在低熔点合金或塑料中,以便于试样的磨制和抛光。

3. 磨光

磨光的目的是获得一个平整的磨面试样。切好或镶好的试样在砂轮机上磨平,尖角要倒圆。然后用 $2\sharp$、$1\frac{1}{2}\sharp$ 和 $1\sharp$ 等粗砂纸磨光,再换用 W28,W20,W14,W10 等金相砂纸逐级细磨,一直磨到 W10 砂纸后方可进行粗抛光和细抛光。

磨制试样时,每换一次磨制步骤(即每换一号砂纸)试样的磨制方向就应转 $90°$,这样才能看出上次的磨痕是否磨去。试样在每一号砂纸上磨制时,要沿一个方向磨,切忌来回磨削,而且给试样施加的压力要适当。

4. 抛光

抛光的目的是消除试样细磨时留下的细微磨痕,以获得光亮无痕的镜面。试样的抛光通常是在专门的抛光机上进行的,抛光时在抛光盘上铺有丝绒等织物,并不断滴注抛光液。抛光液是由 Al_2O_3,Cr_2O_3 或 MgO 等极细粒度的磨料加水而形成的悬浮液。抛光时应使试样磨面均匀地压在旋转的抛光盘上,并沿盘的边缘到中心不断作径向往复运动。除机械抛光外,还有电解抛光和化学抛光等。

5. 浸蚀

经抛光后的试样必须经过适当的化学浸蚀后才能在金相显微镜下显示出显微组织。常用的浸蚀液是质量分数为 4% 的硝酸酒精溶液。将试样浸入一定的浸蚀液中,或用棉花沾浸蚀液擦拭试样的磨面,经过浸蚀后应迅速用水冲洗,然后用酒精擦洗,电吹风吹干后即可进行金相显微镜组织观察。

3.1.3 金相显微镜的使用

1. 金相显微镜的构造

金相显微镜的种类和形式很多,主要有台式、立式和卧式 3 大类。它们的基本构造基本相同,通常由光学系统、照明系统和机械系统组成。有些显微镜还备有摄影装置、偏振光附件等,以扩大显微镜的功用。金相显微镜的构造如图 3-8 所示。

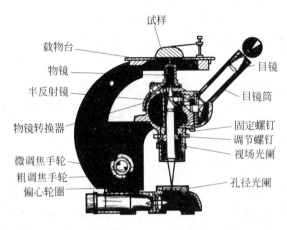

图 3-8　金相显微镜的构造图

2. 金相显微镜的使用

(1) 根据观察试样所需的放大倍数要求,正确选配物镜和目镜,分别安装在物镜座上和目镜筒内。

(2) 调节载物台中心与物镜中心对齐,将制备好的试样放在载物台中心,试样的观察表面应朝下。

(3) 将显微镜的灯泡插在低压变压器上(6~8V),再将变压器插头插在 220V 的电源插座上,使灯泡发亮。

(4) 转动粗调焦手轮,降低载物台,使试样观察表面接近物镜;然后反向转动粗调焦手轮,升起载物台,使在目镜中可以看到模糊形象;最后转动微调焦手轮,直至影像最清晰为止。

(5) 适当调节孔径光阑和视场光阑,选用合适的滤镜片,以获得理想的物像。

(6) 前后左右移动载物台,观察试样的不同部位,以便全面分析并找到最具代表性的显微组织。

(7) 观察完毕后应及时切断电源,以延长灯泡的使用寿命。

(8) 观察结束后应小心卸下物镜和目镜,并检查是否有灰尘等污染,如有污染,应及时用镜头纸轻轻擦拭干净,然后放入干燥器内保存,以防止潮湿霉变。显微镜也应随时盖上防尘罩。

3.2　钢的热处理工艺

热处理是指把钢在固态下加热到一定温度,进行必要的保温,并以适当的速度冷却到室温,改变钢的内部组织,从而得到所需性能的工艺方法。与其他加工工艺相比,热处理一般不改变工件的形状和整体的化学成分,而是通过改变工件内部的显微组织或改变工件表面的化学成分,赋予或改善工件的使用性能。

3.2.1　热处理的基本原理

热处理之所以能够使钢的性能发生很大变化,主要是由于在加热和冷却过程中,钢的内部组织发生变化,其基本原理是在加热和冷却时内部组织发生有规律的变化。

1. 钢在加热时的组织转变

Fe-Fe$_3$C 相图中,钢的各种组织转变的临界点温度 A_1,A_3,A_{cm} 是热处理时正确选择温度的主要依据。这些温度点都是在极为缓慢的加热和冷却条件下测得的,实际生产中加热和冷却的速度都比较快,所以组织转变温度都有不同程度的偏移,速度越快,偏离越大,加热时温度向临界点上移,以 A_{c_1},A_{c_3},$A_{c_{cm}}$ 表示,冷却时临界点下移,以 A_{r_1},A_{r_3},$A_{r_{cm}}$ 表示,如图 3-9 所示。

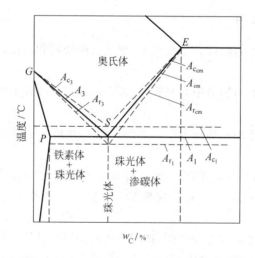

图 3-9　在加热或冷却时各临界点的位置

钢进行热处理时,首先要加热到 A_1 线以上,并保温一段时间,以获得均匀、细小的奥氏体晶粒,这一过程称为奥氏体化过程。

2. 钢在冷却时的组织转变

常温下钢的力学性能,不仅与经过加热、保温后获得的奥氏体晶粒大小有关,而且取决

于奥氏体经冷却转变后所获得的组织。冷却方式、冷却速度对奥氏体组织的转变有直接
影响。

奥氏体钢冷却至室温有两种方式。

1）等温冷却

将奥氏体化后的钢迅速冷却到 A_1 以下某一温度,恒温保持一段时间,在这段保温时间
内发生组织转变,然后再冷却下来。由共析钢的等温转变曲线(图 3-10)可以看出,转变的
温度不同,过冷奥氏体发生 3 种不同的转变:

(1) A_1～550℃ 为高温转变区,转变产物为珠光体(P);

(2) 550℃～M_s 为中温转变区,转变产物为贝氏体(B);

(3) M_s～M_f 为低温转变区,转变产物为马氏体(M)。

其中,M_s 线表示过冷奥氏体向马氏体转变的开始线;M_f 线表示过冷奥氏体向马氏体转变
的终了线。共析钢过冷奥氏体等温转变产物的组织与性能见表 3-1。

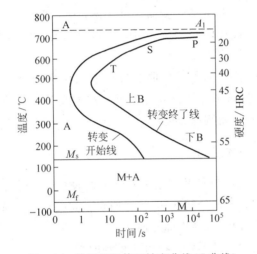

图 3-10　共析钢的等温转变曲线(C 曲线)

表 3-1　共析钢过冷奥氏体等温转变产物的组织与性能

组织名称	形成温度/℃	组织特征	硬　　　度
珠光体(P)	A_1～650	铁素体和渗碳体片较厚,片层间距较大,在 500 倍显微镜下可分辨出片层状	170～250HBS
索氏体(S)	650～600	渗碳体片状变细,片层间距变小,放大 1000 倍以上才可分辨出片层状	25～35HRC
屈氏体(T)	600～550	渗碳体片状更细,片层间距更小,放大 5000 倍以上才可分辨出片层状	35～40HRC
上贝氏体(上 B)	550～350	显微镜下,形似羽毛状	40～48HRC
下贝氏体(下 B)	350～230	显微镜下,呈黑色针状或竹叶状	48～55HRC

2）连续冷却

使奥氏体化后的钢在温度连续下降的过程中发生组织转变。与等温冷却曲线相比,连
续冷却曲线都处于右下方,说明转变温度低,孕育期长,如图 3-11 所示。

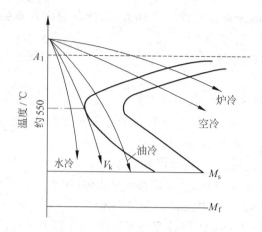

图 3-11　在共析钢 C 曲线上估计连续冷却速度的影响

共析钢连续冷却时，只有珠光体转变而无贝氏体转变；亚共析钢可以产生贝氏体组织；合金钢可以有珠光体及贝氏体转变、有珠光体无贝氏体、有贝氏体而无珠光体转变等多种情况。

当连续冷却速度达到某一值时，冷却曲线与 C 曲线相切，不发生珠光体转变，而在低温区发生马氏体转变，通常称这个冷却速度为临界冷却速度 V_k。冷却速度小时，得到珠光体与马氏体混合组织；更小时，得到珠光体组织。

3. 过冷奥氏体转变图的应用

过冷奥氏体转变图是选择钢种及制定热处理工艺的基本依据之一。

（1）不同成分的钢具有不同的转变图，设计时可根据要求合理选择适用而廉价的材料。

（2）制定热处理工艺规程，选择冷却介质。

（3）估计零件在热处理条件下各部位可能得到的组织。

3.2.2　热处理工艺分类

钢的热处理基本工艺有退火、正火、淬火和回火，如图 3-12 所示。

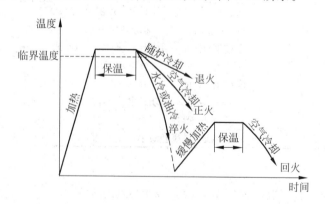

图 3-12　常用热处理方法的工艺曲线示意图

1. 退火

退火是将金属制件加热到高于或低于这种金属的临界温度,保温一定时间后在炉中或埋入导热性较差的介质中缓慢冷却,以获得接近平衡状态组织的一种热处理工艺。

1) 退火的目的

(1) 降低硬度,以利于切削加工;

(2) 细化晶粒,改善组织,提高机械性能;

(3) 消除内应力,为下一道热处理做好准备;

(4) 提高金属材料的塑性、韧性,便于进行冷冲压或冷拉拔加工。

2) 退火的分类

根据钢的成分和处理目的的不同,退火可分为完全退火、球化退火和去应力退火。

(1) 完全退火:指将钢加热至 A_{c_3} 以上 30～50℃,经完全奥氏体后进行缓慢冷却,以获得近于平衡组织的热处理工艺。主要用于亚共析钢,其目的是细化晶粒,消除内应力,降低硬度,以利于切削加工。

(2) 不完全退火:指将钢加热至 A_{c_1}～A_{c_3}(亚共析钢)或 A_{c_1}～$A_{c_{cm}}$(过共析钢)之间,经保温后缓慢冷却,以获得近于平衡组织的热处理工艺。这种情况下,钢的组织尚未全部奥氏体化,即铁素体或渗碳体未完全溶于奥氏体,所以退火后只能改变珠光体的组织。可消除内应力、降低硬度,但不能细化组织。

(3) 球化退火为使钢中碳化物呈球状,将其加热至 A_{c_1} 以上 20～30℃,保温一定时间后随炉冷却下来,称为球化退火。球化退火可以得到球状珠光体组织。球状珠光体同片状珠光体相比,不但硬度低,便于切削加工,而且淬火加热时奥氏体晶粒不易粗大,冷却时工件的变形和开裂倾向小。球化退火适用于共析钢及过共析钢,如碳素工具钢、合金工具钢、轴承钢等。

(4) 去应力退火:为了去除塑性变形、焊接等原因造成的以及铸件内存在的残余应力而进行的退火称为去应力退火。钢的去应力退火加热温度较宽,但不能超过 A_{c_1},一般在 500～650℃,保温后随炉缓冷,冷却应尽可能缓慢,以免产生新的应力。

2. 正火

将钢加热到 A_{c_3} 或 $A_{c_{cm}}$ 以上 30～50℃,保温适当时间后在空气中自然冷却,可得到珠光体类组织。

1) 正火的目的

(1) 对于低碳钢,可细化晶粒,提高硬度,改善加工性能;

(2) 对于中碳钢,可提高硬度和强度,作为最终热处理;

(3) 对于高碳钢,可为球化退火做准备。

2) 正火与退火的不同点

(1) 正火是在空气中冷却,冷却速度快,所获得的组织更细。

(2) 正火后的强度、硬度较退火后的稍高,而塑性、韧性则稍低。

(3) 不占用设备,生产率高。

3. 淬火

将钢件加热到 A_{c_3} 或 A_{c_1} 以上某一温度，保持一定时间后，以大于临界点的冷却速度冷却，得到马氏体(或下贝氏体)的热处理工艺称为淬火。

1) 淬火的目的

(1) 使奥氏体化的工件获得尽量多的马氏体，以提高金属材料的强度和硬度；

(2) 增加耐磨性；

(3) 在回火后获得高强度和一定韧性相配合的性能。

2) 淬火介质

淬火介质是指钢从奥氏体状态冷时所用的冷却介质。常用的淬火介质有水、矿物油、盐水和碱水等。

3) 淬火方法

为了获得所需的淬火组织，同时又要防止变形和开裂，必须采用合适的淬火介质和不同的冷却方法。通常的淬火方法包括单液淬火、双液淬火、分级淬火和等温淬火等，如图 3-13 所示。

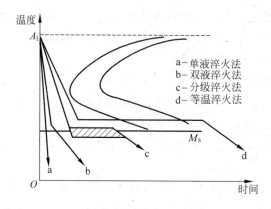

图 3-13   各种淬火方法的示意图

(1) 单液淬火：指将奥氏体化的钢放进水或者油等淬火介质中连续冷却至室温的操作方法，如碳钢件水冷、合金钢油冷、厚大碳钢件盐水冷等。其特点是：操作简便，易实现机械化、自动化。

(2) 双液淬火：指将奥氏体化的钢先放进水中冷却到 $300 \sim 200$℃，再迅速移到油中(甚至放到空气中)的冷却操作方法。其特点是既可淬硬又可避免开裂和变形，但操作困难。

(3) 分级淬火：指将奥氏体化的钢放进稍高于 M_s 点的盐浴槽中停留 $2 \sim 5$min，然后取出在空气中冷却的方法。其特点是：应力小，避免开裂和变形；但盐浴冷却能力有限，只适用于形状复杂、尺寸较小的零件。

(4) 等温淬火：将奥氏体化的钢放进稍高于 M_s 点的盐浴槽中保温足够时间，使过冷奥氏体转变为下贝氏体，然后取出空冷的方法。其特点是：下贝氏体硬度较高，韧性较好，变形较小，适于形状复杂、尺寸精度要求高的零件。

4. 回火

回火是将淬火后的钢重新加热到 A_1 以下某一温度,保温一段时间,然后置于空气或油中冷却的热处理工艺。

1) 回火的目的

(1) 消除淬火时因冷却过快而产生的内应力,降低金属材料的脆性,使它具有一定的韧性;

(2) 消除淬火产生的内应力,稳定工件尺寸,降低脆性,改善切削加工性能。

随着回火温度的升高,硬度、强度下降,塑性、韧性升高。

2) 回火的分类

根据加热温度的不同,回火可分为低温回火、中温回火和高温回火。

(1) 低温回火:回火温度为 150～250℃。低温回火能消除一定的内应力,适当地降低钢的脆性,提高韧性,同时工件仍保持高硬度、高耐磨性,应用于各种量具和刀具。

(2) 中温回火:回火温度为 350～500℃。中温回火可大大减小钢的内应力,提高弹性、韧性,但硬度有所降低,应用于弹簧和热锻模等。

(3) 高温回火:回火温度为 500～650℃。高温回火可以消除内应力,硬度显著下降,可获得具有强度、塑性、韧性等综合机械性能,应用于齿轮、连杆、曲轴等。淬火后再经高温回火的热处理工艺,称为调质处理。一般要求具有较高综合机械性能的重要结构零件,都要经过调质处理。

3.2.3　热处理常用加热设备

热处理中常用的加热设备主要有加热炉、测温仪表、冷却设备和硬度计等。其中,加热炉有很多种,常用电阻炉和盐浴炉。

1. 电阻炉

电阻炉是利用电流通过电热元件(如金属电阻丝、SiC 棒等)产生的热量来加热工件的。根据其加热的温度不同,可分为高温电阻炉、中温电阻炉和低温电阻炉等;根据形状不同,可分为箱式电阻炉和井式电阻炉等多种。这类炉子的结构简单,操作容易,价格较低,主要用于中、小型零件的退火、正火、淬火、回火等热处理。其主要缺点是加热易氧化、脱碳,是一种周期性作业炉,生产率低。

2. 盐熔炉

盐熔炉是用熔融盐作为加热介质(即将工件放入熔融的盐中加热)的加热炉。使用较多的有电极式盐浴炉和外热式盐浴炉。盐浴炉常用的盐为氯化钡、氯化钠、硝酸钾和硝酸钠。由于工件加热是在熔融盐中进行的,与空气隔开,所以工件的氧化、脱碳少,加热质量高,且加热速度快而均匀。盐浴炉常用于小型零件及工、模具的淬火和回火。

3.3　硬度测定

零件在热处理完成后,都要依据图纸和技术要求进行严格的质量检验。检验内容有以下两类:

(1) 零件的外观和精度检验,主要包括表面氧化、腐蚀、烧损和表面裂纹等情况。

(2) 机械性能的检验,主要包括硬度、强度、延伸率等。

金属的硬度是材料表面抵抗因硬物压入而引起塑性变形的能力,是金属材料一项重要的力学性能指标,是材料强度、弹性与塑性的综合反映。硬度越大,金属抵抗塑性变形的能力越大,材料产生塑性变形就越困难。硬度实验设备简单,操作方法简便快捷,而且实验不破坏零件,是一种无损检测方法。因此,硬度测定应用十分广泛。

硬度的试验方法很多,其中常用的有布氏法、洛氏法和维氏法 3 种。表 3-2 列出了常用的硬度试验方法及应用范围。

表 3-2　常用的硬度试验方法及应用范围

名　　称	主　要　应　用　范　围
洛氏硬度	淬火与回火后的钢材、硬质合金的硬度测定等
布氏硬度	退火与正火后的钢材、铸铁、有色金属材料的硬度测定等
维氏硬度	材料的表层硬度、薄板材料的硬度测定等
显微硬度	晶粒、晶界以及各种显微组织的硬度测定等

3.3.1　布氏硬度

1. 布氏硬度试验

用一定直径的球体(淬火钢球或硬质合金球)以相应的试验力压入待测材料表面,保持规定时间并达到稳定状态后卸除试验力,通过测量材料表面的压痕直径来计算硬度。这是一种压痕硬度试验方法。用钢球压头所测出的硬度值用 HBS 表示,用硬质合金球压头所测出的硬度值用 HBW 表示。目前,布氏硬度计一般以钢球为压头,主要用于测定较软的金属材料的硬度。布氏硬度的优点是测定结果较准确,缺点是压痕大。

2. 布氏硬度试验机的基本操作

布氏硬度试验机的外形结构如图 3-14 所示,其基本操作程序如下:

(1) 将试样放在工作台上,顺时针转动手轮,使压头向试样表面挤压,直至手轮与下面的螺母产生相对运动(打滑)为止。此时试样已承受 98.07N 的初载荷。

(2) 按动加载按钮,开始加主载荷,当红色指示灯闪亮时,迅速拧紧压紧螺钉,使圆盘转动。达到所要求的持续时间后,转动即自行停止。

(3) 逆时针转动手轮,降下工作台,取下试样,用读数显微镜测出压痕直径 d,以此查表即得 HBS 值。

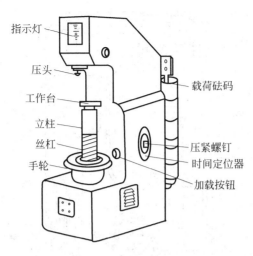

指示灯

压头

工作台

立柱

丝杠

手轮

载荷砝码

压紧螺钉

时间定位器

加载按钮

图 3-14　布氏硬度试验机外形结构图

3.3.2　洛氏硬度

1. 洛氏硬度试验

洛氏硬度以顶角为 120℃ 的金刚石圆锥体作为压头，以一定的压力使其压入材料表面，通过测量压痕深度来确定其硬度。被测材料的硬度可在硬度计刻度盘上读出。洛氏硬度有 HRA，HRB 和 HRC 3 种标尺，其中以 HRC 应用最多，一般用于测量经过淬火处理后较硬材料的硬度。

测定洛氏硬度，操作简单、方便、迅速，并且压痕小，可测成品、薄件。但是数据不够准确，应测 3 点取平均值，所以不应测组织不均匀的材料，如铸铁。常用的 3 种洛氏硬度试验规范见表 3-3。

表 3-3　常用的 3 种洛氏硬度测量规范

符　号	压　　头	载荷 F/N	硬度值有效范围	使 用 范 围
HRA	金刚石圆锥 120°	588.4	20～88HRA	适用于测量硬质合金、表面淬火钢或渗碳钢
HRB	1.5875mm(1/16in)钢球	980.7	20～100HRB	适用于测量有色金属、退火钢、正火钢等
HRC	金刚石圆锥 120°	1471	20～70HRC	适用于测量调质钢、淬火钢等

2. 洛氏硬度试验机的基本操作

洛氏硬度试验机的结构如图 3-15 所示，其基本操作程序如下：

(1) 将试样放置在试样台上，顺时针转动手轮，使试样与压头缓慢接触，直至表盘小指针指到"0"为止，然后将表盘上的指针调零。

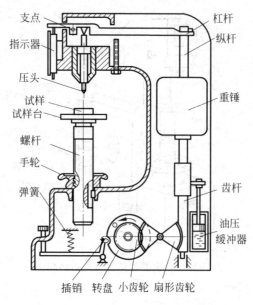

图 3-15　洛氏硬度试验机结构图

（2）按动按钮，加主载荷，当表盘大指针反转停止后，再逆时针旋转手柄，卸除主载荷，此时表盘大指针即指示出该试样的 HRC 值。

（3）逆时针转动手轮，取出试样，硬度测定完毕。

3.3.3　维氏硬度

维氏硬度测定的基本原理和布氏硬度相同，区别在于压头采用锥面夹角为 136° 的金刚石棱锥体，使用很小试验力 F（49.03～980.07N）压向试样表面（压痕是四方锥形），测出压痕对角线长度 d。维氏硬度用 HV 表示，HV 的计算式为

$$HV = 0.102 \times 1.8544 \frac{F}{d^2}$$

维氏硬度测量准确，应用范围广，硬度可从极软到极硬，可测成品与薄件，但试样表面要求高，费工。常用于测薄件、镀层、化学热处理后的表层等。

3.4　表面热处理

为了兼顾零件表面和心部两种不同性能要求，生产中广泛采用表面热处理的方法，即表面淬火和化学热处理。

3.4.1　表面淬火

表面淬火指仅改变钢的表层组织的局部热处理工艺。适用于含碳量为 0.3%～0.7% 的中碳钢和中碳合金钢，如 45 钢、40Cr。按加热方式可分为火焰加热表面淬火和感应

加热表面淬火。

1. 火焰加热表面淬火

火焰加热表面淬火是指应用氧乙炔(或其他可燃气体)火焰对零件表面进行快速加热,随之快速冷却的工艺。

火焰淬火的淬硬层深度一般为 2～6mm。火焰淬火的设备简单,淬硬速度快,变形小,适用于局部磨损的工件,如轴、齿轮、导轨、行车走轮等,用作特大件更为经济有利。但火焰淬火容易过热,淬火质量不稳定,因而使用上有一定的局限性。

2. 感应加热表面淬火

感应加热表面淬火是指利用感应电流通过工件所产生的热效应,使工件表面、局部或整体加热并进行快速冷却的工艺。它是目前应用较为广泛的表面淬火方法,图 3-16 是其示意图。

感应加热的速度快,通常工件由室温加热至淬火温度只需要几秒或几十秒。与其他表面淬火工艺相比,它有如下特点:

(1) 加热速度快,组织转变在更高的温度下进行,一般感应加热淬火温度需要比 A_{c_3} 高 80～150℃。

(2) 由于加热速度快,淬火后表面层能获得细小的针状马氏体,其力学性能良好。

(3) 加热时间极短,可以显著减少零件的氧化和脱碳。另外,由于心部仍保持冷的钢性状态,所以变形很小。

(4) 淬硬层深度易于控制,淬火操作容易实现机械化、自动化。

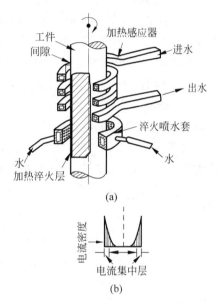

图 3-16 感应加热表面淬火示意图

上述特点使感应淬火的应用日益广泛,对于大批量的流水线生产极为有利。但该方法设备较贵,维修、调整比较困难,形状复杂零件的感应器不易制造,也不适宜单件生产。

3.4.2 化学热处理

化学热处理指将钢置于一定温度的活性介质中保温,使一种或几种元素渗入其表层,以改变其化学成分、组织和性能的热处理工艺。化学热处理包括分解、吸收、扩散 3 个基本过程。

(1) 分解:化学介质在一定温度下,由于发生化学分解反应而生成能够渗入钢表面的"活性原子"的过程。

(2) 吸收:活性原子被吸附在工件表面并渗入表层的过程。其吸收方式为活性原子溶入铁的晶格中或者与铁形成化合物。

(3) 扩散:钢表面吸收活性原子后,使渗入元素的浓度大大提高,从而在表面和内部形成显著浓度差的过程。在一定的温度条件下,原子沿着浓度下降的方向扩散,结果便会得到一定厚度的扩散层。

常用的化学热处理有以下两类:第一类是渗碳、渗氮、碳氮共渗等。主要以表面强化为主,目的是提高钢的表面硬度、耐磨性和抗疲劳性能。渗氮也能提高表面的热硬性和耐蚀性。第二类是渗铬、渗铝、渗硅等。主要目的是改善钢件表面的物理化学性能,如抗氧化、耐酸蚀等,其中渗铬、渗硅也兼有耐磨的特点。

(1) 钢的渗碳:将钢放入渗碳的介质中加热并保温,使活性碳原子渗入钢的表层。其目的是通过渗碳及随后的淬火和低温回火,使表面具有高的硬度、耐磨性和抗疲劳性能,而心部具有一定的强度和良好的韧性配合。渗碳方法有气体渗碳、固体渗碳和液体渗碳。目前广泛应用的是气体渗碳法。渗碳所用钢是含碳量为 $0.1\%\sim0.25\%$ 的低碳钢和低碳合金钢。

(2) 钢的渗氮:在一定温度下使活性氮原子渗入工件表面,俗称氮化。其目的是提高零件的表面硬度、耐磨性、疲劳强度、热硬性和耐蚀性等。渗氮方法有气体渗氮、离子渗氮等。生产中应用较多的是气体渗氮。渗氮所用钢可以是优质碳素结构钢,如 20,40 等;一般合金结构钢,如 40Cr 等;渗氮专用钢,如 38CrMoAlA。

(3) 碳氮共渗:碳、氮同时渗入工件表层。其目的是提高零件的表面硬度、抗疲劳性和耐磨性,它兼具渗碳和渗氮的优点。

随着科学技术的发展,化学热处理的应用领域不断扩大,例如真空渗碳、流动粒子炉渗碳或渗氮、超声波化学热处理、气相沉积氮化钛或碳化钛等,这些都给化学热处理的发展赋予了强大的生命力。

第4章

CHAPTER 4

铸造成型工艺

4.1 概 述

铸造是一种液态金属成型的工艺方法，主要用于生产零件毛坯。

4.1.1 铸造成型原理

根据需要设计加工铸型，将熔炼合格的液态金属注入铸型的型腔，冷却后获得一定形状和性能的铸件，如图 4-1 所示。

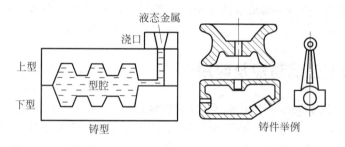

图 4-1　铸造成型

4.1.2 铸造方法简介

铸造方法种类繁多，一般可以分为砂型铸造和特种铸造两大类。

1. 砂型铸造

砂型铸造是用型砂和芯砂作为造型和制芯的材料，利用重力作用使液态金属充填铸型型腔，从而获得铸件的一种工艺方法。

砂型铸造工艺复杂，工序较多，主要有制造模样和芯盒、配制型砂和芯砂、造型和制芯、合箱型、熔化金属、浇注、落砂以及铸件的清理和检验，如图 4-2 所示。

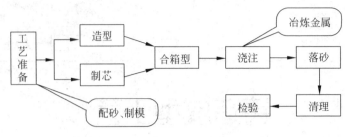

图 4-2　砂型铸造工艺过程图

2. 特种铸造

除砂型铸造外,其他铸造方法统称为特种铸造,包括以下几种。

(1)熔模铸造:用易熔材料制成模样,模样表面涂挂耐火材料或灌注耐高温的陶瓷材料,硬化干燥后形成铸型,熔化模型排出型外,形成无分型面的铸型,经焙烧、浇注和落砂获得铸件。

(2)金属型铸造:将液态金属浇入金属材料制成的铸型内得到铸件。

(3)压力铸造:熔融金属在高压下高速填充铸模型腔,保持压力,快速凝固成型。

(4)低压铸造:金属液在较低压力下由下而上填充铸模型腔,并在该压力下凝固成型。

(5)离心铸造:将熔融金属浇入高速旋转的铸型中,在离心力作用下填充铸型并凝固成型。

(6)消失模铸造:又称实型铸造、气化模造型、无型腔铸造等。采用泡沫聚苯乙烯塑料模样代替普通模样,造好型后不取出模样就浇入金属液,在灼热液体金属的热作用下,泡沫塑料模气化、燃烧而消失,金属液取代原来泡沫塑料模所占据的空间位置,冷却凝固后即可获得所需要的铸件。

4.1.3　铸造工艺的特点及应用

(1)可制成型状复杂的零件,特别适用于制造具有复杂内腔的毛坯,如箱体、床身、气缸体等。

(2)适应范围广。工业上常用的金属材料都可铸造;铸件大小几乎不限(铸件外形尺寸可从几毫米到十几米,壁厚可从 1mm～1m);生产的批量不限,既适用于单件小批量生产,又适用于大批量生产。

(3)成本低。可直接利用成本低廉的废机件和切屑作原料,设备费用较低;在金属切削机床中,铸件占机床总重量的 75% 以上,而生产成本仅占 15%～30%。

(4)工艺灵活,生产率高,既可手工生产,又可机械化生产。

(5)铸件的形状和大小与零件接近,既节约金属材料,又减少切削加工的工作量。

4.2　造型材料

4.2.1　造型材料的组成和性能

制造铸型用的材料称为造型材料。用于制造砂型的材料称为型砂,用于制造型芯的材料称为芯砂,二者均由砂、黏结剂和附加物组成。型(芯)砂的质量直接影响着铸件的质量和成本。为保证铸件质量,降低铸件成本,必须合理选用型(芯)砂的种类,严格控制型(芯)砂的性能。

(1) 可塑性:指型(芯)砂在外力作用下易于成型,外力除去后仍能保持已成型的能力。可塑性好,不但造型、修型容易,而且有利于制造复杂的铸型。

(2) 强度:指型(芯)砂紧实后抵抗外力破坏的能力。强度好的铸型在搬运和浇注过程中不变形,不破裂。

(3) 耐火性:指型(芯)砂在高温作用下不软化、不熔化、不被烧结的能力。耐火性差,铸件容易产生黏砂等缺陷。

(4) 透气性:指型(芯)砂紧实后可让气体通过的能力。透气性好,浇注时铸型中的气体容易排出;透气性差,气体不容易排出,铸件容易产生气孔等缺陷。

(5) 退让性:指铸件冷却凝固收缩时型(芯)砂能被压缩、退让的特性。退让性差的铸件由于收缩受阻,容易产生内应力、变形和裂纹等缺陷。

4.2.2　造型材料的配制

影响型(芯)砂性能的重要因素有成分组成、配制比例、配制方法。

常用型(芯)砂的配比见表 4-1。

表 4-1　常用型(芯)砂的配比

类别	常　用　配　比
型砂	旧砂 90%～95%,新砂 5%～10%,膨润土 4%～6%,煤粉 4%～5%,水 5%～7%
芯砂	旧砂 70%～80%,新砂 20%～30%,蒙古土 3%～4%,膨润土 0～4%,水 7%～10%

型(芯)砂的配制过程称为混砂,一般在混砂机中进行。将砂、黏结剂、附加物和水通过混砂机进行搅拌、挤压,使各组分均匀分布,使黏结剂在砂粒上形成薄膜,从而达到质量要求。

配制好的型(芯)砂是否合格,可以采用专门仪器测定其强度、透气性和含水量,单件或小批量生产的型(芯)砂一般凭经验检查(湿度适当,则手捏成团时松手见手纹;强度适当,则折断时断面没有碎裂状)。

4.3　造型与制芯

4.3.1　造型工艺装备

造型的工艺装备主要有模样、芯盒和砂箱等。

1. 模样

按照铸造工艺图设计,用木材、金属或其他材料制成,用于形成铸型的型腔。根据其形状与结构特点分为整体模和分开模:整体模为一个整体,形状比较简单,没有分模面;分开模通常被分成两部分,分别制造铸型的上型与下型,其分割面称为模面。

2. 芯盒

按照铸造工艺图设计,用木材、金属制成,用于形成铸型的型芯,它的内腔与砂芯的形状、尺寸相同。芯盒可分为整体式、对开式及可拆式 3 类:整体式用于制造简单的型芯;对开式用于制造圆柱体、圆锥体等形状对称的型芯;可拆式用于制造形状复杂的型芯。

3. 砂箱

砂箱按照铸型的铸造工艺方案、吃砂量及浇冒口的要求等设计,是容纳和支承砂型的刚性框架,通常用木材或金属制造。

4.3.2 造型

用型砂和模样等工艺装备制造砂型的过程,称为造型,可分为机器造型和手工造型。

1. 机器造型

机器造型是用机械进行紧实型砂和起模的造型方法。机器造型可使型砂的紧实度高而均匀,型腔轮廓清晰,因此,铸件尺寸精度较高,表面较光洁。机器造型生产率高,但是设备和工艺装备费用较高,生产准备时间长,适用于成批、大量生产。

2. 手工造型

手工造型按模样特征分为整模造型、分模造型、活块造型、挖砂造型、假箱造型和刮板造型;按砂箱特征分为两箱造型、三箱造型和地坑造型。

1)整模造型

整模造型指整个模样可直接从砂型中取出的造型方法,如图 4-3 所示。其特点是:铸型型腔全部在一个砂箱内,端面为平面,造型简单,铸件不会产生错箱缺陷。适用于生产形状简单的铸件,如齿轮、轴承的毛坯等。

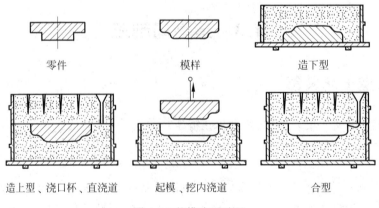

零件   模样   造下型

造上型、浇口杯、直浇道   起模、挖内浇道   合型

图 4-3 整模造型过程

2）分模造型

分模造型指将模样分成两半或几部分的造型方法,如图 4-4 所示。其特点是最大截面在中部,型腔位于上、下两个砂箱内,造型方便,但制作模样较麻烦。适用于生产套筒、管子、阀体类等形状较复杂的对称性铸件,是应用最广泛的造型方法。

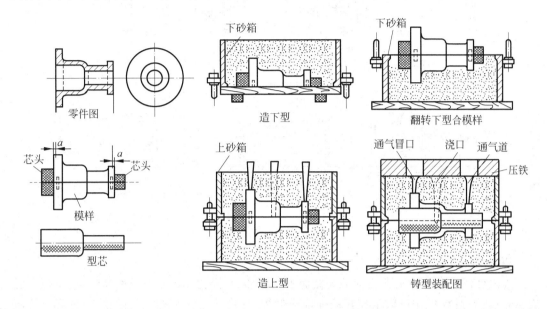

图 4-4　套管的分模两箱造型过程

当铸件形状为两端截面大、中间截面小(如带轮、槽轮、车床四方刀架等)时,为保证顺利起模,应采用三箱造型,即将铸型放在 3 个砂箱中组合而成,如图 4-5 所示。三箱造型的关键是选配合适的中箱。其缺点是造型复杂,易错箱,生产率低。适用于形状复杂、不能用两箱造型的铸件生产。

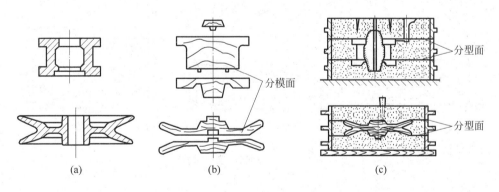

图 4-5　三箱造型举例
(a) 典型零件示例；(b) 模样；(c) 铸型图

3）活块造型

将铸件上妨碍起模的凸出部分做成活块,用钉子或燕尾槽与模样主体连接,起模时先取出模样主体,然后再取出活块,如图 4-6 所示。此方法造型和制作模样都很麻烦,生产率低,适用于单件小批生产带有突起部分的铸件。

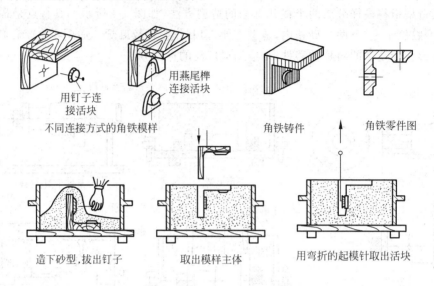

图 4-6　角铁的活块造型过程

4）挖砂造型

当铸件的外部轮廓为曲面而最大截面不在端部,且模样又不易分成两半时,应将模样做成整体,造型时挖掉妨碍取出模样的那部分型砂,这种造型方法称为挖砂造型,如图 4-7 所示。由于是手工挖砂,操作技术要求高,生产率低,只适合于单件、小批量铸件的生产。

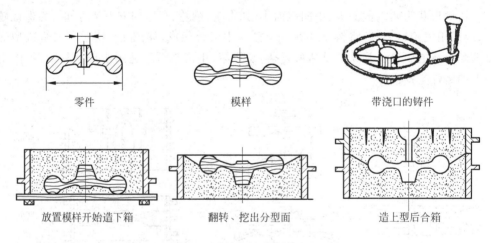

图 4-7　手轮的挖砂造型过程

5）假箱造型

当生产数量较多时,一般采用假箱造型。假箱造型是利用预先制好的半型当假箱,作为底板,再在上面放模样进行造型,如图 4-8 所示。其特点是免去挖砂操作,操作简单,假箱可多次使用,造型效率高,适用于挖砂造型中形状较复杂的小批量铸件的生产。

6）刮板造型

用刮板代替实体模样造型。依据型腔的表面形状,在上下砂箱中刮出铸件的型腔。刮

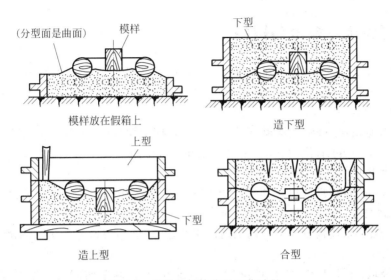

图 4-8　手轮的假箱造型工艺过程

板造型只需刮板,不用模样,节省制模材料和工时。但这种方法造型时操作复杂,技术要求高,效率低、精度差,适合于带轮、管子等大中型回转体铸件。

7）地坑造型

在砂地上或地坑内制造一部分或全部型腔的造型方法叫地坑造型。地坑造型可以节省砂箱,降低工装费用。地坑造型效率低,主要用于中、大型铸件的单件或小批量生产。

4.3.3　制芯

型芯主要是用于形成铸件内腔。浇注时型芯为高温金属液包围,因此,砂芯需要有比砂型更高的强度、耐火性、透气性、退让性和落砂时容易溃散的性能。为提高砂芯质量,通常多采用下列工艺措施:放置芯骨,开设排气道,表面涂料与烘干。生产中有手工制芯和机器制芯。手工制芯无需制芯设备,工艺装备简单,因此应用得很普遍。机器制芯一般用于大批量生产中。

根据砂芯的大小和复杂程度,手工制芯使用芯盒有整体式芯盒、对开式芯盒和可拆式芯盒等如图 4-9。

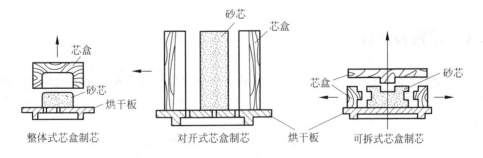

图 4-9　芯盒制芯示意图

4.3.4 开设浇注系统与冒口

为了使金属熔液充满型腔,在铸型中所开设的一系列通道,称为浇注系统。开设的浇注系统应使金属液流经的距离最短,流速平稳、快捷,且具有挡渣、调节铸件各部分温度及控制铸件凝固顺序的能力。

浇注系统是由浇口杯、直浇道、横浇道、内浇道四部分组成,如图4-10(a)所示。

(1) 浇口杯:位于直浇道顶端,用来承接并导入金属液。使用浇口杯既便于浇注,又可使金属液体平稳地注入直浇道。

(2) 直浇道:指连接浇口杯和横浇道的垂直通道。利用其高度产生的静压力,能使金属液迅速充满型腔,并可调节流入型腔的速度。

(3) 横浇道:指连接直浇道与内浇道的水平通道,能均匀地分配进入内浇道的金属液,并起挡渣作用。

(4) 内浇道:指连接横浇道与铸型型腔的通道,起控制金属液的充型速度和流向的作用,引导金属液平稳、均匀、快速地充满整个型腔。

对于易于产生缩孔的铸件,还需开设冒口,如图4-10(b)所示。冒口指铸型内储存供补缩铸件用的熔融金属的空腔,有时还起排气、集渣等作用。冒口一般开设在铸件容易产生缩孔部位的上部,露出铸型顶面的叫明冒口,暗藏在铸件内的叫暗冒口。

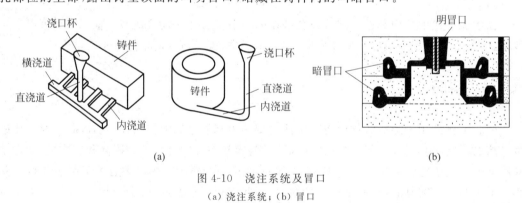

(a)   (b)

图4-10　浇注系统及冒口

(a) 浇注系统；(b) 冒口

4.4 熔炼、浇注与铸件的清理

4.4.1 熔炼及浇注

熔炼是将固态金属材料转变为液态,以获得化学成分和温度都合格的金属液的过程。熔炼的设备种类很多,如冲天炉、电炉(感应电炉和电弧炉)、坩埚炉和反射炉,目前冲天炉应用最为广泛。

浇注是将液体金属浇入铸型的过程。浇注工序对铸件的质量影响很大,如果操作不当,则易产生浇不足、冷隔、跑火、夹渣、缩孔等缺陷,因此,浇注时必须注意下列问题。

(1) 浇注温度:遵循高温出炉、低温浇注的原则。提高金属液的出炉温度有利于熔渣上浮,便于清渣和减少铸件的夹渣缺陷;采用较低的浇注温度,有利于降低金属液中的气体溶解度和液态收缩量,避免产生气孔、缩孔等缺陷。

(2)浇注速度:对于薄壁铸件,应采用较快的浇注速度,以防止产生浇不到、冷隔等缺陷。一般铸件,尤其是厚壁铸件,开始时应缓慢浇注,以减少熔融金属对砂型的冲击和有利于气体排出;随后快速浇注,以防止冷隔;快要浇满时再缓慢浇注。

(3)挡渣:防止熔渣进入铸型。

(4)引火:在浇注铸钢和铸铁时,要及时引燃从砂型中逸出的气体,以防有害气体污染空气。

4.4.2　铸件的清理

充分冷却后的铸件必须经过落砂、清理并检查合格后,方能使用或进行机械加工。

(1)落砂:指用手工或机械的方法将冷却成型后的铸件从型砂和砂箱中取出。

(2)清理:指铸件落砂后,从其表面清除粘砂、型砂及多余金属。常用手工、水力、水爆法、喷丸法清理铸件表面的粘砂和型砂;用敲击法、割据法、气割法、等离子弧切割法切除浇口、冒口及氧化皮等。

4.5　铸　造　工　艺

铸造工艺包括选择并确定铸型的分型面、模样和砂芯的结构、浇注系统及铸造工艺参数等主要内容。

4.5.1　分型面的选择

分型面是指上、下砂型的接合面。选择分型面位置主要依据铸件的结构形状,其选择原则如下:

(1)尽可能将铸件的全部或大部分放在同一箱内,以减少因错箱造成的铸件尺寸偏差。

(2)尽量把铸件的加工面和加工基准面放在同一砂箱内,以保证尺寸精度。

(3)尽量减少分型面的数量。

(4)尽量使分型面保持平面,必要时也可采用阶梯状、折面或曲面等凹凸面。

(5)尽可能减少砂芯的数量,对于单件小批生产手工造型,常采用活块、砂胎等方法,以减少砂芯。

(6)为方便起模,分型面应选择在铸件的最大截面处。

(7)尽可能使砂芯全部或主要部分位于下型,并尽量少用吊芯。

4.5.2　浇注位置的选择

浇注位置是指浇注时铸件在型腔内所处的位置,其选择原则如下:

(1)铸件的重要加工面、主要工作面和受力面应尽量放在底面或侧面,以减少气孔、砂眼、夹渣、缩松、缩孔等铸造缺陷。

（2）应有利于所确定的凝固顺序，铸件厚实部分一般应置于浇注位置上方，以利于冒口补缩。

（3）应有利于砂芯的定位和稳固支撑，对体收缩较大的砂芯，最好能使芯头朝下或设置侧面芯头，尽量避免吊芯或悬臂砂芯。

（4）应有利于铸型和砂芯的排气。

（5）铸件上的较大平面置于下部或倾斜放置，以防夹砂、结疤等铸造缺陷，也有利于排气。

（6）铸件的薄壁部分应置于浇注位置的下部或侧面，以防铸件薄壁部分发生浇不足、冷隔等铸造缺陷。

（7）在大批量生产中，浇注位置应使铸件的主要毛刺、飞翅易于清除。

（8）要避免在厚实铸件冒口下面的主要工作面产生偏析。

4.5.3 工艺参数的确定

铸造工艺参数通常指进行铸件工艺设计时必须确定的一些工艺数据，包括加工余量、铸件收缩率、起模斜度等。

1. 加工余量

在铸件加工表面上留出的、准备在切削加工时切去的金属层厚度称为加工余量。加工余量的大小与铸件的大小、合金种类、铸造方法和浇注时该表面所处的浇注位置有关。确定加工余量时可查有关手册，一般铸铁件的加工余量在 3～6mm。

2. 铸件收缩率

铸件凝固后从高温冷却到室温的线收缩率称为铸件收缩率。铸件收缩率用尺寸的缩小值与铸件公称尺寸的百分比表示，即

$$K = \frac{L_1 - L_2}{L_1} \times 100\%$$

式中，K 为铸件收缩率；L_1 为模样（或芯盒）的工作尺寸，mm；L_2 为铸件尺寸，mm。铸件收缩率与合金种类和收缩时合金的受阻情况有关，铸铁件的收缩率一般为 0.8%～1.0%，铸钢件的收缩率一般为 1.8%～2.2%。

3. 起模斜度

平行于起模（出芯）方向的模样（芯盒）壁上留出的一定斜度称为起模斜度。起模斜度与铸件壁厚和起模（出芯）方向的高度有关，可查有关手册，一般控制在 0.5°～3°。

4.6 铸件质量检验及缺陷分析

1. 常见的铸件缺陷

铸造工艺比较复杂，容易产生各种缺陷，从而降低铸件的质量和成品率。常见的铸件缺陷的名称、特征及其产生原因见表 4-2。

表 4-2　常见的铸件缺陷、特征及其产生原因

缺陷名称及图例	特　征	产生的主要原因
气孔	在铸件内部或表面有大小不等的光滑孔洞	①舂砂过紧,型砂透气性差;②型砂含水过多或起模和修型时刷水过多;③型芯烘干不充分或型芯通气孔被堵塞;④浇注温度过低或浇注速度太快
缩孔与缩松	缩孔多分布在铸件厚断面处,形状不规则,孔内粗糙	①铸件结构设计不合理,如壁厚相差过大,厚壁处未放冒口或冷铁;②浇注系统和冒口的位置不对;③浇注温度太高;④合金化学成分不合格,收缩率过大,冒口太少
砂眼	在铸件内部或表面有型砂充塞的孔眼	①砂型和型芯的紧实度不够,故型砂被金属液冲入型腔;②合箱时砂型局部损坏;③浇注系统不合理,内浇口方向不对,金属液冲坏了砂型;④型腔或浇口内散砂未清理干净
夹砂(结疤) 金属片状物	铸件表面产生的金属片状突起,在金属片状突起物与铸件之间夹有一层型砂	①型砂热湿拉强度低,型腔表面受热烘烤而膨胀开裂;②砂型局部紧实度过高,水分过多,水分烘干后型腔表面开裂;③浇注位置选择不当,型腔表面长时间受高温铁水烘烤而膨胀开裂;④浇注温度过高,浇注速度太慢
粘砂	铸件表面粗糙,粘有砂粒	①型砂和芯砂的耐火性不够;②浇注温度太高;③未刷涂料或涂料太薄
错型	铸件沿分型面有相对位置错移	①模样的上半模和下半模未对好;②合箱时上、下砂箱未对准;③上箱未加压铁,浇注时产生浮箱,造成错移
冷隔	铸件上有未完全融合的缝隙或洼坑,其交接处是圆滑的	①浇注温度太低;②浇注速度太慢或浇注过程曾有中断;③浇注系统位置开设不当或内浇道横截面积太小;④合金流动性差,铸件壁太薄;⑤浇注时金属量不够用
浇不足	铸件未被浇满	
裂缝	铸件开裂,开裂处金属表面氧化	①铸件结构设计不合理,壁厚相差太大,冷却不均匀;②砂型和型芯的退让性差;③落砂过早或舂砂过紧;④浇口位置不当,致使铸件各部分收缩不均匀;⑤浇注温度过低或浇注速度太慢

2. 铸件质量检验方法

铸件质量检验方法归纳起来可分为以下几种。

（1）外观检验：对于显露在铸件表面及表皮下的缺陷，生产中常用肉眼或凿子、尖嘴锤等工具来检验。

（2）无损探伤检验：为避免损伤铸件，常用X射线探伤、γ射线探伤、超声波探伤、磁粉探伤、电磁感应涡流探伤、荧光检查及着色探伤等无损检验方法。

（3）化学成分检验：这类检验可分为浇注前合金液检验以及对铸件的检验。

此外，还有机械性能检验、断口宏观及显微检验等。

第5章

焊　接

5.1　概　　述

1. 焊接的实质

焊接是通过加热或加压(或两者并用),并用(或不用)填充材料,使焊件形成原子或离子结合的一种连接方法。焊接实现的连接是不可拆卸的永久性连接,被连接的焊件材料可以是同种或异种金属,也可以是金属与非金属等。

2. 常用的焊接方法

焊接方法的种类很多,按照焊接过程的特点,可以归纳为 3 大类,如图 5-1 所示。

(1) 熔化焊:将焊件接头加热至熔化状态,不加压力完成焊接过程。

(2) 压焊:通过对焊件施加压力(加热或不加热)来完成焊接过程。

(3) 钎焊:采用比母材熔点低的金属材料作钎料,在加热温度高于钎料熔点、低于母材熔点的情况下,利用液态钎料润湿母材,填充接头间隙,并与母材相互扩散实现焊件连接。

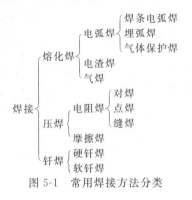

图 5-1　常用焊接方法分类

3. 焊接的特点

焊接的优点是:节约金属材料,产品密封性好;以小拼大,化复杂为简单;便于制造双金属结构;便于实现机械化、自动化。缺点是:焊缝处的力学性能有所降低;个别焊接方法的焊接质量检验仍有困难。

4. 焊接的应用

焊接可以用于制造金属结构、制造金属零件或毛坯、连接电器导线等方面。广泛应用于机构、冶金、电力、锅炉和压力容器等领域。在建筑、桥梁、船舶、汽车、电子、航空航天、军工和军事装备等生产部门应用也很普遍。

5.2 焊条电弧焊

用手工操作涂有药皮的焊条，使之与焊件表面之间产生稳定燃烧的电弧，将焊条和焊件熔化，从而获得牢固接头的工艺方法称为焊条电弧焊（手工电弧焊）。它属于熔化焊，简称手弧焊。其优点为设备简单，操作灵活方便，能进行全位置焊接，适合焊接多种材料。不足之处是生产效率低，劳动强度大。

5.2.1 焊接电弧及焊接过程

焊接电弧是两个电极之间的气体介质产生的强烈而持续的放电现象，实质是局部气体介质有大量电子流通过的导电现象。焊接电弧沿长度方向可分为3个部分：阳极区、弧柱区和阴极区，如图5-2所示。由于两个极区的厚度极薄，所以弧柱区的长度可视为焊接电弧的长度，称为弧长。一般情况下，阴极区的热量约占36%，温度可达2400K；阳极区的热量约占43%，温度可达2600K；弧柱区的中心温度最高，可达6000～8000K，热量约占21%。

焊条电弧焊的焊接过程如图5-3所示。首先在焊条与焊件之间引出电弧，在电弧的高温作用下，焊条与焊件同时熔化，形成金属熔池。随着电弧沿焊接方向前移动离开，原有熔池金属迅速冷却凝固成焊缝。

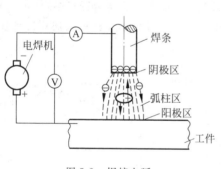

图5-2 焊接电弧

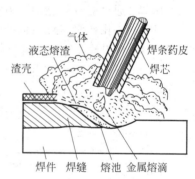

图5-3 焊条电弧焊的焊接过程

5.2.2 焊条

1. 焊条的组成与作用

焊条是焊条电弧焊时的焊接材料，由焊芯和药皮组成。

焊芯是焊接专用的金属丝（焊丝），具有一定的直径和长度。焊条的直径用焊芯直径表示，常用的焊条直径为3.2～5mm，长度为250～450mm。其作用有两个：一是作为电极，产生电弧，形成焊接热源；二是熔化后作为填充金属与熔化的母材一起形成焊缝。我国目前常用碳素结构钢焊条,焊芯牌号为 H08,H08A(A 表示优质钢),平均含碳量为 0.08％。

药皮是压涂在焊芯表面上的涂料层,由多种矿石粉、合金粉和黏结剂等原料按一定比例配置而成。其主要作用有 3 个:一是使焊接电弧容易引燃,可以促使燃烧稳定、不漂移、飞溅少,利于焊缝成型;二是在电弧的高温作用下,药皮产生大量气体和熔渣,隔离空气,对熔化金属起保护作用;三是通过冶金反应,去除有害杂质(如氧、氢、硫、磷等),同时添加有益的合金元素,改善焊缝质量。

2. 焊条的种类与型号

按用途不同,焊条可分为结构钢焊条、耐热钢焊条、不锈钢焊条、铸铁焊条、铜及铜合金焊条、铝及铝合金焊条等;按熔渣化学性质不同,焊条可分为酸性焊条和碱性焊条。

焊条种类繁多,为了便于销售、保管和使用,焊条的型号采用"一字四数"法,例如,

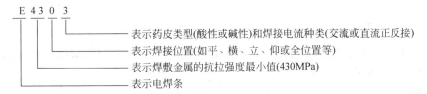

焊条型号中各数字的具体含义可查阅有关的国家标准。

3. 焊条的选用原则

焊条的种类很多,各有其应用范围,选用是否恰当对焊接质量、劳动生产率及产品成本都有很大影响。选用焊条时应遵守下列原则:

(1) 焊条与母材的化学成分应相同或相近;

(2) 焊条与母材的强度基本一致;

(3) 根据结构的使用要求选择焊条药皮的类型。

5.2.3　焊条电弧焊设备

1. 设备分类

焊条电弧焊的基本设备是焊机,也称手弧焊机,有交流焊机和直流焊机两类。其辅助设备有焊钳、焊接电缆、面罩及护目镜、焊条保温筒、焊缝尺寸检测器等。

1) 交流焊机

交流焊机是一种具有一定特性的降压变压器,故又称为弧焊变压器。通过改变一次和二次线圈的磁耦合程度来达到调节焊接电流的目的。交流焊机具有结构简单、价格便宜、使用方便、维修保养简便等优点,但电弧稳定性较差。

2) 直流焊机

直流焊机中,目前应用较多的是整流焊机,是一种专用的整流器,所以又称为弧焊整流器,它将网路交流电经过降压、整流后获得直流电。这种焊机弥补了交流焊机电弧稳定性较差的缺点,具有结构简单、制造方便、空载损失小、噪声小等特点。

直流焊机输出端有正极和负极之分,因此工作线路有正接和反接两种接法,如图 5-4 所

示。采用直流焊机焊接厚板时，一般采用正接。这是因为电弧正极的温度比负极高，采用正接能获得较大的熔深；焊接薄板时，为了防止焊穿，常采用反接。但在使用碱性焊条时均应采用直流反接，以保证电弧燃烧稳定。

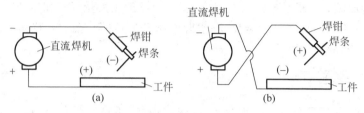

图 5-4　直流电源时的正接与反接

（a）正接；（b）反接

2. 主要技术参数

焊机的主要技术参数标明在其铭牌上，主要有初级电压、空载电压、工作电压、输入容量、电流调节范围和负载持续率等。

（1）初级电压：指焊机接入网路时所要求的外电源电压。一般交流焊机的初级电压为单相 380V，直流焊机的初级电压为三相 380V。

（2）空载电压：指焊机没有负载时的输出端电压。一般交流焊机的空载电压为 60～80V，直流焊机的空载电压为 50～90V。

（3）工作电压：指焊机在焊接时的输出端电压，一般为 20～40V。

（4）输入容量：指由网路输入到焊机的电压与电流的乘积，表示交流焊机传递电功率的能力，单位为 kV · A。

（5）电流调节范围：指焊机在正常工作时可提供的焊接电流范围。

（6）负载持续率：指在规定的工作周期内焊机有焊接电流的时间所占的平均百分率。

5.2.4　焊条电弧焊的基本操作

1. 引弧

引弧是指使焊条和工件之间产生稳定的电弧。引弧时，先使焊条端部与工件表面接触，瞬间形成短路，然后迅速将焊条提起 2～4mm，电弧即可引燃。引弧的方法有两种：摩擦法、敲击法。

2. 运条

焊接过程中，焊条端部的运动叫运条。为了维持电弧稳定燃烧，形成良好的焊缝，运条必须保持以下 3 个方向的协调运动。

（1）焊条向熔池方向不断送进，送进的速度应与焊条熔失的速度相适应，以维持稳定的电弧长度；

（2）焊条不断地横向摆动，以得到一定宽度的焊缝；

（3）焊条沿焊接方向移动，移动的速度叫焊接速度。

焊接速度对焊缝质量影响很大：太快会造成焊缝端面不合格和假焊；太慢则会产生焊缝断面过大、工件变形和烧穿等缺陷。根据焊接要求不同，可分为平面堆焊操作和对接平焊操作。

3. 收弧

焊完时熄灭电弧叫收弧。如果收弧过快，则会在焊缝的末端形成低于焊件表面的凹坑（弧坑）。为避免这一现象，常用的收弧方法有划圈法、反复断弧法和回焊法等。

4. 清理检查

清理检查指焊后要清除焊缝表面的渣壳和焊缝附近的飞溅物，检查焊缝的外形和尺寸，并检验表面和内部有无焊接缺陷。

5.2.5　焊接工艺

1. 焊缝位置

根据焊接操作时焊缝的空间位置不同，可分为平焊、横焊、立焊和仰焊 4 种。合理布置焊缝位置是焊接接头工艺设计的关键。它不但与焊件的质量有很大关系，也会影响生产率、生产成本及劳动条件。在考虑焊缝布置时应注意以下几点：

（1）应尽量分散，两条焊缝的间距一般要求大于 3 倍板厚（图 5-5）。

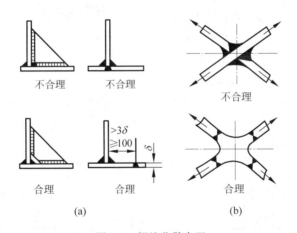

图 5-5　焊缝分散布置

（2）应尽可能对称布置，这样焊后不会发生明显的变形（图 5-6）。

（3）应尽量避开最大应力断面和应力集中位置（图 5-7）。

（4）应尽量避开机械加工面（图 5-8）。

（5）应便于操作（图 5-9）。焊缝应尽量放在平焊位置，尽可能避免仰焊焊缝，减少横焊焊缝，尽量使全部焊接部件至少是主要部件能在焊接前一次装配点固。

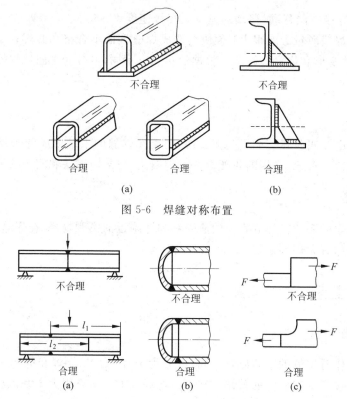

图 5-6　焊缝对称布置

图 5-7　焊缝避开最大应力断面与应力集中位置

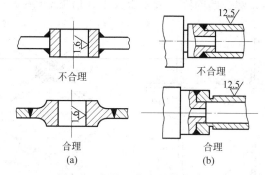

图 5-8　焊缝远离机械加工表面

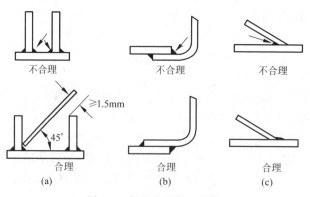

图 5-9　焊缝位置便于操作

2. 焊接接头与坡口

按照被焊工件的相互位置,焊接接头的基本形式有 4 种:对接接头、T 形接头、角接接头和搭接接头,如图 5-10 所示。

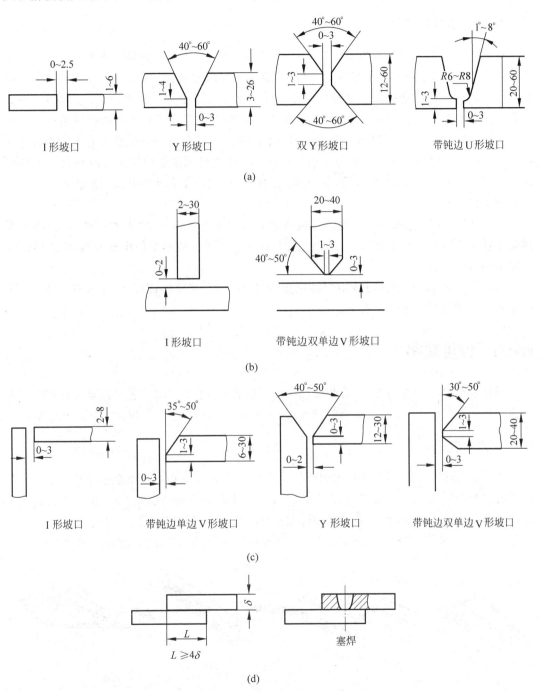

(a)

(b)

(c)

(d)

图 5-10 焊条电弧焊的接头形式

(a) 对接接头;(b) T 形接头;(c) 角接接头;(d) 搭接接头

焊条电弧焊的熔深一般为 2～5mm。工件较厚时,在工件接头处留出一定间隙,采用单面焊或双面焊即可焊透;当工件厚度大于 6mm 时,焊前需将焊件的待焊部位加工成一定形状的坡口,以便焊条能深入底部引弧焊接,保证焊透。坡口根部应留 2mm 的钝边,以避免烧穿。焊接厚板时,为了填满坡口,要采用多层焊或多层多道焊。

3. 工艺参数的选择

焊条电弧焊的工艺参数主要有焊条直径、焊接电流、电弧电压和焊接速度等。

(1) 焊条直径:根据焊件厚度、焊缝位置及焊接层数来选择焊条直径。一般情况下,焊接厚度大的焊件时应选择较大直径的焊条;反之则应选择小直径的焊条。多层焊时,第一层焊道应使用较小直径的焊条,以后各层可以根据焊件厚度,选用较大直径的焊条。

(2) 焊接电流:根据焊条直径选择焊接电流。一般情况下,可参考经验公式:$I = (30～55)d$(I 为焊接电流,A;d 为焊条直径,mm),用此公式求得的焊接电流只是一个概略值,实际生产中还应根据焊件厚度、接头形式、焊缝位置、焊条种类等因素,通过试焊来调整和确定焊接电流。

(3) 电弧电压:电弧电压与电弧长度成正比。焊条电弧焊时,电弧不宜过长,否则电弧燃烧不稳定,飞溅大,焊缝熔深小,易产生焊接缺陷。焊接时应尽量使用短电弧,电弧的长度一般不超过焊条直径。

(4) 焊接速度:在焊接过程中焊接速度应均匀合适,既要保证焊透,又要防止烧穿,同时还要使焊缝外形尺寸符合要求。

5.2.6 焊接缺陷

焊接过程中,由于操作不当,在焊接接头处产生的不符合设计和工艺文件要求的缺陷称为焊接缺陷。熔焊常见的焊接缺陷有焊接变形、气孔、夹渣、焊接裂纹、未焊透、咬边、焊瘤等。

1. 焊接变形

焊接时,焊件会因为受热不均匀而产生热应力。另外,金属在加热和冷却过程中还会发生内部组织的变化,从而产生组织应力。当这些应力之和超过焊件的屈服点时,就会产生变形。

焊接变形的基本形式有收缩变形、角变形、弯曲变形、扭曲变形和波浪变形等,如图 5-11 所示。焊接变形会降低焊接结构的尺寸精度,严重的变形还会造成产品报废。

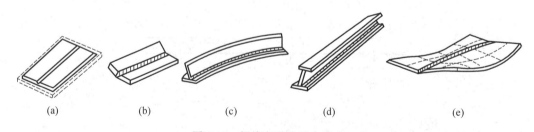

图 5-11　焊接变形的基本形式

(a) 纵向和横向收缩变形;(b) 角变形;(c) 弯曲变形;(d) 扭曲变形;(e) 波浪变形

减少焊接应力、防止焊接变形的方法有以下几种：

（1）焊前预热和焊后缓冷，对减小温差、降低焊接应力较为有效。

（2）根据焊件的结构特点，预先估计焊接后的变形方向和收缩量，在焊前预先将焊件放成与变形相反的位置，焊后由于本身的收缩变形，就会得到所需的正常状态。

（3）采用合理的焊接顺序，当焊接较厚的焊件时，应采用多层焊，以减小内应力。

（4）用小锤敲击焊缝，可使焊缝适当延伸，以减小接头应力和变形。

（5）在焊接焊件时最常见的是把焊件浸在冷水中，要焊的部分露在水面，以减少主体金属受热的范围，减少焊接变形。

（6）焊前先将焊件用夹具固定，以增加其刚性，这样焊后可减少变形，但会增加焊接应力。

生产中，防止变形和减少应力的方法很多，以上仅是主要的几种，在实际应用中应根据焊件的具体情况灵活选用。

2. 气孔

焊接熔池金属在冷却凝固时产生或析出的气体不能及时逸出熔池表面而残留下来，形成空穴，即气孔。气孔会减小焊缝的有效工作截面，降低焊缝的力学性能，同时破坏焊缝的致密性。焊接气孔产生的因素主要与焊接操作、焊条的烘干情况、焊件坡口及其两侧的清理情况等有关。

防治措施：烘干焊条，仔细清理焊件的待焊表面及附近区域，采用合适的焊接电流，正确操作。

3. 夹渣

焊后残留在焊缝中的熔渣称为夹渣。夹渣会降低焊缝的强度。其产生原因是主体金属或填充金属不清洁；焊接速度过快，致使熔渣来不及浮到焊缝表面。

预防措施：仔细清理待焊表面，多层焊时层间要彻底清渣，减缓熔池的结晶速度。

4. 焊接裂纹

在焊接应力的作用下，焊接接头中的局部金属因遭到破坏而产生的缝隙称为焊接裂纹。按产生时的温度不同分为冷裂纹和热裂纹两类。冷裂纹是指焊接接头冷却到较低温度时产生的焊接裂纹；热裂纹是焊接接头的金属冷却到固相线附近的高温区产生的焊接裂纹。裂纹是焊接结构最危险的缺陷，它不仅会使产品报废，而且还可能引起严重的事故。焊接裂纹的产生与被焊工件的材料、焊接材料、焊接工艺等因素有关。

预防措施：预防热裂纹应正确选择焊件材料和焊接材料，控制焊缝形状，避免深而窄的焊缝；预防冷裂纹应正确选用焊件材料，采用碱性焊条，焊条在使用前严格烘干，焊前预热，焊后保温处理。

5. 未焊透

焊接接头根部未完全熔透的现象称为未焊透。未焊透会引起应力集中，削弱焊接接头的强度，对重要的结构零件是不允许的。其产生原因主要是坡口角度或间隙太小、钝边过厚、坡口不洁、焊条太粗、焊速过快、焊接电流太小、操作不当等。

预防措施：正确设计坡口尺寸，提高装配质量，正确选用电流，正确掌握焊接速度和焊接角度。

6. 咬边

咬边也称咬肉，是由于焊接参数选择不当或操作工艺不正确，在焊缝与母材交界处附近产生的缺口或凹陷。咬边会影响接头的力学性能，使其承载后容易产生裂纹。产生的原因是焊接电流过大、电弧过长、焊条角度不当等。

预防措施：正确选择焊接电流和焊接速度，采用短弧焊接，掌握合适的运条方法和焊条角度等。

7. 焊瘤

在焊接过程中，熔化的金属流淌到焊缝外未熔化的母材上所形成的金属瘤称为焊瘤。它会影响焊缝的成型美观。

预防措施：提高焊接操作水平，调整焊条角度。

5.2.7　焊缝检查

焊件焊接完成后，应根据产品技术要求进行检验。生产中常用的检验方法有外观检查、密封性检验、无损探伤和耐压检验等。

（1）外观检查：指用肉眼观察或借助标准样板、量规等，必要时利用低倍放大镜检查焊缝表面缺陷和尺寸偏差。

（2）密封性检验：指检查有无漏水、漏气和渗油、漏油等现象的试验。主要用于检查不受压或压力很低的容器、管道的焊缝是否存在穿透性的缺陷。常用的方法有气密性试验、氨气试验和煤油试验等。

（3）无损探伤：包括渗透探伤、磁粉探伤、射线探伤和超声波探伤。渗透探伤是利用带有荧光染料（荧光法）或红色染料（着色法）的渗透剂的渗透作用来检查焊接接头表面的微裂纹。磁粉探伤是利用磁粉在处于磁场中的焊接接头上的分布特征，检查铁磁性材料的表面微裂纹和近表面缺陷。射线探伤和超声波探伤都用来检查焊接接头的内部缺陷，如内部裂纹、气孔、夹渣和未焊透等。

（4）耐压检验：将水、油、气等充入容器内，加一定压力，以检查其泄漏、耐压、破坏等情况。常用的水压试验用来检查受压容器的强度和焊缝的致密性，一般是超载检验，检验时将水注入容器中，加压到容器工作压力的 $1.25\sim1.5$ 倍。

5.2.8　焊条电弧焊安全技术

焊接安全技术包括设备安全技术和人身安全技术两个方面。

1. 设备安全技术

（1）工作场地周围不能放有易燃易爆物品，否则必须采用防护隔离措施。焊接完毕后要检查与清除火种。

（2）检查焊机和焊接线路各连接点的接触是否良好，防止因松动、接触不良而发热。

（3）在任何时候焊钳都不得放在工作台上，以免短路烧坏焊机。

（4）发现焊机出现异常时应立即停止工作，切断电源。

（5）焊接完毕或检查焊机时应切断电源。

2. 人身安全技术

（1）防止触电：焊前应检查焊机机壳接地或接零是否良好，焊接电缆和焊钳的绝缘是否良好。焊接操作时，要穿绝缘鞋、戴焊工手套。

（2）防止弧光：操作时必须穿好工作服，戴好焊工手套和面罩。

（3）防止烫伤：清渣时要注意碎渣的飞出方向，防止其飞到眼睛和脸部。移动焊件时要用火钳夹持焊件，不准直接用手接触焊过的工件。

（4）注意通风：焊接场地要通风良好，以防止焊接气体对人体健康的损害。

5.3 气体保护焊

在熔焊过程中，为了得到质量优良的焊缝，需要对焊接区进行有效保护，防止空气中有害气体侵入，以满足焊接冶金过程的需要。电弧熔焊过程的保护措施因焊接技术不同而有所区别：手工电弧焊和埋弧自动焊采用渣-气联合保护方式，气体保护电弧焊采用气体保护方式。

利用外加气体作为电弧介质并保护电弧和焊接区的电弧焊称为气体保护焊。常用的保护气体有氩气和 CO_2。

5.3.1 氩弧焊

工作原理：利用从焊枪喷嘴中喷出的氩气流，在电弧区形成严密封闭的气层，使电极、焊丝和熔池与空气隔绝；同时，利用电弧产生的热量熔化填充焊丝和基体金属，形成熔池，冷却凝固形成焊缝。

1. 氩弧焊的分类

根据所用的电极不同，氩弧焊可分为不熔化极氩弧焊和熔化极氩弧焊两种，如图 5-12 所示。

（1）不熔化极氩弧焊：以铈钨棒作电极，焊接时电极不熔化，只起导电和产生电弧作用。这种电极通过的电流有限，只适于厚度 6mm 以下的工件。焊接 3mm 以下的薄件时，常用卷边直接焊接。焊接较厚的工件时，需添加填充金属。焊接钢材时，多用直流正接以减少钨极的烧损。焊接铝、镁及其合金时，则希望用直流反接或交流电源。

（2）熔化极氩弧焊：以连续送进的焊丝作为电极进行焊接，适用于较大电流、焊接厚度在 25mm 以下的工件。

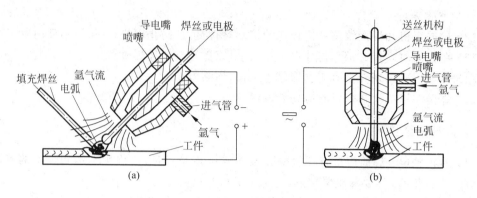

图 5-12　氩弧焊示意图

（a）不熔化极氩弧焊；（b）熔化极氩弧焊

2. 氩弧焊的主要特点及应用

（1）保护性强。氩气是惰性气体，既不与金属发生反应，又不溶解于金属，是一种理想的保护气体，能获得高质量的焊缝。

（2）电弧稳定。氩气的导热系数小，且是单原子气体，高温时不分解吸热，电弧热量损失小。

（3）明弧焊接便于观察熔池和进行控制。

（4）氩气价格贵，焊接成本高，氩弧焊设备的维修较为复杂。

目前，氩弧焊主要用于焊接铝、镁、钛及其合金，也用于焊接不锈钢、耐热钢和一些重要的低合金钢。

3. 钨极氩弧焊的设备和材料

钨极氩弧焊的设备包括焊接电源、控制装置、焊枪、供气和水冷系统等，自动焊还包括行走机构和送丝机构。

钨极氩弧焊的材料：

（1）氩气。纯度 99.7％以上，目前生产的氩气可达到 99.99％的纯度。

（2）钨极。选择时最重要的参数是钨极的许用电流。

（3）焊丝。一般可选用与被焊材料相同或相似成分的焊丝，也可采用与焊件相同的板材切成条形材使用。

4. 焊前准备

（1）必须把接头表面清理干净，常用机械清理法和化学清理法。

（2）根据不同的材料和规格、形状制作相应的保护罩、管内气室等对焊缝根部进行气体保护。

5. 手工钨极氩弧焊基本操作技术

手工钨极氩弧焊操作正确与否将对焊接质量产生直接影响，操作时要注意：①焊前应检查保护气路、冷却水路及焊机,保证其处于正常工作状态;②焊接时应保持正确的持枪姿势,随时调整焊枪角度,保证既有可靠的气体保护效果,又便于观察熔池,同时减小疲劳强度;③送丝要均匀,动作不宜过大,以免搅动保护气流卷入空气,特别要防止焊丝与钨极接触,造成钨极被污染、烧损;④经常观察钨极的变化,发现钨极烧损,应及时更换或磨去被烧损部分。下面介绍基本操作方法。

1)焊接角度

焊接角度指焊枪(喷嘴与电极)、焊丝与焊件之间的角度。焊接时,如果焊接角度过小,则会降低氩气的保护效果,影响焊接质量;如果角度过大,则操作和加焊丝都比较困难。在不影响操作和视线的情况下,要求尽量使焊枪和工件垂直。

2)焊枪运动形式

手工钨极氩弧焊一般采用左焊法,即焊接过程中焊丝与焊枪由左端移动,焊接电弧指向待焊部分,焊丝位于电弧运动前方。为了保证氩气的保护作用,焊枪移动速度不能太快。如果要求焊道较宽,焊枪必须横向移动时,焊枪要保持高度不变,横向移动要平稳。

3)焊丝加入熔池的方式

对于不同的材料和不同的焊缝位置,焊丝送入的时刻及送入熔池的位置、角度、深度等对焊接质量极为重要。常用的方式有:

(1)断续送丝法。焊接时,将焊丝末端在氩气保护层内往复断续地送入熔池的 $1/4\sim$ $1/3$ 处,送入时不要接触钨极,也不可直接送入弧柱内。焊丝移出熔池时不可脱离气体保护区。这种方法使用电流较小,焊接速度较慢。

(2)连续送丝法。焊接时,将焊丝插入熔池一定位置,随着焊丝的送进,电弧同时向前移动,熔池逐渐形成。这种方法使用电流较大,焊接速度快,质量也比较好,成型美观,但需要熟练的操作技术。

5.3.2　CO_2 气体保护焊

以 CO_2 作为保护气体的电弧焊称为 CO_2 气体保护焊,如图 5-13 所示。CO_2 气体从焊枪的喷嘴中流出,形成封闭气流,焊丝通过送丝机构经过导电嘴送出,焊丝与焊件之间产生电流,熔化焊丝和焊件,形成熔池,在 CO_2 的保护下,冷却凝固成焊缝。

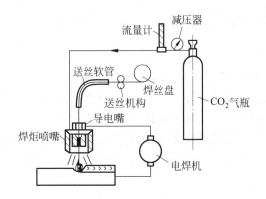

图 5-13　CO_2 气体保护焊示意图

1. CO_2 气体保护焊的焊接设备及材料

CO_2 气体保护焊的设备主要由焊接电源、送丝机构、控制装置、焊枪及供气系统组成，在焊接回路中接有输出直流电感，供气系统中接有预热器和干燥器，如图 5-14 所示。

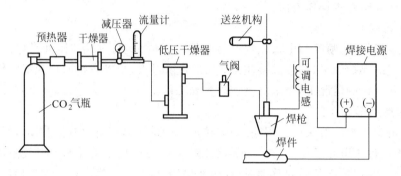

图 5-14　CO_2 气体保护焊设备组成示意图

使用的焊接材料包括保护气和焊丝，保护气以 CO_2 为主，有时也用混合气，如 CO_2+O_2，CO_2+Ar 等，焊丝包括实芯焊丝和药芯焊丝。

2. CO_2 气体保护焊的特点及应用

CO_2 气体保护焊具有如下优点：

（1）成本低。CO_2 便宜，焊接电流密度大，热量利用率高。

（2）焊缝质量好。焊接热影响区较小，变形和产生裂纹的倾向小。

（3）抗锈能力强。对焊件表面的油、锈及脏物敏感性小，焊前清理要求不高。

（4）操作简便。明弧焊接，易于观察。适于各种位置的焊接。

（5）生产效率高。焊接电弧的穿透力强，熔深大，焊丝的熔化率高，故焊接速度较快。焊后无渣壳，可节约清理时间。

其缺点是：飞溅较大，清理麻烦；弧光强，需加强保护；抗风能力弱。

CO_2 气体保护焊有强烈的氧化性，不适宜焊接容易被氧化的有色金属。主要用于 30mm 以下厚度的低碳钢、部分低合金钢焊件，尤其适宜薄板。

3. CO_2 气体保护焊的焊接方法

1）引弧

一般采用碰撞式引弧，引弧时不必抬起焊枪。引弧前点动焊枪上的开关，送出一段焊丝。若焊丝伸出长度大于喷嘴到焊件的距离，超长部分应剪去；若焊丝端部出现球状，也必须剪去。起弧时切忌在焊丝与母材接触时按下焊枪按钮。在保持合适的喷嘴与焊件距离的情况下，按下启动按钮，焊机会自动提前送气，延时接通电源，缓慢送丝，当焊丝碰撞焊件短路后，自动引燃电弧。短路时，焊枪有自动顶起的倾向，故在起弧时要稍用力下压焊枪，防止上提焊枪引起电弧太长而熄灭。

2）焊接

电弧引燃后，通常采用左焊法，保持合适的焊枪倾角及高度，沿焊接方向尽可能均匀地移动。

3）收弧

焊接结束收弧时，若操作不当，容易产生弧坑，并出现火口裂纹、气孔等缺陷。收弧操作可采用以下方法：

（1）若焊机有弧坑控制电路，则焊枪在收弧处停止移动，并保持原有的焊枪高度，同时接通此电路，待熔池自动填满后再断电。断弧后，使焊枪在收弧处停留几秒钟，以保护熔池。

（2）若焊机无弧坑控制电路或因焊接电流很小没有使用弧坑控制电路，则在收弧处停止焊枪移动，并保持焊枪原有高度，在熔池还未凝固时反复断弧、引弧数次，直至弧坑填满后再断电，这个过程速度要尽量快。同样，断电后应使焊枪停留几秒钟，以保护熔池。

5.4　电　阻　焊

电阻焊是利用强电流通过两个被焊工件的接触处所产生的电阻热能，将该处的金属迅速加热到塑性状态或熔化状态，并在压力下把两个工件结合起来，属于压焊。

这种焊接方法由于是电阻起着最主要的作用，故称为电阻焊。又因为在焊接过程中，两个工件间的接触起着重要作用，故又称为接触焊。电阻焊根据焊接接头的形式可分为点焊、缝焊（或滚焊）和对焊 3 种方法，如图 5-15 所示，其中点焊应用最广泛。本节主要介绍点焊。

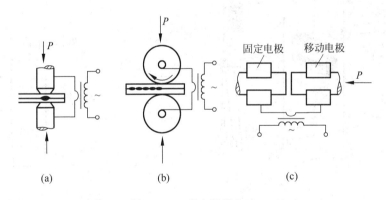

图 5-15　3 种电阻焊方法
（a）点焊；（b）缝焊；（c）对焊

5.4.1　点焊的特点与应用

点焊时焊件成搭接接头并压紧在两电极之间，其主要特点如下：

（1）点焊时对连接区的加热时间很短，焊接速度快。

（2）点焊只消耗电能，不需要填充材料或焊剂、气体等。

（3）点焊质量主要由点焊机保证，操作简单、机械化、自动化程度高，生产率高。

（4）劳动强度低，劳动条件好。

（5）由于焊接通电是在很短时间内完成的，需要用大电流以及施加压力，所以电阻点焊过程的程序控制较复杂，焊机电容量大，设备的价格较高。

（6）对焊点进行无损探伤较困难。

点焊主要应用在以下几个方面：

（1）薄板冲压件搭接，如汽车驾驶室、车厢、收割机鱼鳞筛片等。

（2）薄板与型钢构架和蒙皮结构，如车厢侧墙和顶棚、拖车厢板、联合收割机漏斗等。

（3）筛网和空间构架及交叉钢筋等。

5.4.2　点焊设备

点焊的设备是点焊机，一般由焊接电源、加压机构、电极、焊接回路、机架、传动与减速机构、开关与调节装置等组成，如图 5-16 所示。

点焊的电极是保证点焊质量的重要零件，由电极头、主体、尾部和冷却水孔 4 部分组成，如图 5-17 所示。它的主要功能有：①向焊件传导电流；②向焊件传递压力；③迅速导散焊接区的热量。

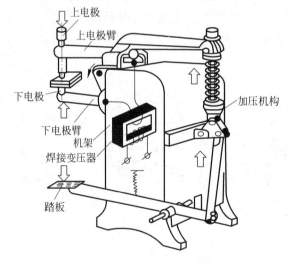

图 5-16　点焊机结构示意图

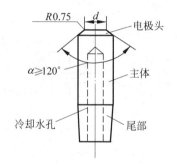

图 5-17　点焊机的锥形电极

5.4.3　焊接操作过程

焊接前要将工件表面清理干净，常用的清除方法是酸洗清除，即先在加热的浓度为 10% 的硫酸中酸洗，然后在热水中洗净。具体焊接过程如下：

（1）将工件接头送入点焊机的上、下电极之间并夹紧，如图 5-18(a)所示；

（2）通电，使两个工件的接触表面受热，局部熔化，形成熔核，如图 5-18(b)所示；

（3）断电后保持压力，使熔核在压力作用下冷却凝固，形成焊点，如图 5-18(c)所示；

（4）去除压力，取出工件，如图 5-18(d)所示。

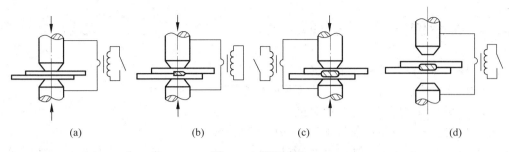

图 5-18 焊接过程
(a) 加压；(b) 通电；(c) 断电；(d) 退压

5.4.4 影响点焊质量的主要因素

焊接质量的主要影响因素有焊接电流和通电时间、电极压力及分流等。

1．焊接电流和通电时间

根据焊接电流大小和通电时间长短，点焊可分为硬规范和软规范两种。在较短时间内通以大电流的规范称为硬规范，它具有生产率高、电极寿命长、焊件变形小等优点，适合焊接导热性能较好的金属。在较长时间内通以较小电流的规范称为软规范，其生产率较低，适合焊接有淬硬倾向的金属。

2．电极压力

点焊时，通过电极施加在焊件上的压力称为电极压力。电极压力应选择适当，压力大时，可消除熔核凝固时可能产生的缩松、缩孔，但接触电阻和电流密度减小，导致焊件加热不足，焊点熔核直径减小，焊点强度下降。电极压力的大小可根据下列因素选定：

（1）焊件的材质。材料的高温强度越高，所需的电极压力越大。因此焊接不锈钢和耐热钢时，应选用比焊接低碳钢大的电极压力。

（2）焊接参数。焊接规范越硬，电极压力越大。

3．分流

点焊时，从焊接主回路以外流过的电流称为分流。分流使流经焊接区的电流减小，致使加热不足，造成焊点强度显著下降，影响焊接质量。影响分流程度的因素主要有下列几方面：

（1）焊件厚度和焊点间距。随着焊点间距的增加，分流电阻增大，分流程度减小。当采用 30～50mm 的常规点距时，分流电流占总电流的 25％～40％，并且随着焊件厚度的减小，分流程度也随之减小。

（2）焊件表面状况。当焊件表面存在氧化物或脏物时，两焊件间的接触电阻增大，通过焊接区的电流减小即分流程度增大，可对工件进行酸洗、喷砂或打磨处理。

5.4.5   点焊的安全注意事项

（1）焊机的脚踏开关应有牢固的防护罩，防止意外开动。

（2）作业点应设有防止工作火花飞溅的挡板。

（3）施焊时焊工应带平光防护眼镜。

（4）焊机放置的场所应保持干燥，地面应铺防滑板。

（5）焊接工作结束后应切断电源，冷却水开关应延长10s再关闭，在气温低时还应排除水路中的积水，防止冻结。

5.5   其他焊接方法

5.5.1   埋弧焊

埋弧焊是用焊剂作保护层、焊丝为电极、在焊剂层下引燃电弧燃烧的焊接方法。埋弧焊所用焊剂呈颗粒状，焊丝插入焊剂中。当电弧被引燃后，电弧热将焊丝、焊剂和焊件熔化，形成熔池，部分金属和焊剂气化形成气泡，气泡上覆盖一层熔渣，将熔池与外界隔绝并埋蔽弧光，从而可以有效地保护熔池，并改善劳动条件。随着焊接的进行，焊丝均匀地沿坡口移动（或焊丝不动而工件移动）。在焊丝前方，焊剂从漏斗中不断流出并撒在被焊部位，部分焊剂熔化形成熔渣覆盖在焊缝表面，大部分焊剂不熔化，可以重新回收使用。采用埋弧自动焊焊接时，焊接电弧的引燃、焊丝的送进和沿焊接方向移动电弧（或移动工件）等全部由焊机自动完成。

埋弧焊具有以下特点：

（1）生产率高。由于电流大，而且焊接过程中省去了更换焊丝的时间，因此可以大幅度提高生产率。

（2）焊接质量高且稳定。电弧区保护严密，熔池保持液态时间较长，冶金过程进行得比较充分，焊接参数能自动控制。

（3）节省金属材料。因熔池较大，20～25mm以下的工件可不开坡口进行焊接；金属飞溅少，不存在焊条头浪费的现象。

（4）劳动条件较好。弧光不外泄，焊接烟雾少，从而改善了劳动条件，能够进行自动焊接。

（5）工艺装备较复杂，设备费用投资大。通常适于焊接长的直线、环形焊缝。

5.5.2   钎焊

钎焊是利用熔点比焊件低的钎料作为填充金属，加热时钎料熔化而将焊件连接起来的焊接方法。根据钎料熔点的不同，可将钎焊分为硬钎焊和软钎焊。

1. 硬钎焊

钎料熔点在 450℃ 以上,接头强度在 200MPa 以上。钎料有铜基、银基和镍基等。主要用于受力较大的钢铁和铜合金的焊件,如自行车车架、带锯锯条等以及工具、刀具的焊接。

2. 软钎焊

钎料熔点在 450℃ 以下,接头强度较低,一般不超过 70MPa。只用于焊接受力不大、工作温度较低的工件。常用的钎料是锡铅合金,所以通常称为锡焊。常用的焊剂为松香或氯化锌溶液,加热方法有烙铁加热、火焰加热、电阻加热、感应加热、炉内加热等。主要用于制造精密仪表、电器部件、异种金属构件、复杂薄板构件等。钎焊一般不适合用于钢结构件、重载或动载零件的焊接。

5.5.3　摩擦焊

摩擦焊是利用工件之间相互摩擦产生的热量,同时加压而进行焊接的方法,如图 5-19 所示。具体方法是:对工件施以压力并转动工件,产生热量,骤然停止转动工件并加大压力,使两焊件产生塑性变形而焊接起来。

摩擦焊接头质量好而且稳定,既可焊同种金属,也可焊异种金属,生产率高,电能消耗少,但一次性投资较大。摩擦焊广泛用于圆形工件、棒料及管件类焊接,如图 5-20 所示。实心焊件的直径为 2~100mm,管类焊件的外径最大可达 150mm。

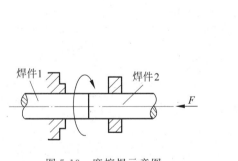

图 5-19　摩擦焊示意图

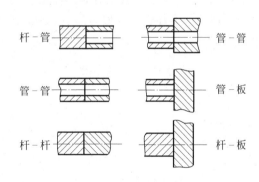

图 5-20　摩擦焊接头形式

5.5.4　电渣焊

电渣焊是利用电流通过熔渣所产生的电阻热作为热源进行焊接的方法,如图 5-21 所示。电渣焊一般都是在直立位置焊接,两个工件接头相距 25~35mm。固态溶剂熔化后形成的渣池具有较大的电阻,当电流通过时产生大量的电阻热,使渣池温度保持在 1700~2000℃。焊接时焊丝不断被送进并被熔化,熔池和渣池逐渐上升,冷却块也同时配合上升,从而使立焊缝由下向上顺次形成,如图 5-22 所示。

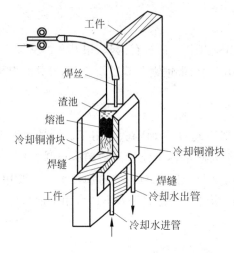

图 5-21　电渣焊示意图

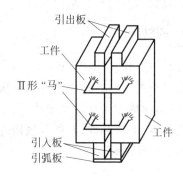

图 5-22　电渣焊工件装配图

单丝不摆动可焊厚度为 40～60mm，单丝摆动可焊厚度为 60～150mm，三丝摆动可焊 450mm 厚的工件。

电渣焊具有如下特点：

（1）可一次焊很厚的工件。

（2）生产率高，成本低，工件不需要开坡口。

（3）焊缝金属比较纯净，电渣焊的熔池保护严密，保持液态的时间较长，冶金过程较完善，熔池中的气体和杂质有充分时间浮出。

（4）焊接后冷却速度较慢，焊接应力较小，相应晶粒粗大。一般在焊后要进行热处理，如正火处理。

第 6 章

钳 工

6.1 概 述

钳工是手持工具对金属进行加工的统称,包括使用各种工具完成工件的加工、装配、修理和调试等工作。其基本操作有划线、锯削、錾削、锉削、刮削、研磨、孔加工、螺纹加工及装配、调试和修理等。

1. 钳工的特点

(1) 加工灵活、方便,能够加工形状复杂、质量要求较高的零件。

(2) 工具简单,制造刃磨方便,材料来源充足,成本低。

(3) 劳动强度大,生产率低。

(4) 对工人技术水平要求较高。

2. 钳工的工作内容

(1) 加工前的准备工作,如清理毛坯、在工件上划线等。

(2) 加工精密零件,如锉样板、刮削或研磨机器的配合表面等。

(3) 零件装配成机器时互相配合零件的调整,整台机器的组装、试车、调试等。

(4) 机器设备的保养维护。

3. 钳工的常用设备

(1) 钳工工作台(图 6-1):是钳工操作的重要设备,常用硬质木板或钢材制成,要求坚实、平稳,台面高度 800~900mm,台面上装虎钳和防护网。

(2) 虎钳(图 6-2):用于夹持工件,其规格用钳口的最大宽度表示,常用的有 100mm、125mm、150mm 3 种。

使用虎钳时应注意的事项:

(1) 工件尽量夹在钳口中部,使钳口受力均匀;

(2) 夹紧后的工件应稳定可靠,便于加工,并不产生变形;

(3) 夹紧工件时,一般只允许依靠手的力量扳动手柄,不能用手锤敲击手柄或随意加套长管子扳手柄,以免丝杠、螺母或钳身损坏。

(4) 不要在活动钳身的光滑表面进行敲击作业,以免降低配合性能;

（5）加工时最佳用力方向是朝向固定钳身。

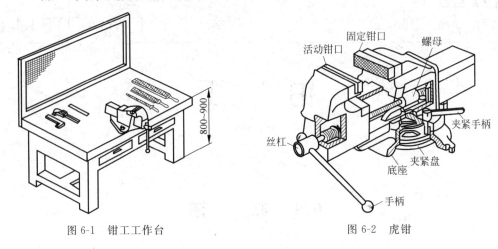

图 6-1　钳工工作台　　　　　　　　图 6-2　虎钳

6.2　划　　线

划线是根据图纸要求，在毛坯或半成品上划出加工界限的操作。

6.2.1　划线的作用及种类

1. 划线的作用

（1）检查毛坯的形状和尺寸是否合格，避免不合格的毛坯被投入机械加工而造成浪费；

（2）明确表示出加工余量、加工位置或作为安装工件的依据；

（3）合理分配各表面的加工余量（又称借料），以提高成品率。

2. 划线的要求

划线时尺寸准确、位置正确、线条清晰、冲眼均匀。

3. 划线的种类

（1）平面划线（图 6-3(a)）：在工件的一个平面上划线后即能明确表示加工界限，它与平面作图法类似。

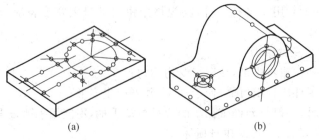

(a)　　　　　　　　　　　　　　　(b)

图 6-3　划线的种类

(a) 平面划线；(b) 立体划线

（2）立体划线（图 6-3（b））：是平面划线的复合，指在工件的几个相互形成不同角度的表面（通常是相互垂直的表面）上都划线，一般是在长、宽、高 3 个方向上划线。

6.2.2 划线的工具及其用法

按用途不同可将划线工具分为基准工具、夹持工具、直接绘划工具和量具等。

1. 基准工具

基准工具指划线平板，它是由铸铁制成的，其整个平面是划线的基准平面，要求平直和光洁，如图 6-4（a）所示。

2. 夹持工具

夹持工具包括方箱、千斤顶、V 形铁等。

（1）方箱：是由铸铁制成的各相邻的两个面均互相垂直的空心立方体。主要用于夹持、支承尺寸较小而加工面较多的工件。通过翻转方箱，实现在工件的表面上划出互相垂直的线条，如图 6-4（b）所示。

（2）千斤顶：在平板上支承较大及不规则工件时使用，其高度可以调整。通常用 3 个千斤顶支承工件，如图 6-4（c）所示。

（3）V 形铁：用于支承圆柱形工件，使工件轴线与底板平行，如图 6-4（d）所示。

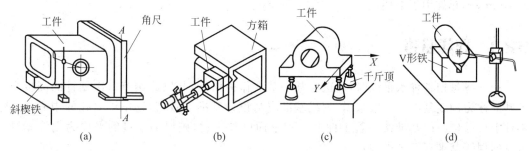

图 6-4　常见的工件支撑方法及相应的夹持工具
（a）平板支撑；（b）方箱支撑；（c）千斤顶支撑；（d）V 形铁支撑

3. 直接绘划工具

直接绘划工具包括划针、划规、划卡、划线盘和样冲等。

（1）划针：指可在工件表面划线用的工具。常用的划针由工具钢或弹簧钢制成（有的划针在其尖端部位焊有硬质合金），直径 3～6mm。

（2）划规：指用于划圆或弧线、等分线段及量取尺寸等用的工具。它的用法与制图的圆规相似。

（3）划卡：也称单脚划规，主要用于确定轴和孔的中心位置，如图 6-5 所示。

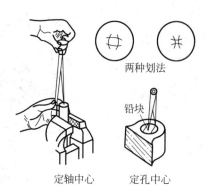

图 6-5　划卡及其应用

（4）划线盘：主要用于立体划线和校正工件的位置，如图 6-6 所示。

（5）样冲：用于在工件划线点上打出样冲眼，以备所划线模糊后仍能找到原划线的位置。在划圆和钻孔前应在其中心打样冲眼，以便定心，如图 6-7 所示。

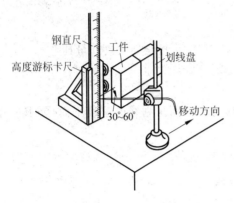

图 6-6 高度尺、划线盘及其应用

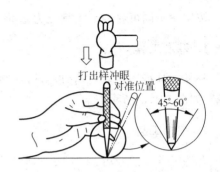

图 6-7 样冲及其应用

4. 量具

量具包括钢尺、直角尺、高度尺（普通高度尺和高度游标卡尺）等。

高度游标卡尺除用于测量工件的高度外，还可用于半成品划线，其读数精度一般为 0.02mm，不允许用于毛坯。

6.2.3 划线基准

用划线盘划各种水平线时，应选定某一基准作为依据，并以此调节每次划针的高度，这个基准称为划线基准。一般来说，划线基准应与设计基准一致，常选用重要孔的中心线，或零件上尺寸标注的基准线。若工件上个别平面已加工过，则以加工过的平面为划线基准。常见的划线基准有 3 种类型：

（1）以两个相互垂直的平面（或线）为基准，如图 6-8（a）所示。

（2）以两条中心线为基准，如图 6-8（b）所示。

（3）以一个平面和一条中心线为基准，如图 6-8（c）所示。

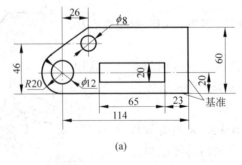

(a)

图 6-8 划线基准的类型

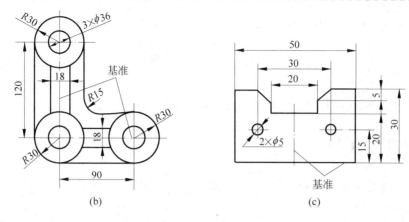

图 6-8（续）

6.2.4　划线的步骤

执行划线操作时应注意如下事项：

（1）看懂图样，了解零件的作用，分析零件的加工顺序和加工方法；

（2）工件夹持或支承要稳妥，以防滑倒或移动；

（3）在一次支承中应将需要的平行线全部划出，以免再次支承补划时造成误差；

（4）正确使用划线工具，划出的线条要准确、清晰；

（5）划线完成后要反复核对尺寸，否则不能进行机械加工。

图 6-9 所示为轴承座划线的步骤。

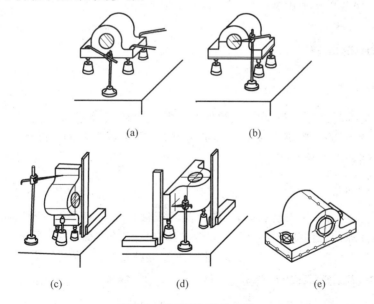

图 6-9　轴承座划线的步骤

（a）根据孔中心及上平面调节千斤顶，找正工件水平；（b）划出各水平线；（c）翻转 90°，用角尺找正，划线；

（d）工件再翻转 90°，用角尺在两个方向找正，划线；（e）打样冲眼

6.3 锯 削

锯削是利用手锯锯断金属材料（或工件）或在工件上锯出沟槽等形状的操作。

6.3.1 锯削的工具

锯削的工具是手锯，它由锯弓和锯条两部分组成，如图 6-10 所示。

1. 锯弓

锯弓是用来夹持和拉紧锯条的工具，有固定式和可调式两种。

2. 锯条

锯条是用碳素工具钢（如 T10 或 T12）或合金工具钢经淬火和低温回火制成的，锯齿硬而脆。锯条

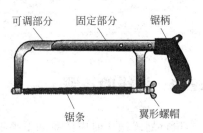

图 6-10　可调式手锯

的规格以锯条两端安装孔间的距离来表示。常用的锯条长 300mm、宽 12mm、厚 0.8mm。锯条的切削部分由许多锯齿组成。锯齿的粗细是按锯条上每 25mm 长度内的齿数表示的。14～18 齿为粗齿，24 齿为中齿，24～32 齿为细齿。锯条的粗细应根据加工材料的硬度、厚度来选择。锯削软材料（如铜、铝合金等）或厚材料时，应选用粗齿锯条；锯削硬材料（如合金钢等）或薄板、薄管时，应选用细齿锯条；锯削中等硬度材料（如普通钢、铸铁等）和中等硬度的工件时，一般选用中齿锯条。

6.3.2 锯削的操作

1. 锯条的安装

手锯在向前推时进行切割，在向后返回时不起切削作用，因此安装锯条时应锯齿向前。锯条的松紧要适当，若太紧则会失去应有的弹性，使锯条容易崩断；若太松则会使锯条扭曲，锯缝歪斜，锯条也容易崩断。

2. 工件的夹持

工件的夹持要牢固，不可有抖动，以防锯削时工件移动而使锯条折断。同时，也要防止夹坏已加工表面和使工件变形。工件尽可能夹持在虎钳的左面，以方便操作；锯削线应与钳口垂直，以防锯斜；锯削线离钳口不应太远，以防锯削时产生抖动。

3. 手锯的握法

手锯握法如图 6-11 所示，右手握锯柄，左手轻夹弓架前端。

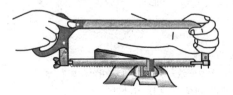

图 6-11　手锯握法

4. 锯削动作

锯削时应注意起锯、锯削压力、速度和往返长度。起锯时(见图 6-12),可用左手大拇指压住锯条来定位,右手稳推手柄,起锯角小于 15°。起锯时压力要小,往返行程要短,速度要慢,以便使起锯平稳。

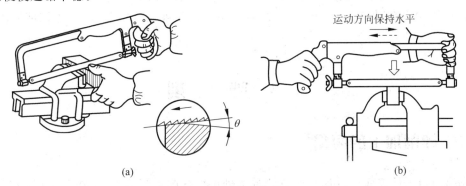

图 6-12　锯削操作
(a) 起锯；(b) 操作要领

锯削时,手握锯弓要舒展自然,右手握住手柄向前施加压力,左手轻扶在弓架前端,稍加压力。人体重量均布在两腿上。锯削时速度不宜过快,以 30~60 次/min 为宜,并应用锯条全长的 2/3 工作,以免锯条中间部分迅速磨钝。

推锯时锯弓的运动方式有两种:一种是直线运动,适用于锯缝底面要求平直的槽和薄壁工件的锯削;另一种是上下摆动,这样操作自然,两手不易疲劳。

锯削到材料快断时,用力要轻,以防碰伤手臂或折断锯条。

5. 锯削示例

锯削圆钢时,为了得到整齐的锯缝,应从起锯开始以一个方向锯至结束。如果断面要求不高,可逐渐变更起锯位置,以减少抗力,便于切入,如图 6-13(a)所示。

锯削圆管时,一般把圆管水平地夹持在虎钳内,对于薄管或精加工过的管子,应夹在木垫之间。锯削管子不宜从一个方向锯到底,应该锯到管子内壁时停止,然后把管子向推锯方向稍作旋转,仍按原有锯缝锯下去,这样不断转锯,到锯断为止,如图 6-13(b)所示。

锯削薄壁管时,为了防止工件产生振动和变形,可用木板夹住薄板两侧进行锯削,如图 6-13(c)所示。

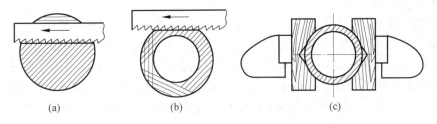

图 6-13　锯削示例
(a) 圆钢的锯削；(b) 圆管的锯削；(c) 薄壁管的锯削

6.3.3 锯削操作注意事项

(1) 锯削前要检查锯条的装夹方向和松紧程度;

(2) 锯削时压力不可过大,速度不宜过快,以免锯条折断伤人;

(3) 锯削将完成时用力不可太大,并需用左手扶住被锯下的部分,以免该部分落下时砸脚。

6.4 锉 削

6.4.1 锉削加工的应用

用锉刀对工件表面进行加工的方法称为锉削。锉削加工简便,工作范围广,多用于錾削、锯削之后,可对工件上的平面、曲面、内外圆弧、沟槽以及其他复杂表面进行加工。锉削的最高精度可达 IT7~IT8,表面粗糙度可达 $Ra1.6~0.8$。可用于成型样板、模具型腔以及部件、机器装配时的工件修整,是钳工的主要操作方法之一。

6.4.2 锉刀

1. 锉刀的材料及构造

锉刀是锉削的工具,常用碳素工具钢 T10,T12 经过淬火处理制成,其热处理后的硬度可达 HRC62~67。

锉刀的结构如图 6-14 所示,由锉面、锉边、锉舌、锉尾、锉柄等部分组成。锉刀的大小以锉面的工作长度来表示。锉刀的锉齿是在剁锉机上剁出来的。

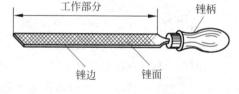

图 6-14 锉刀的组成

2. 锉刀的种类及选用

锉刀按用途不同分为普通锉(或称钳工锉)、特种锉和整形锉(或称什锦锉)3 类,其中普通锉使用最多。

普通锉按截面形状不同分为:平锉、方锉、三角锉、半圆锉和圆锉 5 种(见图 6-15),工作时应根据加工表面形状选用适当的长度;按其长度可分为 100,200,250,300,350 和 400mm 等 7 种;按其齿纹可分为单齿纹、双齿纹(大多用双齿纹);按其齿纹粗细可分为粗齿、细齿和油光锉等。锉刀的粗细以每 10mm 长的齿面上锉齿齿数来表示,粗锉为 4~12 齿,适宜于粗加工(即加工余量大、精度等级和表面质量要求低)及铜、铝等软金属的锉削;细齿为 13~24 齿,适宜于钢、铸铁以及表面质量要求高的工件的锉削;油光锉为 30~36 齿,只用来修光已加工表面。锉刀越细,锉出的工件表面越光,但生产率越低。

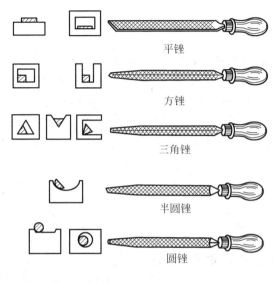

图 6-15 钳工锉

6.4.3 锉削操作

1. 装夹工件

工件必须牢固地夹在虎钳钳口的中部,需锉削的表面略高于钳口,但不能高出太多。夹持已加工表面时,应在钳口与工件之间垫铜片或铝片。

2. 锉刀的使用

正确握持锉刀有助于提高锉削质量。不同的锉刀,要求不尽相同。使用大锉刀时,右手心抵着锉柄的端头,大拇指放在锉柄的上面,其余 4 指弯在锉柄的下面,配合大拇指捏住锉柄,左手压在锉刀的前端,使其保持水平,如图 6-16(a)所示。使用中锉刀时,因用力较小,可用左手的拇指和食指握住锉刀的前端,以引导锉刀的水平移动,如图 6-16(b)所示。

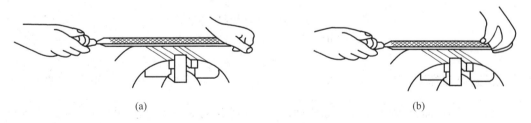

(a)   (b)

图 6-16 锉刀的握法

锉削时应始终保持锉刀水平移动,因此要特别注意两手施力的变化。开始推进锉刀时,左手压力大,右手压力小;推到中间位置时,两手的压力大致相等;再继续推进锉刀,左手的压力逐渐减少,右手的压力逐渐增大。锉刀返回时不加压力,以免磨钝锉齿和损伤加工表面。

3. 锉削的姿势

正确的锉削姿势能够减轻疲劳,提高锉削质量和效率。人的站立姿势为:左腿在前弯曲,右腿伸直在后,身体向前倾斜(10°左右),重心落在左腿上,如图 6-17 所示。锉削时,两腿站稳不动,靠左膝的屈伸使身体作往复运动,手臂和身体的运动要相互配合,并要使锉刀的全长充分利用。

图 6-17　锉削姿势

6.4.4　锉削方法

1. 平面锉削

平面锉削是最基本的锉削,常用 3 种方式。

(1) 顺向锉法(图 6-18(a)):锉刀沿着工件表面横向或纵向移动,锉削平面可得到正直的锉痕,比较美观。适用于工件锉光、锉平。

(2) 交叉锉法(图 6-18(b)):以交叉的两个方向对工件进行锉削。由于锉痕交叉,容易判断锉削表面的不平程度,因此也容易把表面锉平。交叉锉法去屑较快,适用于平面的粗锉。

(3) 推锉法(图 6-18(c)):两手对称地握着锉刀,用两个大拇指推锉刀进行锉削。这种方式适用于较窄表面且已锉平、加工余量较小的情况,目的是修正和降低表面粗糙度。

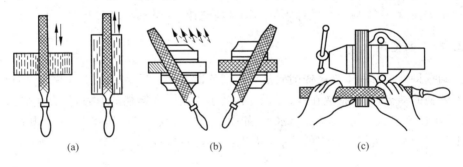

(a)　　　　　　　　　　(b)　　　　　　　　　　(c)

图 6-18　平面锉削

(a) 顺向锉法;(b) 交叉锉法;(c) 推锉法

2. 圆弧面锉削

锉削外圆弧面时,锉刀要同时完成两个运动:锉刀的前推运动和绕圆弧面中心的转动。常用的外圆弧面锉削方法有两种:一种是滚锉法(图 6-19(a)),是使锉刀顺着圆弧面锉削,此法用于精锉外圆弧面;另一种是顺锉法(图 6-19(b)),是使锉刀垂直于圆弧面锉削,此法用于粗锉外圆面或不能用滚锉法的情况。

锉削内圆弧面时,锉刀除向前运动外,锉刀本身同时还要作一定的旋转和向左或向右的移动,如图 6-20 所示。

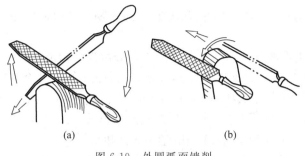

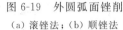

图 6-19　外圆弧面锉削

（a）滚锉法；（b）顺锉法

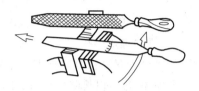

图 6-20　内圆弧面锉削

6.4.5　锉削平面质量的检查

（1）检查平面的直线度和平面度：用钢尺和直角尺以透光法来检查，要检查多个部位，并进行对角线检查。

（2）检查垂直度：用直角尺采用透光法检查，应选择基准面，然后对其他面进行检查。

（3）检查尺寸：根据尺寸精度用钢尺和游标卡尺在不同尺寸位置上多测量几次。

（4）检查表面粗糙度：一般用眼睛观察即可，也可用表面粗糙度样板进行对照检查。

6.4.6　锉削操作注意事项

（1）锉刀必须装柄使用，以免刺伤手腕。松动的锉柄应装紧后再用。

（2）不允许用嘴吹锉屑，也不要用手清除锉屑。当锉刀堵塞后，应用钢丝刷顺着锉纹方向刷去锉屑。

（3）对铸件上的硬皮或粘砂、锻件上的飞边或毛刺等，应先用砂轮磨去，然后锉屑。

（4）锉屑时不准用手摸锉过的表面，因手有油污，再锉时会打滑。

（5）锉刀不能作撬棒，也不能用来敲击工件，以免锉刀折断伤人。

（6）放置锉刀时，不要使其露出工作台面，以防锉刀跌落伤脚；锉刀与锉刀或锉刀与量具也不要叠放在一起。

6.5　攻螺纹、套螺纹

常用的角螺纹工件，其螺纹除采用机械加工外，还可以用钳工加工方法中的攻螺纹和套螺纹来获得。攻螺纹（亦称攻丝）是用丝锥在工件内圆柱面上加工出内螺纹；套螺纹（或称套丝、套扣）是用板牙在圆柱杆上加工外螺纹。

6.5.1　攻螺纹

1. 丝锥及铰杠

丝锥是用于加工较小直径内螺纹的成型刀具，一般选用合金工具钢 9SiGr 经热处理制成，如图 6-21 所示。通常 M6～M24 的丝锥一套有两支，称头锥、二锥；M6 以下及 M24 以上的丝锥一套有 3 支，即头锥、二锥和三锥。

每个丝锥都有工作部分和柄部。工作部分由切削部分和校准部分组成。切削部分（即不完整的牙齿部分）是切削螺纹的重要部分，常磨成圆锥形，以便使切削负荷分配在几个刀齿上。头锥的锥角小些，有 5～7 个牙；二锥的锥角大些，有 3～4 个牙。校准部分具有完整的牙齿，用于修光螺纹和引导丝锥沿轴向运动。丝锥上有 3～4 条容屑槽，以形成几瓣刀刃（切削刃）和前角，也可以排除切屑，柄部有方头，其作用是与铰杠相配合并传递扭矩。

铰杠是用于夹持丝锥的工具，常用的是可调式铰杠，如图 6-22 所示。旋转手柄即可调节方孔的大小，以便夹持不同尺寸的丝锥。铰杠长度应根据丝锥尺寸大小进行选择，以便控制攻螺纹时的扭矩，防止丝锥因施力不当而扭断。

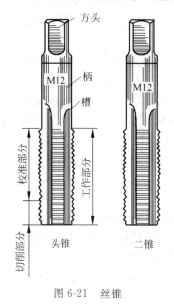

图 6-21　丝锥

图 6-22　铰杠

2. 攻螺纹操作

1）底孔直径的确定

在攻螺纹的过程中，丝锥切削刃主要是切削金属，同时还有挤压金属的作用，造成金属凸起并向牙尖流动的现象，所以攻螺纹前，钻削的孔径（即底孔）应大于螺纹内径。底孔的直径可查手册或按下面的经验公式计算：

$$脆性材料（铸铁、青铜等）\quad d_0 = d - 1.1p$$
$$塑性材料（钢、紫铜等）\quad d_0 = d - p$$

式中，d_0 为钻孔直径；d 为螺纹外径；p 为螺距。

2）钻孔深度的确定

攻盲孔（不通孔）的螺纹时，因丝锥不能攻到底，所以孔的深度要大于螺纹的长度，可按下面的公式计算：

$$孔的深度 = 所需螺纹的深度 + 0.7d$$

3）孔口倒角

攻螺纹前要在钻孔的孔口进行倒角，以利于丝锥的定位和切入。倒角的深度应大于螺纹的螺距。

4）攻螺纹的操作要点和注意事项

（1）根据工件上螺纹孔的规格，正确选择丝锥，先头锥后二锥，不可颠倒使用。

（2）工件装夹时，要使孔中心垂直于钳口，防止螺纹攻歪。

（3）用头锥攻螺纹时，先旋入 1～2 圈后检查丝锥是否与孔端面垂直（可目测或用直角尺在互相垂直的两个方向检查）。当切削部分已切入工件后，每转 1～2 圈应反转 1/4 圈，以便切屑断落，同时不能再施加压力（即只转动不加压），以免丝锥崩牙或攻出的螺纹齿较瘦，如图 6-23 所示。

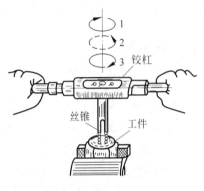

图 6-23　攻螺纹

（4）攻钢件上的内螺纹时要加机油润滑，这样可使螺纹光洁、省力和延长丝锥的使用寿命；攻铸铁上的内螺纹时可不加润滑剂，或者加煤油；攻铝及铝合金、紫铜上的内螺纹时可加乳化液。

（5）不要用嘴直接吹切屑，以防切屑飞入眼内。

6.5.2　套螺纹

1. 板牙和板牙架

1）板牙

板牙是加工外螺纹的刀具，用合金工具钢 9SiGr 制成，并经热处理淬硬。其外形像一个圆螺母，只是上面钻有 3～4 个排屑孔，并形成刀刃，如图 6-24（a）所示。

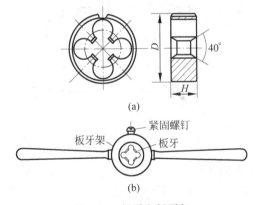

图 6-24　板牙和板牙架

板牙由切屑部分、定位部分和排屑孔组成。圆板牙螺孔的两端有 40° 的锥度部分，是板牙的切削部分。定位部分起修光作用。板牙的外圆有一条深槽和 4 个锥坑，锥坑用于定位和紧固板牙。

2）板牙架

板牙架是用来夹持板牙、传递扭矩的工具，如图 6-24（b）所示。不同外径的板牙应选用不同的板牙架。

2. 套螺纹操作

1）圆杆直径的确定

与攻螺纹相同，套螺纹时有切削作用，也有挤压金属的作用。故套螺纹前必须检查圆杆直径。圆杆直径应稍小于螺纹的公称尺寸，可查表或按如下经验公式计算：

$$圆杆直径 = d - (0.13 \sim 0.2)p$$

2）圆杆端部的倒角

套螺纹前圆杆端部应倒角，使板牙容易对准工件中心，同时也容易切入。倒角长度应大于一个螺距，斜角为 $15° \sim 30°$。

3）套螺纹的操作要点和注意事项

（1）每次套螺纹前应将板牙排屑槽内及螺纹内的切屑清除干净。

（2）套螺纹前要检查圆杆直径大小和端部倒角。

（3）套螺纹时切削扭矩很大，易损坏圆杆的已加工面，所以应使用硬木制的 V 形槽衬垫或用厚铜板作保护片来夹持工件。工件伸出钳口的长度，在不影响螺纹要求长度的前提下，应尽量短。

（4）套螺纹时，板牙端面应与圆杆垂直，操作时用力要均匀。开始转动板牙时要稍加压力，套入 $3 \sim 4$ 个牙后，可只转动而不加压，并经常反转，以便断屑，如图 6-25 所示。

（5）在钢制圆杆上套螺纹时要加机油润滑。

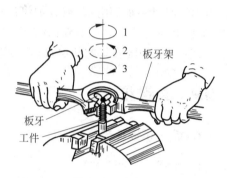

图 6-25　套螺纹

6.6　钻孔（扩孔与铰孔）

各种零件的孔加工，除去一部分由车、镗、铣等机床完成外，很大一部分是由钳工利用钻床和钻孔工具（钻头、扩孔钻、铰刀等）完成的。钳工加工孔的方法一般指钻孔、扩孔和铰孔。

6.6.1　钻床

钻床是一种最通用的孔加工机床。在钻床上进行孔加工时，工件固定不动，刀具旋转（主运动）并作轴向进给运动，如图 6-26 所示。常用的钻床有台式钻床、立式钻床和摇臂钻床 3 种，手电钻也是常用的钻孔工具。

1. 台式钻床

台式钻床简称台钻，指在工作台上工作的小型钻床（见图 6-27(a)），其钻孔直径一般在 13mm 以下。台钻的主轴进给由转动进给手柄实现。进行钻孔前，需根据工件高低调整好工作台与主轴架间的距离，并锁紧固定。台钻小巧灵活，使用方便，结构

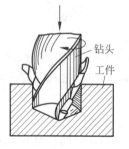

图 6-26　钻床的切削运动

简单,主要用于加工小型工件上的各种小孔,在仪表制造、钳工和装配中用得较多。

2. 立式钻床(图 6-27(b))

立式钻床简称立钻(见图 6-27(b)),其规格用最大钻孔直径表示。与台钻相比,立钻刚性好、功率大,因而允许钻削较大的孔,生产率较高,加工精度也较高,适用于单件、小批量生产中加工中、小型零件。

3. 摇臂钻床(图 6-27(c))

摇臂钻床有一个能绕立柱旋转的摇臂,摇臂带着主轴箱可沿立柱垂直移动,同时主轴箱还能在摇臂上作横向移动(见图 6-27(c))。因此,操作时可方便地调整刀具的位置,以对准被加工孔的中心,而不需移动工件来进行加工。摇臂钻床适用于一些笨重的大工件以及多孔工件的加工。

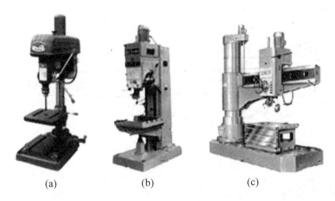

(a)　　　　　　　(b)　　　　　　　(c)

图 6-27　钻床

(a) 台式钻床;(b) 立式钻床;(c) 摇臂钻床

6.6.2　孔加工刀具的种类

钳工常用的孔加工刀具有麻花钻(图 6-28)、扩孔钻(图 6-29)和铰刀(图 6-30),常用高速钢制造,由柄部、颈部及工作部分组成,工作部分经热处理淬硬至 62～65HRC。

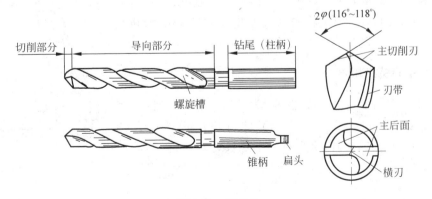

图 6-28　麻花钻

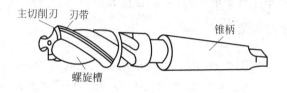

图 6-29 扩孔钻

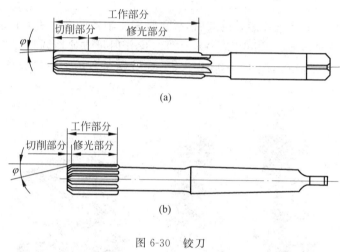

(a)

(b)

图 6-30 铰刀

（a）手用铰刀；（b）机用铰刀

6.6.3 钻床附件

1. 刀具的装夹用具

夹持直柄刀具用钻夹头，如图 6-31 所示。装夹时，先较轻地夹紧刀柄，开车检查是否摆动，若摆动则需要停车找正，最后用力夹紧。

锥柄刀具可直接装夹在钻床主轴的锥孔内。锥柄尺寸较小时，可用过渡套管安装。如果一个套管不合适，还可以用两个以上的套管连接。套管上端接近扁尾处的长方通孔，是卸刀具用的。

2. 工件的装夹用具

小型工件多用平口钳夹持（图 6-32（a）），安装工件时，应使工件端面与刀具轴线垂直。大型工件可用压板螺栓夹持（图 6-32（b）），拧紧螺栓时，应先将每个螺栓轻拧一遍，然后再用力拧紧，以免工件产生位移和变形。圆柱形工件可安装在 V 形块上（图 6-32（c）），也可用平口钳装夹。

与钻床主轴
锥孔配合

紧固手柄

图 6-31 钻夹头

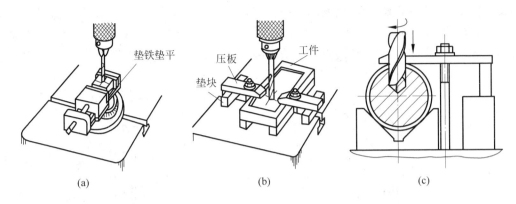

图 6-32 钻床上工件的装夹

(a) 用平口钳安装；(b) 用压板螺栓安装；(c) 圆柱形工件的安装

6.6.4 钻床的操作

1. 钻孔

钻孔前一般先划线,确定孔的中心,在孔中心处打样冲眼,然后钻一个浅坑,以判断是否对中。在钻削过程中,特别是钻深孔时,要经常退出钻头以排出切屑和进行冷却,否则切屑可能会堵塞钻头,或者导致钻头过热磨损甚至折断,影响加工质量。钻通孔时,当孔将被钻透时,进刀量要减小,避免钻头在钻穿时的瞬间抖动,出现"啃刀"现象,影响加工质量,损伤钻头,甚至发生事故。钻削大于 $\phi 30mm$ 的孔应分两次钻,第一次先钻第一个直径较小的孔(为加工孔径的 $0.5\sim0.7$);第二次用钻头将孔扩大到所要求的直径。

钻削时,为了降低切削温度,提高钻头的耐用度,应加切削液。钻削钢件时常用机油或乳化液;钻削铝件时常用乳化液或煤油;钻削铸铁件时则用煤油。

2. 扩孔

扩孔用以扩大已加工出的孔(铸出、锻出或钻出的孔),它可以校正孔的轴线偏差,并使其获得正确的几何形状和较小的表面粗糙度,其加工精度一般为 IT9～IT10 级,表面粗糙度 $Ra=3.2\sim6.3\mu m$,扩孔的加工余量一般为 $0.2\sim4mm$。

扩孔时可用钻头扩孔,但当孔的精度要求较高时常用扩孔钻,如图 6-33 所示。扩孔钻的形状与钻头相似,不同的是扩孔钻有 3～4 个切削刃,且没有横刃,其顶端是平的,螺旋槽较浅,故钻芯粗实,刚性好,不易变形,导向性好。

3. 铰孔

铰孔是用铰刀从工件壁上切除微量金属层,以提高孔的尺寸精度和表面质量的加工方法,如图 6-34 所示。铰孔是应用较普遍的孔的精加工方法之一,其加工精度可达 IT6～IT7 级,表面粗糙度 $Ra=0.4\sim0.8\mu m$。

铰刀是多刃切削刀具,有 6～12 个切削刃和较小的顶角。铰孔时导向性好。铰刀刀齿的齿槽很宽,铰刀的横截面大,因此刚性好。铰孔时因为余量很小,所以每个切削刃上的负荷小于扩孔钻,且切削刃的前角 $\gamma_0 = 0°$,所以铰削过程实际上是修刮过程。特别是手工铰孔时,切削速度很低,不会受到切削热和振动的影响,因此所加工孔的质量较高。

图 6-33　扩孔及其切削运动

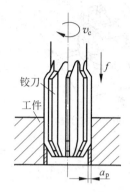

图 6-34　铰孔及其切削运动

铰孔按使用方法分为手用铰刀和机用铰刀两种。手用铰刀的顶角较机用铰刀小,其柄为直柄(机用铰刀为锥柄)。铰刀的工作部分由切削部分和修光部分组成。

铰孔时铰刀不能倒转,否则会卡在孔壁和切削刃之间,而使孔壁划伤或切削刃崩裂。铰孔时常用适当的冷却液来降低刀具和工件的温度,防止产生切屑瘤,并减少粘附在铰刀和孔壁上的切屑细末,从而提高孔的质量。

6.7　装　　配

6.7.1　装配的概念

任何一台机器设备都是由许多零件组成的。将若干合格的零件按规定的技术要求组合成部件,或将若干个零件和部件组合成机器设备,并经过调整、试验等成为合格产品的工艺过程称为装配。例如,一辆自行车由几十个零件组成,前轮和后轮就是部件。

装配是机器制造中的最后一道工序,是对产品设计和制造结果的综合检验,也是保证机器达到各项技术要求的关键。装配工作的好坏,对产品的质量起着重要的作用。

6.7.2　装配准备工作

(1) 研究和熟悉装配图及有关技术要求,了解产品的结构和零件的作用以及相互连接关系。

(2) 确定装配的方法、程序和所需的工具。

(3) 领取和清洗零件。清洗零、部件对于保证产品装配质量、延长产品使用寿命都非常重要。清洗操作主要是去除零件表面或部件中的油污、粘附在零件表面的碎屑、灰尘等杂质。清洗的方法有擦洗、浸洗、喷洗和超声波清洗等。常用的清洗液有工业汽油、煤油、轻柴油以及各种化学清洗液。

6.7.3　装配的组合形式

将零件按照组件装配、部件装配和总装配 3 个阶段进行装配连接操作。

（1）组件装配：指将若干零件安装在一个基础零件上，构成组件。如减速器中的一根传动轴，就是由轴、齿轮、键等零件装配而成的组件。

（2）部件装配：指将若干零件、组件安装在另一个基础零件上，构成部件（独立机构）。如车床的床头箱、进给箱、尾架等。

（3）总装配：指将若干零件、组件、部件组合成整台机器。例如，车床就是把几个箱体的部件、组件、零件组合而成的机器。

6.7.4　装配的种类

装配过程中大量的工作是连接。零部件间的连接一般可以分为固定连接和活动连接两类，每一类又可以分为可拆与不可拆两种。例如，机车车轮上的轮毂和轴一般属于不可拆的固定连接；发动机的汽缸盖和汽缸体一般属于可拆的固定连接；通过轴承和箱体连接的轴属可拆的活动连接；一些民用剪刀的两个刀片是由铆钉结合而成的不可拆的活动连接。

6.7.5　装配工作中应注意的问题

（1）装配时，应检查零件与装配有关的形状和尺寸精度是否合格，检查有无变形、损坏等，并应注意零件上的各种标记，防止错装。

（2）固定连接的零部件，不允许有间隙；活动的零件，能在正常的间隙下灵活均匀地按规定方向运动，不应有跳动。

（3）各运动部件（或零件）的接触表面，必须保证有足够的润滑，若有油路，必须畅通。

（4）各种管道和密封部位，装配后不得有渗漏现象。

（5）试车前，应检查各个部件连接的可靠性和运动的灵活性、各操纵手柄是否灵活、手柄位置是否合适。试车时，从低速到高速逐步进行。

6.7.6　典型组件装配方法

1. 键连接的装配

在传动轴上，往往要装上齿轮、带轮、蜗轮等零件，并需采用键连接来传递扭矩。

（1）平键的装配：装配时，先清理键及键槽上的毛刺，选取合适的键长，并修锉两端；然后将键配入键槽内，再装上轮毂。装配后，键底面应与轴上键槽底部接触，键两侧应有一定的过盈，而键顶面与轮毂间必须有一定的间隙，如图 6-35(a)所示。

（2）楔键的装配：楔键的形状与平键不同，它在上平面的长度方向上带有 1∶100 的斜度（轮毂的键槽也有同样的斜度），一端有钩头，以便于装卸。楔键连接除了能传递扭矩外，

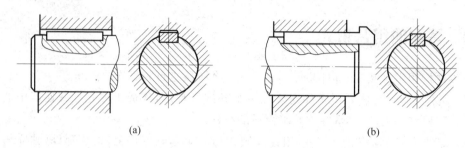

图 6-35　键的装配

(a) 平键的装配；(b) 楔键的装配

还能传递轴向力。楔键装配后,应使顶面和底面分别与轮毂键槽、轴上键槽紧贴,而键的两侧面与键槽有一定的间隙,如图 6-35(b)所示。

2. 螺纹连接的装配

螺纹连接具有装配简单,调整、更换方便,连接可靠等优点,因而在机械中应用十分广泛。螺纹连接的形式如图 6-36 所示,成组螺母的拧紧顺序如图 6-37 所示。

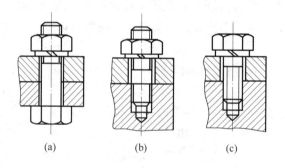

图 6-36　螺纹连接的形式

(a) 螺栓连接；(b) 双头螺栓连接；(c) 螺钉连接

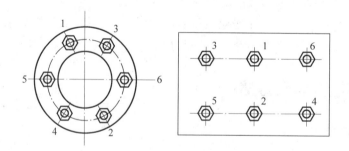

图 6-37　成组螺母的拧紧顺序

3. 螺钉、螺母的装配

螺钉、螺母的装配是用螺纹的连接装配,在机器制造中广泛使用。具有装拆、更换方便,易于多次装拆等优点。螺纹连接的形式如图 6-38 所示。

螺钉、螺母装配中的注意事项：

（1）螺纹配合应做到用手能自由旋入，过紧会咬坏螺纹，过松则受力后螺纹会断裂。

（2）双头螺栓拧入机体后，其轴线应与机体端面垂直。装配螺母时，螺母端面应与螺栓轴线垂直，以使受力均匀。

（3）零件与螺母的贴合面应平整光洁，否则螺纹容易松动。为了提高贴合质量，可加垫圈。

（4）装配成组螺钉、螺母时，为保证零件贴合面受力均匀，应按一定要求旋紧，并且不要一次完全旋紧，应按次序分 2 次或 3 次旋紧。

（5）螺纹连接在很多情况下要采取防松措施，常用的防松措施如图 6-38 所示。

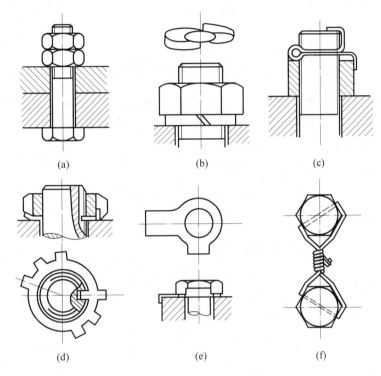

图 6-38　螺纹连接的防松措施

（a）双螺母；（b）弹簧垫圈；（c）开口销；（d）止动垫圈；（e）销片；（f）串联钢丝

4. 滚动轴承的装配

滚动轴承一般由外圈、内圈、滚动体和保持架组成，如图 6-39 所示。

在一般情况下，滚动轴承内圈随轴转动，外圈固定不动。因此，内圈与轴的配合比外圈与支承孔的配合要紧一些。滚动轴承的装配大多为较小的过盈配合，常用锤子或压力机压装，为了使轴承圈受到均匀压力，采用垫套加压。轴承压到轴上时，应通过垫套施力于内圈端面（图 6-40（a)）；轴承压到机体孔中时，则应施力于外圈端面（图 6-40（b)）；

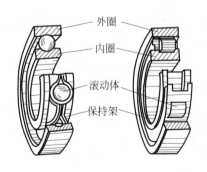

图 6-39　滚动轴承的组成

同时压到轴上和机体孔中时,则内、外圈端面应同时加压(图6-40(c))。

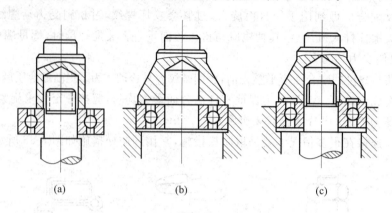

图 6-40　滚动轴承的装配

　　如果没有专用垫套,也可采用锤子、铜棒沿着轴承内圈或外圈端面四周对称、均匀地敲入,达到装配的目的。当轴承与轴是较大的过盈配合时,可将轴承放到 80～90℃ 的机油中加热,然后趁热装配。

第7章

车 工

7.1 概　述

车削加工是指在车床上利用工件的旋转运动和刀具的移动来改变毛坯形状和尺寸,将其加工成所需零件的一种切削加工方法。车削时,主运动是工件的旋转,进给运动是车刀的直线移动。由回转表面构成的轴、盘、套类零件,大都是经车削加工出来的。具体说,车床能加工的表面很多,如端面、内外圆柱表面、内外圆锥表面、内外成型表面、内外螺纹以及切断、切槽等。图 7-1 所示为车床能够完成的主要工作。

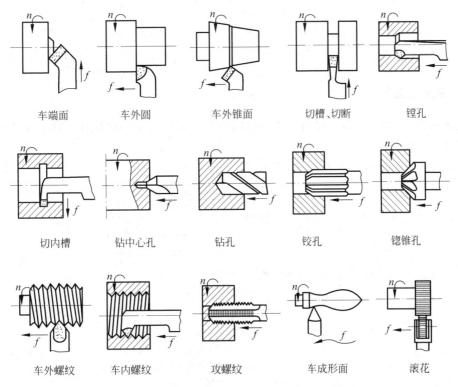

图 7-1　车削加工的主要内容

7.2　车床的基本知识及操作

7.2.1　车床的型号及意义

1. 机床型号编制的目的与作用（意义）

目前金属切削机床的品种很多，为了便于管理和使用，必须给每种机床赋予一个型号，以反映其类别、结构特征和主要技术参数，如图 7-2 所示。

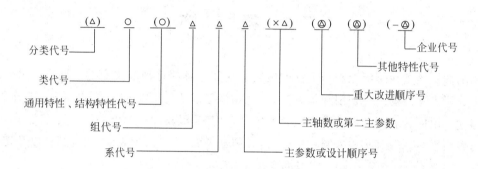

图 7-2　机床型号的组成

注：△表示阿拉伯数字；○表示大写汉语拼音字母；括号表示可选项，有内容时不带括号，无内容时不表示；
　　◎表示大写汉语拼音字母，或阿拉伯数字，或两者兼有之。

2. 车床的型号

我国从 1956 年开始至今已对机床型号的编制方法进行了几次修订。这里主要介绍普通卧式车床的型号。

（1）1959 年以前的产品型号示例，如

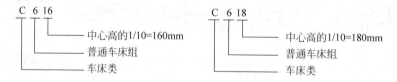

（2）1959 年以后的产品型号示例，如

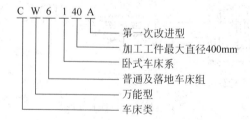

3. 车床的种类

按我国现行机床型号编制方法,将所有的金属切削机床分为 11 大类,车床类分为 10 组。车床按其用途和结构不同,可分为普通车床、立式车床、六角车床、自动与半自动车床、仿形车床、数控车床以及各种专门化车床等。在一般的机械加工车间里,车床约占全部机床的半数左右,其中绝大部分是普通车床。

7.2.2 普通车床的组成

以 CW6140A 车床为例,其主要技术参数为

车削最大直径：$\phi 400\text{mm}$

顶尖间的最大距离：750mm

主轴孔径：38mm

小滑板最大行程：120mm

小滑板最大刻度转角：$\pm 60°$

主要组成部分：主轴箱、进给箱、溜板箱、刀架、尾座、床身,见图 7-3。

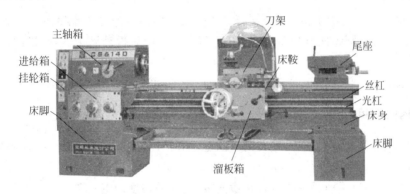

图 7-3 卧式普通车床

（1）主轴箱：又称床头箱。主轴箱内装有主轴和变速机构。它用几根轴及装在轴上的滑移齿轮和离合器等零件组成,通过变换箱外手柄的位置可使主轴得到各种转速。

（2）进给箱：又称走刀箱。进给箱内装有进给运动的变速机构,可以把主轴传递的动力传给光杠,变换箱外的手柄,可以使光杠或丝杠得到各种不同的进给量或螺距。

（3）溜板箱：溜板箱是车床进给运动的操纵箱,其固定在床鞍（纵向床鞍）底部,可连同刀架一起作纵向运动。溜板箱内有离合器操纵机构,外部有纵、横向手动进给和机动进给及开合螺母手柄。变换手柄位置,可使车刀作纵向或横向进给。

（4）刀架：由大、中、小、方刀架及转盘组成。大、中、小刀架又称大、中、小滑板,床鞍与车床导轨精密配合,纵向进给时保证轴向精度。中滑板由床鞍进行横向进给,并保证径向精度。小滑板在纵向车削较短的工件或车圆锥时使用。

（5）尾座：其底面与床身导轨面接触,可调整并固定在床身导轨面的任意位置上。若在尾座套筒内装上顶尖,则可支承较长工件；若安装钻头、铰刀,则可用来钻孔或铰孔；也

可安装丝锥用来攻螺纹或安装圆板牙用来套螺纹。

（6）床身：床身固定在左、右床脚上。床身是车床的基本支承件，车床的主要部件均安装在床身上，以使各部件在工作时保持准确的相对位置。床脚是整台机床的支承件，经校平导轨面后，将机床稳固地装在地基上。

7.2.3　车床各手柄的使用方法

1. 各手柄的名称

车床的调整主要是通过变换各自相应的手柄位置进行的。

（1）变速手柄：分为主轴变速手柄和进给运动变速手柄，分别位于主轴箱外和进给变速箱外，按标牌标明的手柄位置和进给量大小，扳至所需位置即可。

（2）移动手柄：包括纵向手动手柄（大刀架）、中滑板（横刀架）手柄、小滑板（小刀架）移动手柄、尾座套筒移动手柄（手轮）。

（3）锁紧手柄：分为方刀架锁紧手柄、尾座锁紧手柄、尾座套筒锁紧手柄。

（4）操纵杆：是主轴的正反转及停止手柄。手柄向上抬主轴正转，向下压主轴反转，放于中间位置则主轴停止转动。

（5）纵横向机动进给手柄：位置处于溜板箱右侧上方，是一个十字方向手柄。若向左或向右扳动该手柄，则纵向机动向左或向右；若向前或向后扳动该手柄，则横向机动向前或向后。

（6）开合螺母：位于溜板箱正面的右边，向下压即可闭合，向上拉即可打开。

2. 手柄的使用方法

纵向手动手柄（大刀架）逆时针转则纵向进，顺时针转则纵向退；纵向机动手柄向左扳，则纵向进，向右扳则纵向退。

中滑板（横刀架）手动手柄顺时针转横向进，逆时针转横向退；横向机动手柄，向前扳横向进，向后扳横向退。

小滑板（小刀架）手动手柄顺时针转则小刀架向左移动，逆时针转则小刀架向右移动。

3. 刻度盘及使用

床鞍刻度盘每圈 300mm，每转一格为 1mm；中滑板或小滑板刻度盘每圈 5mm，每转一格为 0.05mm。

7.2.4　车床的运动及传动路线

1. 车床的运动

切削运动分为主运动和进给运动。

主运动是指由机床或人力提供的主要运动，它促使刀具和工件之间产生相对运动，从而使刀具接近工件。车床切削中工件的旋转运动为主运动，一般用主运动的线速度 v 表示切削速度,单位为 m/min。

进给运动是指机床或人力提供的运动,它使刀具与工件之间产生附加的相对运动,加上主运动,它不断地或连续地切除切屑,并得出具有所需几何特征的加工表面。车削时进给运动为车刀的纵向和横向进给运动,用进给量 f 表示,单位为 mm/r。

2. 车床的传动路线

主运动的传动路线:电动机→带轮→主轴变速箱→主轴→卡盘→工件旋转运动。

进给运动的传动路线:主轴挂轮→进给箱→光杠或丝杠→溜板箱→刀架→车刀纵横移动。

7.2.5　车床的保养和维护

1. 车床的保养

车床是具有一定精度的机床,除了学习操作技能,还应了解如何对其进行保养及维护,这样才能保证车床的工作精度和使用寿命。保养是指当车床运转一段时间后,每一周或每一批学生实习完毕后,对机床进行的保养。保养时,首先切断电源,然后再进行保养。

2. 车床的日常维护

日常维护是指每天对机床进行的养护。

(1) 清除车床上的灰尘,检查车床各部分机构是否完好,如无问题,则低速开车 1~2min,看运转是否正常,如有问题,及时报告。

(2) 检查所有加油孔,并进行润滑。

(3) 必须爱护车床,不允许在车床工作表面上敲击,床面上不准放工具。

(4) 节约用电,车床不能无人空转。

(5) 每天下班前清理车床,打扫环境卫生。

7.2.6　学生操作练习

1. 熟悉授课内容和各个手柄的操作要领(停车练习)

(1) 正确变换主轴转速。

(2) 正确变换进给量。

(3) 熟练掌握纵向和横向手动进给手柄的进退方向。

(4) 熟练掌握纵向或横向机动进给的操作。

2. 低速开车练习

首先检查各手柄是否处于正确位置,确认后,按开关启动主轴,进行机动纵向和横向进给练习。

7.3 车工的基本操作

7.3.1 加工前的准备工作

1. 识图

图纸中的技术要求主要包括加工精度的要求、对材料及毛坯的要求、对零件的热处理要求等。

（1）尺寸公差、未注公差和尺寸精度：极限与配合（旧称公差与配合）将标准公差等级分为20级，分别为IT01，IT0，IT1，IT2，…，IT18。IT01公差值最小，精度最高，常用的为IT6～IT11，IT12～IT18为未注公差。尺寸精度指加工表面的实际尺寸与加工表面理想尺寸的符合程度。尺寸精度的高低用尺寸公差来衡量和标注。

（2）形状和位置公差：形状公差是指零件的实际形状相对于理想形状的准确程度，包括直线度、平面度等；位置公差是指零件的实际位置相对于理想位置的准确程度，包括平行度、垂直度、同轴度等。

（3）表面粗糙度：是指用机械加工或其他方法获得的零件已加工表面上具有的较小间距和峰谷所组成的微观几何形状特征（旧国标中称为表面光洁度）。

2. 检查毛坯

毛坯有锻件毛坯和铸造毛坯，本书的练习选用热轧圆棒料。用卡尺或钢板尺测量毛坯的直径和长度是否符合图纸要求。

3. 选择刀具

车外圆常用的车刀有硬质合金材料的45°弯头刀和90°偏刀，还有高速钢材料的精车刀。

45°车刀可车端面、倒角及车外圆；90°车刀主要用来车带台阶的工件，同时可以车端面。另外，为了使工件达到图纸或工艺规定的尺寸精度和表面粗糙度，还必须使用精车刀对工件精车。

7.3.2 切削用量

1. 切削用量的概念

切削速度、进给量和背吃刀量称为切削用量的三要素。

（1）切削速度 v：指主运动的线速度，单位为 m/min，计算公式为

$$v = \frac{\pi dn}{1000}$$

式中，n 为主轴转速，r/min；d 为工件已加工表面直径，mm。

（2）进给量 f：指工件每转1转，车刀沿进给方向移动的距离，单位为 mm/r。

（3）背吃刀量 a_p：工件上已加工表面与待加工表面之间的垂直距离，单位为 mm，计算公式为

$$a_p = \frac{D - d}{2}$$

式中，D 为待加工表面直径，mm。

2. 切削用量的选择

切削用量是影响加工质量、车刀耐用度、生产效率的主要因素。合理选择切削用量有很重要的意义。粗加工时，为了尽快切去大部分加工余量，提高生产率，可选用较大的背吃刀量和进给量，但切削速度受机床功率和刀具耐用度等因素的限制，不宜太高。精加工时，为了保证工件的加工质量，应选较小的背吃刀量和进给量，一般情况下选较高的切削速度。对于本书所选的工件材料，主轴转速取 $n \leqslant 350r/min$，进给量 $f \leqslant 0.2mm/r$，背吃刀量 $a_p \leqslant 0.5mm$。

7.3.3 试切试量

1. 试切试量的作用

车外圆要准确地控制切削深度（背吃刀量），这样才能保证外圆的尺寸公差。可用试切试量法控制切削深度，加工出合格的零件。

2. 试切试量的步骤

试切试量法就是通过试切→测量→调整→再试切的反复过程，使工件尺寸达到要求的加工方法，如图 7-4 所示。

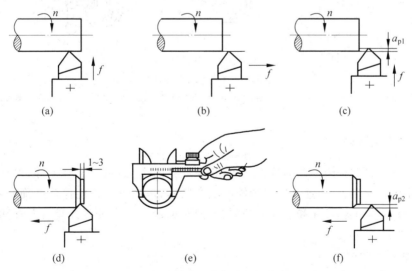

图 7-4 试切试量

（a）开车对刀，使车刀和工件表面轻微接触；（b）向右退出；（c）按要求横向进给 a_{p1}；

（d）试切 1～3mm；（e）向右退出，停车，测量；（f）调整背吃刀量至 a_{p2} 后，自动进给车外圆

7.3.4　外表面车削

车床加工最基本、最常见的表面是外表面,包括外圆柱面、外圆锥面、外螺纹、滚花等。

1. 外圆柱面车削

车外圆的常用刀具如图 7-1 所示。为了保证加工质量和提高生产率,其加工通常分为粗车和精车两步进行。

(1) 粗车:目的是要在最短的时间内,切去工件的大部分加工余量,以获得较高的生产效率。此时优先选用较大的背吃刀量,其次尽可能选用较大的进给量(一般情况下 $a_p = 2 \sim 4\text{mm}$, $f = 0.15 \sim 0.4\text{mm/r}$)。

(2) 精车:目的是保证零件获得所要求的加工精度和表面粗糙度。此时应选取较小的背吃刀量和进给量(一般情况下 $a_p = 0.1 \sim 0.5\text{mm}$, $f = 0.08 \sim 0.2\text{mm/r}$),切削速度应根据情况选择高速($v \geqslant 50\text{m/min}$)或低速($v \leqslant 5\text{m/min}$)。

切削加工中,只有正确使用刻度盘才能又快又准地控制尺寸。刻度盘的操作要点如下:

(1) 准确计算。必须熟悉所用车床的各个刻度盘每转 1 小格时车刀的移动量。以 CW6140A 为例,横刀架刻度盘每转 1 小格,车刀横向进给 0.05mm。当要求背吃刀量 $a_p = 0.6\text{mm}$ 时,刻度盘应转的格数 $N = 0.6\text{mm}/0.05\text{mm} = 12$ 格,此时工件直径尺寸减小 1.2mm。

(2) 正确操作。转动手柄或手轮获得所需刻度时,如果不小心多转了几格,不能直接将刻度盘退回几格,正确的做法如图 7-5 所示,这样才能消除丝杠和螺母之间的间隙,使工件获得准确的尺寸。

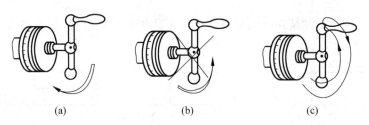

(a)　　　　　　　(b)　　　　　　　(c)

图 7-5　刻度盘的正确使用

(a) 多摇过 3 格;(b) 错误:直接退回 3 格;(c) 正确:反转半圈,再转至所需位置,以消除丝杠螺母的间隙

2. 外圆锥面车削

圆锥面可以看做是圆柱面的特殊形式,其参数见图 7-6。很多机器零件、刀具及附件都采用圆锥面作为配合表面,这是因为圆锥面配合紧密,多次拆装仍能保持准确的对中,常见的圆锥配合有车床主轴锥孔和前顶尖的配合(图 7-6(a))、钻床过渡锥套与刀具和主轴锥孔间的配合(图 7-6(b))等。

1) 标准圆锥的种类

常用的标准圆锥有莫氏圆锥、米制圆锥和专用圆锥。

(1) 莫氏圆锥:分为 0,1,2,…,6 共 7 个号,0 号尺寸最小,6 号尺寸最大。每个锥号的锥角均不相等。莫氏圆锥应用广泛,图 7-6 所示的主轴锥孔与顶尖及钻头均采用莫氏圆锥配合。

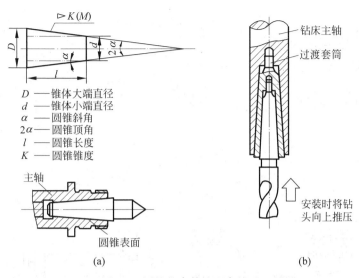

图 7-6　圆锥的参数及配合关系

(a) 主轴锥孔与前顶尖的配合；(b) 过渡锥套与刀具和主轴锥孔间的配合

（2）米制圆锥：分为 4,6,80,100,120,140,160,200 共 8 个号。号数值为锥体大端直径，各号锥度均为 1：20。例如，200 号的标注含义是指大端直径为 200mm、锥度为 1：20 的锥体。

（3）专用圆锥：多用于机器零件或某些刀具，有 1：4,1：12,1：50,7：24 等。铣床主轴锥孔及铣刀杆的锥柄配合，采用的是 7：24 的锥度。

2）锥度的车削方法

常用的锥度车削方法有小刀架转位法、尾架偏移法、靠模法和宽刀刃法。这里主要介绍小刀架转位法和尾架偏移法。

（1）小刀架转位法：车削锥面前首先松开固定小刀架的螺母然后转动小刀架一个角度 α（半锥角），锁紧螺母，进行切削。将小刀架绕转盘轴线转的夹角即为所需的半锥角，从而车削出所要求的锥面，如图 7-7(a) 所示。此方法主要用于单件、小批量生产中加工精度较低和长度较短（$l<100mm$）的内外圆锥面。

（2）尾架偏移法：工件安装在两顶尖之间，将装有后顶尖的尾架体相对尾架底座在水平面内向前或向后移动一个距离 S，如图 7-8 所示，此时前后顶尖间的连线（即工件回转轴线）与车床主轴轴线间的夹角等于工件锥面的半锥角 α。工件锥面的母线平行于车床导轨，车刀沿导轨最纵向进给，即可车出所需圆锥面，如图 7-7(b) 所示。此方法用于单件或成批生产中加工轴类零件上较长的外圆锥面，车刀可自动进给。

当成批加工较短（$l<20mm$）的内、外圆锥面时多采用宽刀法。靠模法常用于成批和大量生产中加工较长的内、外圆锥面。用宽刀法和靠模法加工圆锥面的工作原理与加工成型面的原理相同。

3. 成型面的车削

在车床上可以车削各种以母线为曲线的回转体表面，即回转成型面，如手柄、圆球及手轮等，常用的方法有纵横进给法（图 7-9）、成型刀法（图 7-10）和靠模法（图 7-11）等。

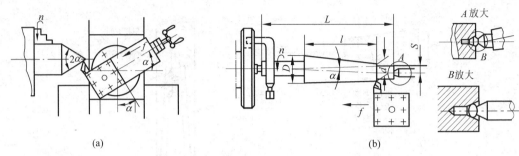

(a)　　　　　　　　　　　　　　　　(b)

图 7-7　圆锥的车削方法

（a）小刀架转位法；（b）尾架偏移法

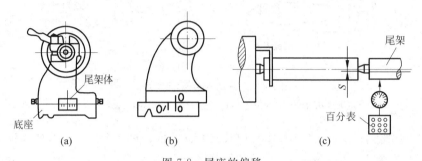

(a)　　　　　　　(b)　　　　　　　(c)

图 7-8　尾座的偏移

（a）刻度法；（b）划线法；（c）移动中拖板法

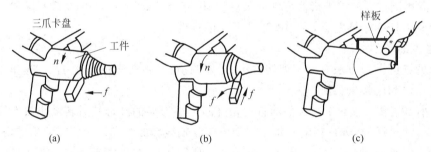

(a)　　　　　　　(b)　　　　　　　(c)

图 7-9　纵横进给法车成型面

（a）粗车台阶；（b）粗车成型；（c）用样板检验

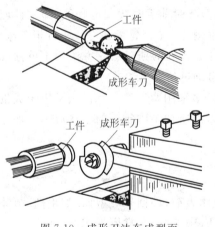

图 7-10　成形刀法车成型面

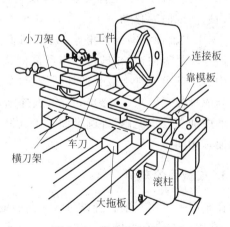

图 7-11　靠模法车成型面

4. 外螺纹车削

按作用可将螺纹分为：用于连接的，如螺栓与螺母、车床主轴与卡盘的连接；用于传递运动和动力的，如丝杠和螺母；用于紧固的，如方刀架上压紧车刀刀杆的螺钉等。

1）螺纹的牙形

在普通车床和丝杠车床上可车削各种螺纹。图 7-12 所示为几种常见的螺纹牙形及车刀。

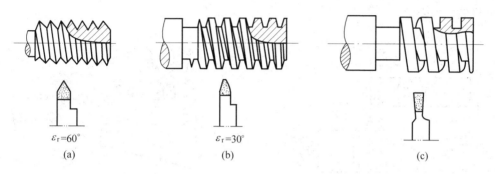

图 7-12　几种常见的牙形及车刀

（a）三角螺纹车刀；（b）梯形螺纹车刀；（c）方牙螺纹车刀

2）螺纹车削的步骤

图 7-13 所示为车削单头螺纹的一般操作步骤，适用于车削各种螺距的螺纹。

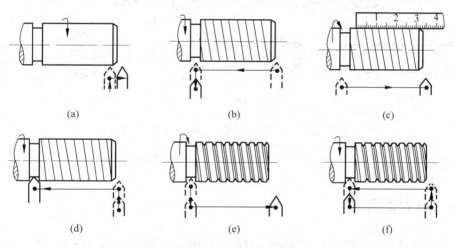

图 7-13　螺纹车削的步骤

（a）开车，使车刀与工件轻微接触，记下刻度盘读数，向右退出车刀；（b）合上对开螺母，在工件表面上车出一条螺旋转，横向退出车刀，停车；（c）开反车，使车刀退到工件右端，停车，用钢尺检查螺距是否正确；（d）利用刻度盘调整切深，开车切削，车钢料时加机油润滑；（e）车刀车至行程终了时，应做好退刀停车准备，先快速退出车刀，然后停车，开反车退回刀架；（f）再次横向进切深，断续切削，其切削过程的路线如图所示

按旋向可将螺纹分为右旋螺纹和左旋螺纹，加工方法如图 7-13 所示。按线数可将螺纹分为单线螺纹和多线螺纹。车削多线螺纹时（图 7-14），每条螺旋槽的车削方法与单线螺纹相同，只是每车完一条螺旋槽需要分线。最简单的分线方法是转动小刀架手柄，使车刀刀尖沿工件

轴向前移一个工件螺距 P，按车单线螺纹的操作步骤，即可车出第二条螺旋槽。

5. 滚花

用滚花刀挤压工件表面，使之产生塑性变形而形成花纹的过程叫滚花（图 7-15）。滚花刀的表面硬度很高（一般为 $60 \sim 65\mathrm{HRC}$），带有直纹或网纹，可为单轮、双轮或多轮（图 7-16）。带有花纹的表面便于用手握持并且外形美观，如外径千分尺的活动套筒、塞规杆、活顶尖的外壳等。

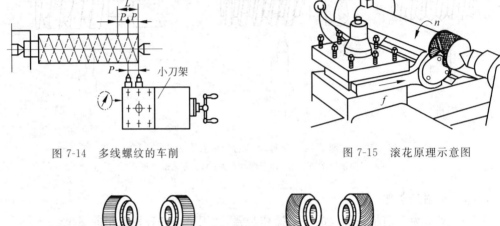

图 7-14　多线螺纹的车削　　　　　图 7-15　滚花原理示意图

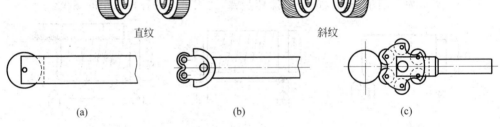

图 7-16　常用滚花刀的结构与种类
(a) 单轮滚花刀；(b) 双轮滚花刀；(c) 六轮滚花刀

7.3.5　内表面车削

在车床上可加工的内表面如图 7-17 和图 7-18 所示。加工内表面与加工相对应的外表面相比，主要区别为车刀形状不同，车刀横向进给所获得背吃刀量的方向相反。

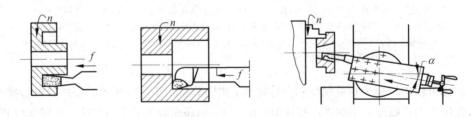

图 7-17　内表面加工

车孔是用车削方法扩大工件孔径的常用加工方法之一。车不通孔（又叫盲孔）和台阶孔时，车刀先纵向进给，当车到孔的底部时再横向进给（即从外部向中分），加工盲孔端面或台阶孔的台阶端面。此外，在车床上还可利用麻花钻和中心钻来加工孔（图7-18），钻头安装方式如图7-19所示。

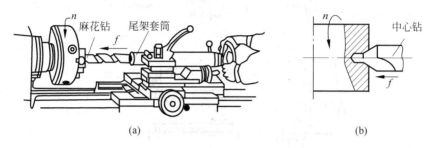

图 7-18　车床上钻孔

（a）用麻花钻钻孔；（b）用中心钻钻孔

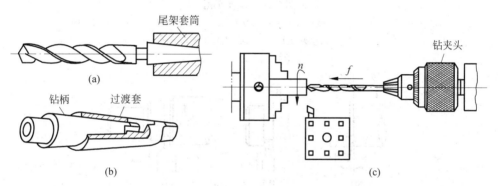

图 7-19　钻头的安装方法

（a）直接安装；（b）用过渡套安装；（c）用钻夹头安装

7.3.6　平面车削

车削能加工的平面是指与回转体工件的轴线垂直的那些表面，如端面、台阶面等。

1. 车端面

通常，端面是测量工件轴向尺寸的基准，是车削时的第一道工序。端面车削方法、所用车刀及切削用量三要素如图7-20和图7-21（a）所示。

2. 切槽与切断

在工件表面车出沟槽的方法叫做切槽，车床上能加工的槽有外槽、内槽和端面槽等。切槽刀的切削状如图7-21（b）所示。切断过程与切槽相似，只是切断刀的刀头较切槽刀更窄长一些，如图7-21（c）所示。切断处应尽可能靠近卡盘，车刀进给的速度要均匀，即将切断时应放慢速度，以免工件刚度不足而产生振动或使刀头折断。切槽和切断从原理上可看成是平面车削和圆柱面车削的组合。

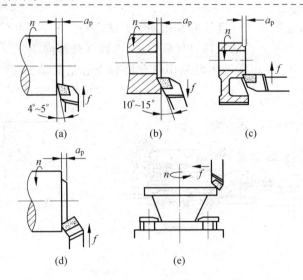

图 7-20　端面车削

（a）右偏刀车端面（由外向中心）；（b）右偏刀车端面（由中心向外）；（c）左偏刀车端面；

（d）弯头刀车端面；（e）立式车床车端面

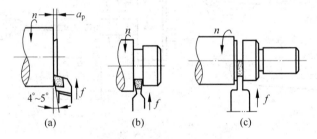

图 7-21　车端面、切槽、切断的对比

（a）车端面—用右偏刀（刀具横向进给）；（b）切槽—用切槽刀（左、右偏刀的组合）（刀具横向进给）；

（c）切断—用切断刀（左、右偏刀的组合）（刀具横向进给，$d=0$）

7.3.7　其他加工

在车床上绕制螺旋弹簧的常用方法如图 7-22 所示，绕制时钢丝应套在能自由转动的放线架上。

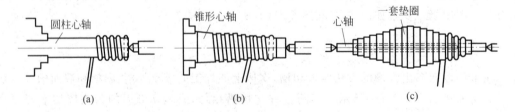

图 7-22　在车床上绕制螺旋弹簧

（a）圆柱形弹簧的绕制；（b）锥形弹簧的绕制（心轴为开有螺旋槽的锥形轴）；

（c）橄榄形弹簧的绕制（细长心轴上套入大小不同的垫圈）

7.4　其他类型车床简介

车床类的机床，其基本工作原理都是相同的，主运动都是工件的旋转，都是车刀移动实现进给。不同类型的车床，为满足其加工的需要，在机床结构方面也都有自己的特点。下面简要介绍立式车床和转塔式六角车床。

7.4.1　立式车床

立式车床的主轴是垂直的，并有一安装工件的圆形工作台。图 7-23 为单柱立式车床外形图。由于工作台处于水平位置，工件的找正和夹紧比较方便，且工件及工作台的重力由床身导轨或推力轴承承受，主轴不产生弯曲。因此立式车床适用于加工较大的盘类及大而短的套类零件。

立式车床上的垂直刀架可沿横梁导轨和刀架座导轨移动，作横向或纵向进给。刀架座可偏转一定角度作斜向进给。侧刀架可沿立柱导轨上下移动，也可沿刀架滑座左右运动，实现纵向或横向进给。

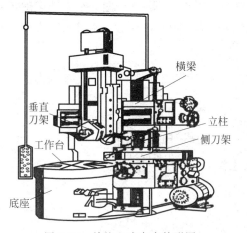

图 7-23　单柱立式车床外形图

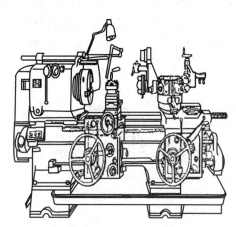

图 7-24　转塔式六角车床外形图

7.4.2　转塔式六角车床

图 7-24 是转塔式六角车床的外形图。它与普通车床的主要不同之处就是由一个转塔刀架代替了普通车床的尾架。转塔刀架安装在溜板上，并可绕自身的垂直轴回转，有 6 个方位。转塔刀架可以安装各种车刀、丝锥和板牙等；通过专用刀夹可以安装各种车刀；可以安装支承工件的托架和顶尖。溜板上还可以安装控制进刀行程的挡铁。转塔可随溜板沿床身导轨作纵向移动。这类车床一般都有一个四方刀架，有的还是一前一后各配置一个四方刀架。两个刀架配合使用，可以装较多的刀具，而且换位方便、迅速，生产效率较普通车床高。突出的特点是可以在一次装夹中完成较复杂零件各个表面的加工，适于进行复杂零件的批量生产。但是，机床的调整技术要求较高。

第 8 章

铣 削

8.1 概 述

铣削加工是在铣床上利用铣刀的旋转(主运动)和工件的移动(进给运动)来加工工件的。铣削加工的范围比较广泛,可加工平面(按加工时所处位置又分为水平面、垂直面、斜面)、台阶面、沟槽(包括键槽、直角槽、角度槽、燕尾槽、T 形槽、圆弧槽、螺旋槽)和成型槽等。此外,还可进行孔加工(钻孔、扩孔、铰孔、镗孔)和分度工作。图 8-1～图 8-6 为铣床加工零件部分实例。铣削后两平面之间的尺寸公差等级一般为 IT9～IT8,也可达 IT6;表面粗糙度一般为 $Ra6.3～3.2$,也可达 $Ra0.8$。

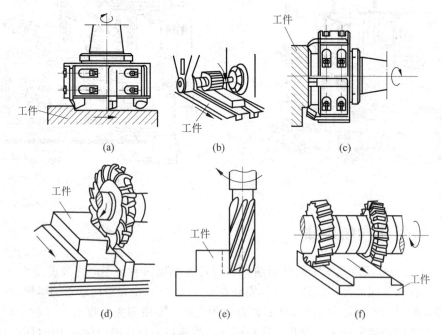

图 8-1 铣床的用途

(a) 端铣刀在立铣上铣平面;(b) 用圆柱滚刀在卧铣上铣平面;

(c) 用端铣刀在卧铣上铣平面;(d) 盘铣刀在卧铣上铣台阶;

(e) 用棒铣刀在立铣上铣台阶;(f) 用两把盘铣刀在卧铣上同时铣两个台阶

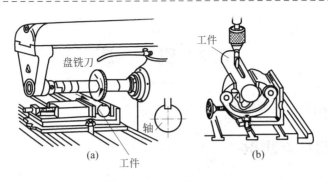

图 8-2 用盘铣刀铣键槽

（a）铣开口键槽；（b）铣封闭键槽

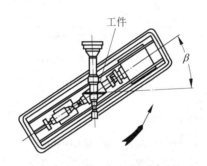

图 8-3 用成型刀铣螺旋槽

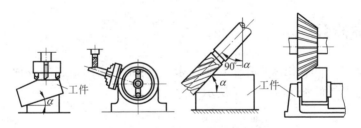

图 8-4 倾斜刀具或工件铣斜面

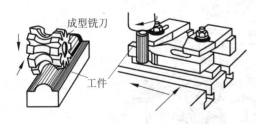

图 8-5 用成型刀铣斜面

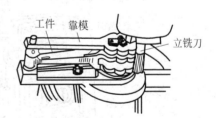

图 8-6 用靠模铣成型面

  铣削加工可以在卧式铣床、立式铣床、龙门铣床、工具铣床以及各种专用铣床上进行。对于单件小批生产的中小型零件，以卧式铣床（简称卧铣）和立式铣床（简称立铣）最为常用。在切削加工中，铣床的工作量仅次于车床。

8.2 铣 床

铣床的种类很多，约占金属切削机床总数的 25%。

8.2.1 铣床的基本知识

按照结构及用途，可将铣床分为立式铣床、卧式铣床、万能铣床等多种类型。铣床的型号表示该机床所属的类别、主要规格和特征。例如：

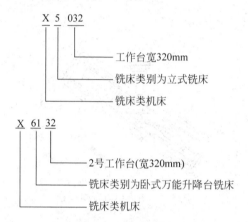

X 5 032

工作台宽320mm
铣床类别为立式铣床
铣床类机床

X 61 32

2号工作台(宽320mm)
铣床类别为卧式万能升降台铣床
铣床类机床

8.2.2 铣床简介

（1）卧式万能升降台铣床：简称万能铣床，是铣床中应用最多的一种。它的主轴是水平放置的，与工作台面平行，如图 8-7 所示。

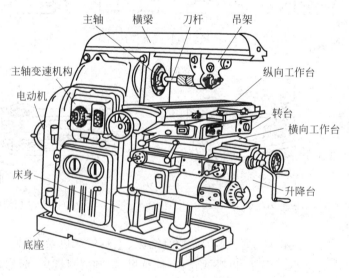

主轴　横梁　刀杆　吊架
主轴变速机构
电动机
纵向工作台
转台
横向工作台
床身
升降台
底座

图 8-7　X6132 万能升降台铣床

（2）立式升降台铣床：与卧式铣床的主要区别是主轴与工作台面垂直，如图 8-8 所示。还可以根据加工需要将立铣头左右扳转一定角度，既便于加工斜面，又便于装夹硬质合金端铣刀进行高速铣削，生产效率高，应用广泛。

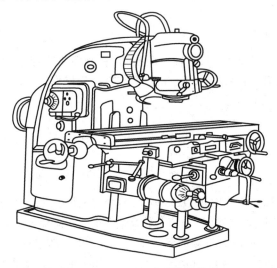

图 8-8　X5032 立式升降台铣床

（3）龙门铣床：主要用于加工大型或较重的工件。由于它可以同时用几个铣头对工件表面进行加工，故生产效率高，适合成批生产。

（4）数控铣床：是综合电子、计算机、自动控制、精密测量等新技术成就而出现的精密、自动化的新型机床，主要用于单件小批量生产，可以加工形状复杂、精度要求高的工件。除数控铣床外还有数控镗床、加工中心等。

（5）专用机床：适于批量生产某一种特定工件，常用的有专用花键铣床、键槽铣床、仿形铣床等。

8.2.3　常用铣床各部分的名称和作用（以 X6132 为例）

（1）床身：用来支承和固定铣床上所有的部件。
（2）横梁：其上装有支架，用以支持刀杆的外端，以减少刀杆的弯曲和颤动。
（3）主轴：用于安装刀杆并带动铣刀旋转。
（4）升降台：用来支承并带动工作台做升降运动。
（5）工作台：用来安装并带动工件在水平面内做纵、横向运动。
（6）变速机构：有两个变速机构，分别用来改变主轴转速和工作台进给速度。注意一定要停车变速。
（7）底座：用来固定机床，存储冷却润滑油。

8.2.4　铣床的基本运动

（1）主体运动：在切削时消耗功率最大的运动叫主体运动，在铣床上就是主轴带动铣刀的转动，以主轴每分钟转数计算，单位为 r/min。

（2）进给运动：工作台带动工件的匀速送进叫进给运动，单位为 mm/min。

8.2.5　铣床的操作及安全事项

1. 铣床的旋钮及按钮

铣床的左侧面是电源转换旋钮、主轴换向旋钮，右侧面为冷却泵旋钮、圆工作台旋钮。铣床的正面与右侧面还各有一套启动、停车、快速移动按钮，使操作者在正面、侧面都可操作铣床。

2. 铣床工作台的操作方式

$$
工作台
\begin{cases}
纵向\\
横向\\
升降
\end{cases}
\xrightarrow{\text{3种形式}}
\begin{matrix}
手动进给\\
自动进给\\
快速移动
\end{matrix}
$$

快速移动按钮按下后，工作台就以 2300mm/min 的速度快速移动，以减少辅助时间，提高生产效率。使用该按钮时应注意，先使手轮离合器脱开，避免被手轮抢起打伤。

手动手轮：纵向手动轮正面与侧面各一个，每转一圈分别进给 4mm 和 6mm；横向手动轮一个，每转一圈工作台横向移动 4mm；升降手把顺时针上升，逆时针下降，每转一圈升降台移动 2mm。

机动手把：4 个手把两两一致，往哪个方向扳，工作台就往哪个方向做自动进给。

锁紧手把：用摩擦力原理，把各工作台夹紧在各自的底座上，目的是加强铣床刚性，减少切削时的振动。注意，锁紧情况下勿摇工作台，否则易造成工作台导轨划伤。

3. 安全操作规程

（1）开车前必须检查铣床各运动部位及手柄位置是否正常，然后开车低速运转 10min，并对铣床导轨、油孔、油泵进行润滑加油。

（2）不许开车变速，以防打坏变速齿轮。

（3）工件、量具或附件放在工作台台面时要轻放，严禁冲击与敲打。

（4）操作者应穿好工作服，女同学戴好安全帽。

（5）不许隔着运转刀具传递工件，不能用手触摸转动部分，操作时严禁戴手套。

（6）一机多人操作时应由一人指挥，动作要协调。

（7）要经常保持设备及工作场地的卫生。

（8）学生在实习现场不准打闹或高声喊叫。

（9）下班时应将右手柄置于空挡位置，并关闭水和电源的开关。

8.3　铣床刀具

本节介绍铣刀的种类、特点及铣刀的材料以及如何正确合理地使用铣刀。

8.3.1　铣刀的种类

铣刀的种类很多，按用途可分为以下 4 种。

（1）加工平面用铣刀（图 8-9）

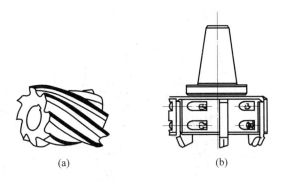

(a)　　　　　　　　　(b)

图 8-9　加工平面用铣刀

（a）圆柱滚刀；（b）硬质合金端铣刀

（2）加工沟槽用铣刀（图 8-10（a））

（3）加工斜面及沟槽用铣刀（图 8-10（b））

（4）加工特形表面用铣刀（图 8-11）

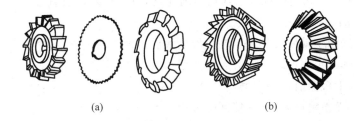

(a)　　　　　　　　　　　　(b)

图 8-10　三面刃铣刀　　　　　　　　　　图 8-11　铣特形面铣刀

8.3.2　铣刀的安装

（1）圆柱铣刀的安装方法：过渡套一端放入主轴用拉杆拉紧，刀杆一端用挂架支撑，如图 8-12 所示。

（2）利用莫氏锥柄安装铣刀和利用弹簧套安装铣刀的方法，如图 8-13 所示。

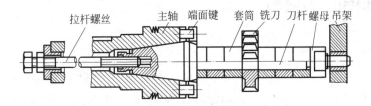

拉杆螺丝　　主轴　端面键　套筒　铣刀　刀杆螺母　吊架

图 8-12　圆柱铣刀的安装

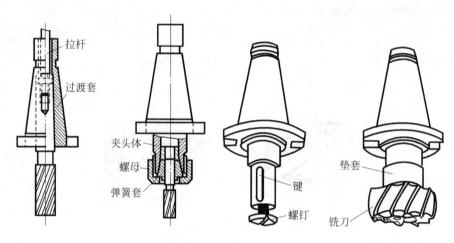

图 8-13　锥柄铣刀的安装

8.3.3　铣刀的合理使用

（1）根据工件材料的不同，合理选用切削用量，尤其是切削速度，对刀具寿命有直接影响，高速钢材料的刀具有条件冷却的必须给足冷却液。

（2）在进行自动进给时，一定先用手动使刀具和工件缓慢接触后再做自动进给。

（3）在加工过程中，刀具磨损到一定程度时应刃磨后再使用。

（4）铣刀在使用过程中出现如下现象时必须刃磨：

① 工件加工质量明显下降，表面粗糙度差，尺寸精度受影响；

② 铣刀磨损后切削力增大，切削热升高，甚至有冒烟现象；

③ 铣刀磨损后切削时出现火花。

（5）合理选择铣削用量。铣削时所选择的铣削用量，应在保证工件加工精度和刀具耐用度的前提下获得较高的生产率。一般情况下铣削用量的选择顺序是：先选吃刀深度，再选走刀量，最后选择铣削速度。同学们在加工锤头料时，因采用的是硬质合金刀具，所以吃刀深度为 1～2mm（装两把铣刀），进给量为 30～47.5mm/min，铣削转速为 300～375r/min。在分度铣五角星时，转速为 300～375r/min，手动进给，吃刀深度根据材料而定。

8.3.4　常用的铣刀材料

1. 高速钢

高速钢是一种含钨（W）、铬（Cr）、钒（V）较多的合金钢，其特点是塑性好、易于成型，多刃铣刀多用此材料做成。常用的高速钢牌号有 W18Cr4V 和 W9Cr4V2 两种。

2. 硬质合金

硬质合金是一种或多种难熔金属的碳化物（碳化钨、碳化钛、碳化钽）和粘结金属（钴、镍等)用粉末冶金的方法制造而成的合金材料,是高硬度且耐高温的刀具材料。常用的有钨钴类(YG)和钨钴钛类(YT)。加工平面用的端铣刀用硬质合金材料做成。

8.4　铣削平面加工

铣削加工范围广,精度可达到国家标准 IT6~IT7 级,表面粗糙度可达到 $Ra3.2 \sim 12.6$。铣削平面的步骤分述如下。

(1) 读图:详细了解工件材料、需铣削的部位和加工要求(指尺寸精度、粗糙度)。

(2) 选择刀具:在立式铣床上铣削平面用硬质合金刀。

(3) 装夹工件:铣削长方体锤头料时,采用机用虎钳装夹。装夹时要垫上高度适中的垫铁,以免铣坏钳口。为了使工件紧密地靠在平行垫铁上,应用铜锤或木槌轻轻敲击工件,以用手不能推动垫铁为宜。铣削过程中还应注意安装原则、基准统一原则。

(4) 对刀铣削:开车对刀,先开车再将工件摇入回转的刀盘下;退刀时,刀盘回转直径退出工件以外;走刀前,应先手动使工件接近刀盘。

(5) 测量:铣削长方料时用游标卡尺测量。在铣削过程中应进行多次测量,以达到图纸所要求的尺寸,应注意正确、合理地使用量具。

8.5　铣床附件

8.5.1　分度头的主要功用

分度头是铣床的重要附件(图 8-14),其主要功能是使工件绕自身的轴线实现分度,完成铣削多边形、齿轮、花键等的分度。此外铣削螺旋槽时,工作台在带动工件作直线运动的同时,分度头带动工件作旋转运动,以完成螺旋面加工,如图 8-15 所示。

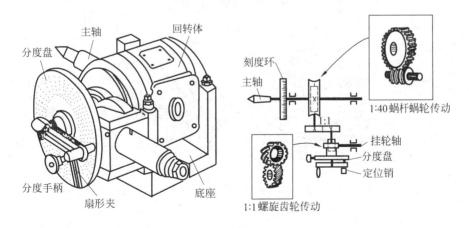

图 8-14　万能分度头及传动

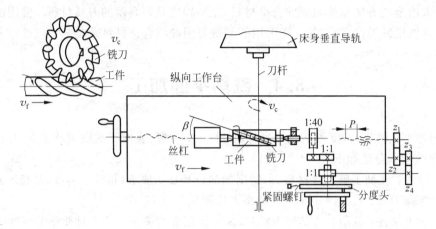

图 8-15 分度头尾架安装

8.5.2 回转工作台的主要功用

回转工作台如图 8-16 所示,主要是为了完成较大工件的分度工作和非整圆弧面的加工,如铣削带圆弧曲线的外表面如(图 8-17(a))和圆弧沟槽的工件(如图 8-17(b))。另外回转工作台转动可使工件获得圆周运动,从而实现内、外圆弧面的加工。

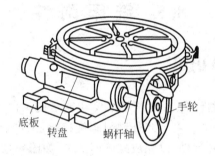

图 8-16 回转工作台

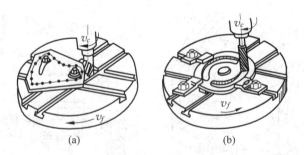

(a)   (b)

图 8-17 回转工作台加工举例

第 9 章

刨 磨 齿

9.1 磨 削 加 工

9.1.1 磨削概述

1. 磨削加工的特点

磨削加工是指利用砂轮作为切削工具,对工件的表面进行加工的过程,是零件精密加工的主要方法之一。与其他加工(车削、铣削、刨削)相比较,磨削加工具有如下特点:

(1)加工精度高,表面粗糙度小。经磨削加工后的工件一般尺寸公差等级可达到IT7～IT5,表面粗糙度可达到 $Ra0.8～0.2$,精磨后还可获得更小的表面粗糙度值。

(2)工作范围很广。磨削加工既可以加工一般的结构材料(如碳钢、铸铁合金钢),也可以加工普通金属刀具难以加工的高硬度材料(淬火钢、硬质合金等)。

(3)加工温度高。在磨削加工中,由于砂轮高速旋转,切削速度很高,因此会产生大量的切削热,瞬间温度高达 1000℃。高温会使磨屑在空气中迅速氧化,产生火花。并且高温会灼伤工件表面,降低工件表面质量,减少工件使用寿命。因此,为了减少摩擦和散热,降低磨削温度,及时冲走磨屑,以保证工件的表面质量,在磨削加工时需使用大量切削液。

2. 磨削加工的工艺范围

磨削加工主要用于对零件的内外圆柱面、圆锥面、平面、沟槽成型面(齿形、螺纹等)和各种刀具进行磨削。此外,还可用于毛坯的预加工和清理工作。图 9-1 所示为常见的磨削加工工艺。

9.1.2 磨床

根据用途的不同,磨床分为万能外圆磨床、普通外圆磨床、内圆磨床、平面磨床、无心磨床、工具磨床、齿轮磨床和螺纹磨床等多种类型,在此介绍使用最多的外圆磨床、内圆磨床和平面磨床。

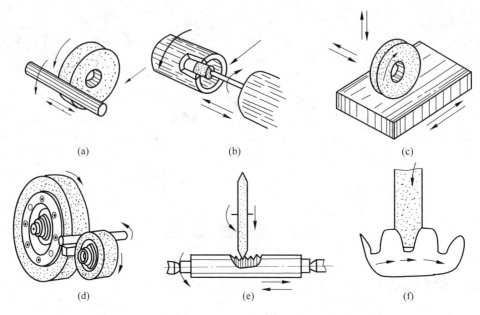

图 9-1　常见磨削加工的类型

（a）外圆磨削；（b）内圆磨削；（c）平面磨削；（d）无心磨削；（e）螺纹磨削；（f）齿轮磨削

1. 外圆磨床

外圆磨床分为万能外圆磨床和普通外圆磨床。万能外圆磨床不仅可以磨削外圆柱面、端面及外圆锥面，还可磨削内圆柱面、内台阶面及内圆锥面。图 9-2 为常见的 M1432A 型万能外圆磨床，由床身、砂轮架、头架、工作台、内圆磨头等部分组成。

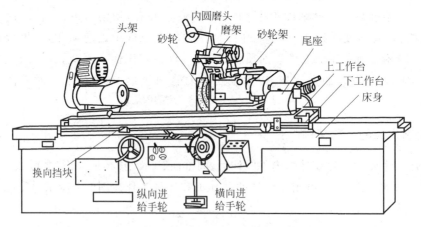

图 9-2　M1432A 型万能外圆磨床外形图

2. 内圆磨床

图 9-3 所示为 M2120 内圆磨床，由床身、头架、磨具架和砂轮修整器等部分组成。头架可绕垂直轴转动某一角度，以便磨锥孔。工作台的往复运动采用液压传动。

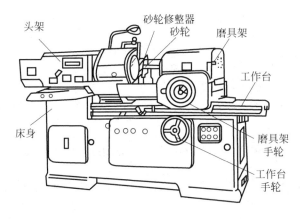

图 9-3　M2120 内圆磨床

3. 平面磨床

平面磨床分为立轴式和卧轴式两类。立轴式平面磨床用砂轮的端面磨削平面,卧轴式平面磨床用砂轮的圆周面磨削平面。图 9-4 所示为 M7120A 卧轴矩形平面磨床。

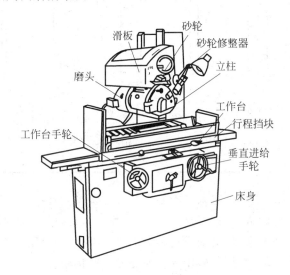

图 9-4　M7120A 卧轴矩形平面磨床

9.1.3　砂轮

砂轮是磨削加工的切削工具,是由许多细小而坚硬的磨粒通过结合剂黏结后烧制而成的多孔物体,如图 9-5 所示。砂轮的三要素是磨粒、结合剂和气孔。

磨粒在磨削中起切削作用,每个颗粒就相当于一把刀具,可切掉薄薄的一层金属。常用的磨料有氧化铝和碳化硅两类,前者适宜磨削碳钢和合金钢,后者适宜磨削铸铁和硬质合金。

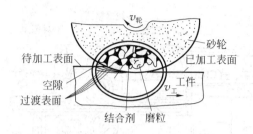

图 9-5　砂轮的结构及工作原理

磨料的大小用粒度表示,粒度号数越大,颗粒越小。粗颗粒用于粗加工及磨软材料,细颗粒则用于精加工。

为适应不同形状表面的磨削,可将砂轮制成多种形状,表 9-1 中列出了常用砂轮的形状及用途。

表 9-1　常用砂轮的形状及用途

砂轮名称	平形	单面凹形	薄片形	筒形	碗形	蝶形	双斜边形
简图							
用途	磨外圆、内圆、平面,无心磨削	磨平面、内圆,刃磨刀具	切断和开槽等	装在立轴上进行端面磨削	磨导轨、刃磨刀具	磨铣刀、铰刀、拉刀等,大尺寸的用于磨齿轮端面	磨齿轮齿形和螺纹

砂轮在使用前要用敲击的声响来判断砂轮是否有裂纹。有裂纹的砂轮高速旋转时会破裂伤人。此外,还需对砂轮进行平衡试验。砂轮工作一段时间后,磨粒逐渐变钝,砂轮表面空隙堵塞,砂轮几何形状失准,使磨削质量和生产率下降,要用金刚石修整砂轮,将磨钝的磨粒去除,让新的磨粒投入切削,恢复砂轮的切削能力和形状精度。

9.1.4　外圆磨削

在外圆磨床上能磨削轴、套类等零件的外圆柱面、外圆锥面及台阶端面,是外圆精加工的主要方法之一。

1. 工件安装

工件安装是指工件加工前在机床或夹具上定位和夹紧的过程。工件安装的正确和稳固与否,直接影响零件的加工精度和操作安全。外圆磨削的装夹方法有前后顶尖安装、卡盘安装、卡盘和后顶尖配合安装、心轴安装等。

1）顶尖安装

如图 9-6 所示,在装夹时利用工件两端的中心孔,把工件支承在前、后顶尖上,工件由头架的拨盘和拨杆经夹头带动旋转。磨床采用的顶尖都不随工件一起转动,并且尾座顶尖是靠弹簧推紧力顶紧工件的,这样可以获得较高的加工精度。

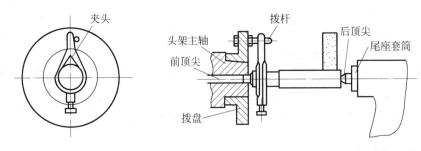

图 9-6　顶尖安装

由于中心孔的几何形状将直接影响工件的加工质量,因此,磨削前应对工件的中心孔进行修研。特别是对经过热处理的工件,必须仔细修研中心孔,以消除中心孔的变形和表面氧化皮等。

2）卡盘安装

端面上没有中心孔的短工件可用三爪或四爪卡盘装夹,装夹方法与车削装夹方法基本相同。

3）心轴安装

盘套类工件常以内圆定位磨削外圆,此时必须采用心轴来装夹工件。心轴可安装在顶针间,有时也可以直接安装在头架主轴的锥孔里。

2. 外圆磨削方法

在外圆磨床上磨削外圆的方法常用的有纵磨法和横磨法两种,其中以纵磨法用得最多。

1）纵磨法

如图 9-7(a)所示,工件与砂轮作同向旋转(圆周进给),与工作台一起作纵向往复运动(纵向进给)。砂轮除作高速旋转运动外,还在工件每纵向行程终了时进行横向进给。这种磨削方法加工质量高,但效率较低。

2）横磨法

磨削粗短轴的外圆和磨削长度小于砂轮宽度时,常采用横磨法,如图 9-7(b)所示。横磨法磨削时,工件不需作纵向进给运动,而砂轮作高速旋转运动和连续或断续地作径向进给运动。

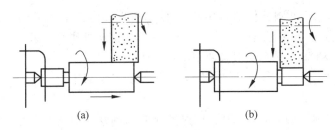

(a)　　　　　　　　　(b)

图 9-7　外圆磨削方法

(a)纵磨法;(b)横磨法

3. 外圆磨削步骤

用纵磨法磨外圆时,安装好工件并对磨床进行调整后,按照下列步骤进行磨削:

(1) 开动磨床,使砂轮和工件转动,然后将砂轮慢慢接近工件并稍微接触。

(2) 打开切削液。

(3) 调整切深,使工作台轴向进给,进行一次试磨。完成一个行程后,对工件进行锥度检测,如有锥度,需对工作台进行调整。

(4) 进行粗磨。粗磨时,切深应控制在 0.01~0.025mm,并保证有充分的切削液进行冷却。

(5) 进行精磨。精磨时一般要进行砂轮修整,每行程切削深度控制在 0.005~0.015mm,精磨至最后尺寸时,砂轮径向进给停止,工作台纵向进给继续进行,直到无火花为止。

4. 外圆锥面磨削

磨外圆锥面与磨外圆面的操作基本相同,只是工件和砂轮的相对位置不一样,工件的轴线与砂轮轴线偏斜一个锥角,可通过转动工作台或头架形成,如图 9-8 所示。

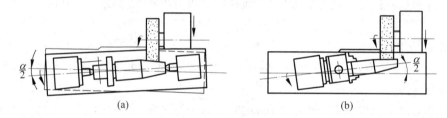

(a)   (b)

图 9-8 外圆锥面磨削方法
(a) 转动工作台磨外圆锥面;(b) 转动头架磨外圆锥面

9.1.5 内圆磨削

磨内圆面和磨内圆锥面可在内圆磨床或万能外圆磨床上用内圆磨头进行。

1. 工件安装

在内圆磨床上磨工件的内孔,如工件为圆柱体,且外圆柱面已经过精加工,则可用三爪自定心卡盘或四爪单动卡盘找正外圆装夹。如工件外表面较粗糙或形状不规则,则以内圆本身定位找正安装。

在万能外圆磨床上磨圆柱体的内孔,短工件用三爪自定心卡盘或四爪单动卡盘找正外圆装夹。长工件的装夹方法有两种:一种是一端用卡盘夹紧,另一端用中心架支承(图 9-9(a));另一种是用 V 形夹具装夹(图 9-9(b))。

2. 内圆磨削方法

磨削内圆与磨削外圆一样,一般采用纵磨法和横磨法两种方法(图 9-10)。磨削时,工件和砂轮按相反的方向旋转。砂轮在工件孔中的磨削位置有前面接触和后面接触两种,如图 9-11 所示。一般在万能外圆磨床上采用前面接触,在内圆磨床上采用后面接触。

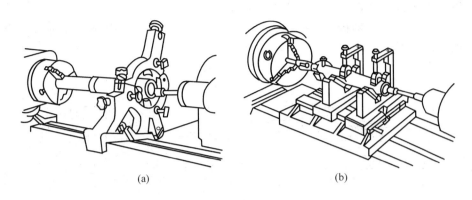

图 9-9　磨内圆时工件的装夹

(a) 用卡盘和中心架装夹；(b) 用 V 形夹具装夹

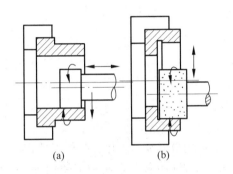

图 9-10　内圆磨削方法

（a）纵磨法；（b）横磨法

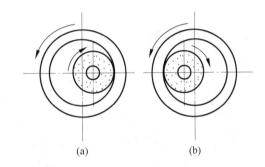

图 9-11　砂轮的接触位置

（a）前面接触；（b）后面接触

3. 内圆磨削的工艺要点

（1）与磨外圆相比，由于受到工件孔径的限制，砂轮直径一般较小，砂轮与工件的相对切削速度较低，磨削速度大大低于外圆磨削；

（2）砂轮较易变形和振动，故磨削用量要低于外圆磨削；

（3）因砂轮轴有一定的悬伸长度，故刚性较差，加上磨削时散热、排屑困难，磨削用量不能过高；

（4）工作时砂轮处于工件内部，转动方向与外磨时相反；

（5）加工精度和生产效率都较低。

4. 内圆锥面磨削

（1）工件的装夹可参照内圆的装夹方法。

（2）内圆锥面的磨削常用以下两种方法：

① 转动头架或转动床头箱磨内圆锥。在万能外圆磨床上转动头架磨内圆锥面，适合于磨削锥度较大的内圆锥面，如图 9-12(a)所示；在内圆磨床上转动床头箱磨内圆锥面，适合

于磨削锥度不大的内圆锥面,如图 9-12(b)所示。

② 转动工作台磨内圆锥面。在万能外圆磨床上转动工作台磨内圆锥面,适合于磨削锥度不大的内圆锥面。

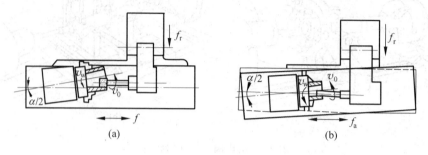

(a)   (b)

图 9-12   磨内圆锥面的方法

(a) 转动头架磨内圆锥面;(b) 转动床头箱磨内圆锥面

9.1.6 平面磨削

对工件平面的磨削一般在平面磨床上进行。

1. 工件安装

在平面磨床上磨削钢和铸铁等中小型工件时,一般都用电磁吸盘工作台吸住工件,对于形状复杂或非磁性材料(如有色金属和不锈钢等)工件,则用精密平口钳、精密角铁、正弦精密平口钳、精密转台及正弦电磁吸盘等间接装夹到电磁吸盘工作台上。

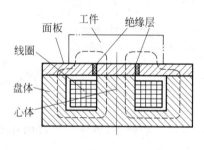

图 9-13   电磁吸盘结构示意图

电磁吸盘的结构如图 9-13 所示,工件的夹持是通过面板吸附在电磁吸盘上的。当线圈中通有直流电时,面板与盘体形成磁极产生磁通。此时将工件放在面板上,一端紧靠定位面,由于绝缘层的作用,使磁通经过工件形成封闭回路,将工件吸住。工件加工完后,只要将电磁吸盘的电源切断,即可卸下工件。

2. 平面磨削方法

平面磨削时,砂轮高速旋转为主运动,工件随工作台作往复直线进给运动或圆周进给运动。根据磨削时砂轮的工作表面不同,平面磨削的方式分为周磨法和端磨法两种,如图 9-14 所示。

周磨法是用砂轮的圆周面进行磨削,砂轮与工件的接触面积小,排屑和散热条件好,能获得较好的加工质量,但磨削效率较低,常用于小加工面和易翘曲变形的薄片工件的磨削。

端磨法是用砂轮的端面进行磨削,砂轮与工件的接触面积大,砂轮轴刚性较好,能采用较大的磨削用量,因此磨削效率高,但发热量大,不易排屑和冷却,加工质量较周磨法低,多用于磨削面积较大且要求不高的磨削加工。

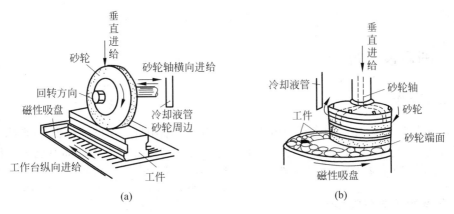

图 9-14　平面磨削方法
（a）周磨法；（b）端磨法

3. 平面磨削的工艺要点

（1）磨削前应做好清洁工作，修除工件毛边，擦净工作台。

（2）应以工件上较大、较光整的一面为定位基准磨平行面，以保证各加工面之间的位置精度。

（3）工件应可靠夹紧，防止磨削过程工件松动造成位置精度超差。

（4）砂轮不宜选得太软，否则将因砂轮磨损太快造成平面度超差，并要注意及时修整砂轮。

（5）用精密角铁装夹磨削垂直面时，工件的质量和体积不能大于角铁的质量和体积。角铁上的定位柱高度应与工件厚度基本一致，压板在压紧工件时受力要均匀，装夹要稳固。工件在未找正前，压板应压得松一些，以便校正。

（6）用精密平口钳装夹磨削垂直面时，要注意平口钳本身精度的误差，使用前应检查平口钳底面、侧面和钳口是否有毛刺或硬点，如有应去除后再使用。

9.2　刨削加工

9.2.1　刨削概述

刨削是在刨床上用刨刀对工件作水平相对直线往复运动的切削加工方法，主要用于加工平面、斜面、沟槽等成型面。刨削加工的尺寸公差等级可达 IT9～IT8，表面粗糙度可达 $Ra3.2～1.6$。

刨削加工为单向加工，主运动是刨刀的直线往复运动，在工作行程中进行的切削，返回行程则为空行程，故为断续切削。断续切削所产生的冲击和惯性力，限制了其切削速度的提高，加之刨刀多为单刃和刨削时的空行程损失，故刨削的生产率低，但在加工狭长表面时能获得较高的生产率。由于速度低，工件和刀具在回程时能得到冷却，所以不需使用冷却液。刨削刀具简单，加工、调整灵活，适应性强，生产准备时间短，因此主要应用于单件、小批量生产以及修配工作。

9.2.2　刨床及其操作

1. 刨床分类

刨床有牛头刨床、龙门刨床和插床等。牛头刨床是应用最广泛的一种刨床，适用于刨削长度不超过 1m 的中、小型工件。龙门刨床用于加工大型零件或多工件同时刨削。插床即立式刨床，主要用于插方孔、多边形孔及孔内键槽等。

2. 牛头刨床的组成部分

牛头刨床主要由床身、滑枕、刀架、工作台、横梁和 3 个进给机构等组成，如图 9-15 所示。

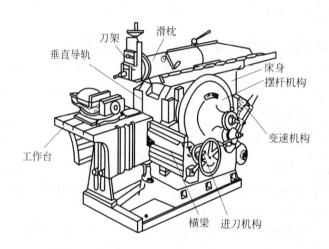

图 9-15　牛头刨床的组成

（1）床身：用于支承和连接刨床各部件，其顶面的水平导轨供滑枕作往复直线运动用，前侧面的垂直导轨供工作台升降用，床身内部装有传动机构。

（2）滑枕：用于带动刨刀作往复直线运动，滑枕前端装有刀架。

（3）刀架：用于夹持刨刀，如图 9-16 所示。摇动刀架手柄，滑板可沿转盘上的导轨带动刨刀上下移动。松开转盘上的螺母，将转盘板转一定角度后，可使刀架斜向进给。滑板上还装有可偏转的刀座。抬刀板可以绕 A 轴向上转动。刨刀安装在刀夹上，在返回行程时刨刀可绕 A 轴自由上抬，以减少刀具与工件的摩擦。

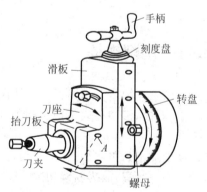

图 9-16　牛头刨床刀架

（4）横梁：横梁安装在床身前侧的垂直导轨上，其底部装有升降横梁用的丝杠。

（5）工作台：用于安装夹具和工件。其两侧有许多沟槽和孔，以便在侧面上用压板和螺栓装夹工件。工作台可以随横梁上下移动、垂直间歇进给和沿横梁水平横向移动或横向间歇进给。

3. 刨床的工作原理

从工作原理上，刨床相当于一个曲柄摆杆机构，如图 9-17 所示。

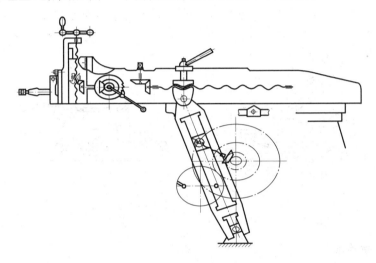

图 9-17 刨床的曲柄摆杆机构原理

9.2.3 刨刀及其安装

1. 刨刀的种类及用途

常用的刨刀有平面刨刀、偏刀、角度偏刀、切刀和弯切刀等，如图 9-18 所示。

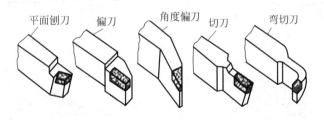

图 9-18 刨刀的种类

2. 刨刀的安装

刨刀安装在刀夹的方槽内，不宜伸出过长，以免切削时产生振动和折断刨刀。直头刨刀的伸出长度一般为刀杆厚度的 1.5～2 倍；弯头刨刀伸出可稍长些，一般以弯曲部分不接触抬刀板为宜。在装刀或卸刀时，一只手扶住刨刀，另一只手由上而下或倾斜向下用力扳转螺钉将刀具压紧或松开。用力方向不得由下向上，以免抬刀板撬起而碰伤或夹伤手指。

9.2.4　工件的安装

在刨床上安装工件主要有平口钳装夹和压板螺栓装夹两种方法。

1. 平口钳装夹

平口钳装夹适于形状规则的小型工件。使用时先把平口钳钳口找正（图9-19）并固定在工作台上，然后再装夹工件。

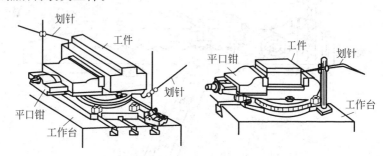

图9-19　平口钳装夹时工件的找正方法

2. 压板、螺栓装夹

当工件尺寸较大或形状特殊时，需要用压板、螺栓和垫铁把工件直接固定在工作台上进行刨削装夹。装夹时先把工件找正，具体方法如图9-20所示。

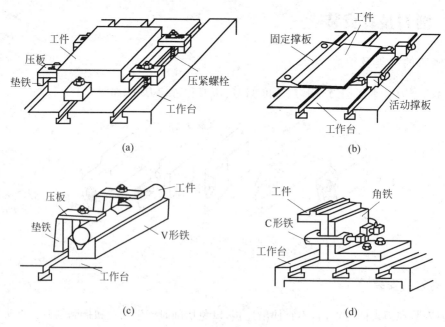

图9-20　压板、螺栓装夹

（a）利用工作台面安装；（b）利用工作台侧面安装；（c）利用V形铁安装；（d）利用角铁安装

9.2.5　基本刨削加工

1. 刨平面

按加工时加工面所处的位置不同,可将刨削分为水平面刨削、垂直面刨削和斜面刨削。图 9-21 所示为刨削平面的运动及刀具分析。

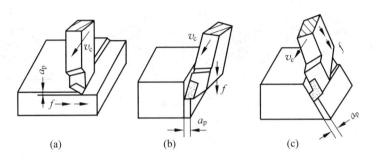

图 9-21　刨削平面的运动及刀具分析

(a)刨水平面;(b)刨垂直面;(c)刨斜面

2. 刨沟槽

刨 V 形槽和燕尾槽斜面如图 9-22 所示。刨 T 形槽前,应先画出 T 形槽加工线(图 9-23),然后再按图 9-24 所示的步骤加工。

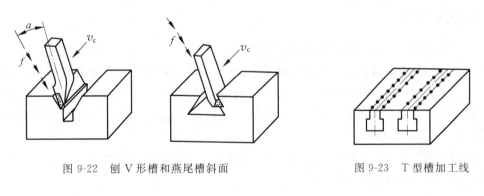

图 9-22　刨 V 形槽和燕尾槽斜面　　　　图 9-23　T 型槽加工线

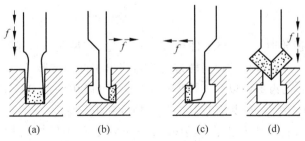

图 9-24　T 形槽刨削加工步骤

(a)刨直槽;(b)刨右侧凹槽;(c)刨左侧凹槽;(d)倒角

3. 刨成型面

零件的成型面可先通过划线，再用逐步趋近的方法进行加工，加工步骤如图9-25所示。

图9-26所示为成型刀加工成型面的方法。用成型刀加工操作简单，质量稳定，多用于形状简单，横截面较小而大批量的零件加工。

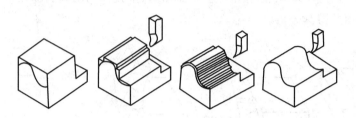

图9-25　用划线法加工成型面的方法和步骤

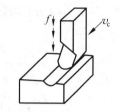

9-26　用成型刀加工成型面

9.3　齿轮加工

9.3.1　齿轮加工的基本方法

齿轮加工机床的种类繁多，构造各异，加工方法也各不相同，按齿面加工原理来分有成型法和展成法。

1. 成型法

成型法利用与被加工齿轮齿槽截形相一致的刀具齿形，在齿坯上加工齿面。

在铣床上用盘形或指形齿轮铣刀铣削齿轮，在刨床或插床上用成型刀具刨削或插削齿轮。加工时，刀具作快速的切削运动（旋转运动或直线运动），并沿齿槽作进给运动，即可切出齿槽。加工完一个齿槽后，工件分度转动一个齿距，再加工另一个齿槽，直至切出全部齿槽。

采用成型法加工齿轮所用的机床较简单，并可以利用通用机床加工。缺点是加工精度较低，生产率不高，常用于修配。

2. 展成法

用展成法加工齿轮时，刀具与工件模拟一对齿轮（或齿轮与齿条）作啮合运动（展成运动）。在运动过程中，刀具齿形的运动轨迹逐步包络出工件的齿形。

展成法切齿刀具的齿形可以和工件齿形不同，且可以用一把刀具切出同一模数而齿数不同的齿轮，加工时连续分度，具有较高的加工精度和生产率。

滚齿机、插齿机、剃齿机和弧齿锥齿轮铣齿机均是利用展成法加工齿轮的齿轮加工机床。

本节主要介绍插齿加工和滚齿加工。

9.3.2 插齿加工

插齿加工是指利用一对轴线平行的圆柱齿轮的啮合原理来加工齿轮的方法。插齿加工主要用于加工直齿圆柱齿轮、多联齿轮及内齿轮等,如图 9-27 所示。

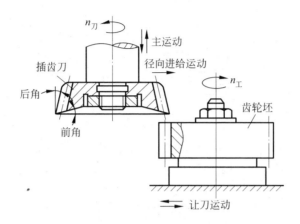

图 9-27 插齿加工

完成插齿加工,插齿机应具备 5 种运动。

(1) 切削运动:指插齿刀上下往复直线运动。

(2) 分齿运动:指插齿刀和齿坯间强制保持一对齿轮传动啮合关系的运动。

(3) 圆周进给运动:指插齿刀在完成切削运动的同时所作的旋转运动。

(4) 径向进给运动:为逐渐切至全深,插齿刀在齿坯半径方向上的移动。

(5) 让刀运动:为避免插齿刀回程时与工件摩擦,插齿刀回程时,要求工作台带着工件让开插齿刀,而在插齿行程开始前又必须恢复原位。工作台这种短距离的运动称为让刀运动。

插齿加工除可以加工一般外圆柱齿轮外,还可加工双联、多联齿轮及内齿轮。插齿机加工齿轮的齿形精度一般为 8~7 级;表面粗糙度可达 $Ra1.6$。

9.3.3 滚齿加工

滚齿加工是利用一对螺旋圆柱齿轮的啮合原理而加工齿形的方法。滚齿加工可以加工直齿外圆柱齿轮、斜齿外圆柱齿轮、涡轮、链轮等。

滚齿加工主要由主运动、分齿运动和垂直进给运动组成,如图 9-28 所示。

(1) 切削运动(主运动):指滚刀的旋转运动。

(2) 分齿运动:指保证滚刀与被切齿坯间强制啮合的运动。对于单线滚刀,滚刀转 1 转(相当于齿条法向移动 1 个齿距),被切齿坯必须相应转过 1 个齿的角度。

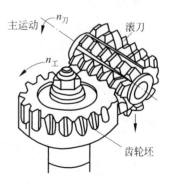

图 9-28 滚齿加工

（3）垂直进给运动：指滚刀沿齿坯轴线方向的垂直向下进给，以切出全齿宽。

滚齿机主要用于加工圆柱直齿轮和斜齿轮，也用于加工蜗轮和链轮。其齿形加工精度一般为 8～7 级；表面粗糙度可达 $Ra3.2～1.6$。

插齿和滚齿均能用一把刀具加工同一模数不同齿数的齿轮，其加工精度和生产率都高于成型法加工，因此，应用较为广泛。

第 10 章

数控加工的基本知识

10.1 数控机床概述

10.1.1 数控机床的基本构成

数控机床是将机床加工过程中所需的各种操作（如机床的主轴变速、刀具的进给、选择刀具、提供切削液等）和步骤，以及刀具与工件之间的相对位移量等用数字化的代码来表示，通过控制介质将信息传入计算机控制系统进行处理与运算，发出各种指令来控制机床的伺服系统和其他的执行元件，使机床自动加工出合格的产品。与其他自动机床相比，数控机床的一个显著优势在于，当加工对象改变时，除了重新装夹工件和更换刀具外，只需更换加工程序即可，不需对机床作任何改装和调整。

数控加工技术是综合计算机、自动控制和精密测量等方面的新技术发展起来的一门技术。作为典型的机电一体化产品，数控机床主要由数控系统、伺服系统与位置检测装置、辅助控制单元以及机床裸机构成，如图 10-1 所示。

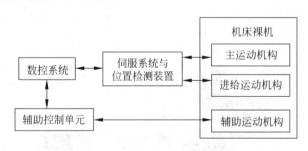

图 10-1 数控机床的基本构成

数控系统（CNC）是数控机床最重要的组成部分，由硬件和软件结合而成。其作用是通过输入装置将用户编制的、用以控制机床加工的程序输入系统，然后在系统内进行必要的数字运算和逻辑运算，将用户程序转换成控制机床运动的控制信号。

伺服系统与位置检测装置是联系数控系统和机床机械结构必不可少的纽带，它们在某种程度上决定了机床的运动特性和精度。伺服系统由伺服驱动电路和伺服驱动装置组成，同时与机床的执行机构相连，根据数控系统发来的控制信号对执行机构的位移、速度等进行自动控制。这种控制检测装置的作用是检测实际位移量，并将实际位置反馈给伺服系统，由伺服系统中的位置比较环节对控制位移量与实际位移量进行比较，根据比较的差值，调整控制信号，提高控制精度。

除了伺服运动，数控机床上还有一些运动属于开/关性质的。例如，主轴启动停止、换刀运动、冷却泵的启停等。对于这些运动的控制，是靠辅助控制单元实现的。目前，应用比较普遍的辅助控制单元是可编程控制器（programmable logic controller，PLC），且大多与数控系统集成为一体。

机床裸机部分与普通机床的机身基本相同，只是根据数控机床的特点，采用了一些特殊的设计与制造工艺。例如，采用滚珠丝杠、滚动导轨，以及各种消除间隙机构等。

10.1.2　数控机床的种类及其应用范围

数控机床的分类方法有多种，比如按加工功能划分、按伺服系统特性划分、按数控系统的构成划分等。从应用的角度来看，数控机床可分为数控车床、数控铣床、加工中心、车削中心等。

1．数控车床

典型数控车床的机械组成部分与普通车床差别不大，工件装夹在主轴轴端，作旋转运动，刀具安装在刀架上，作横向、纵向移动。因此在普通车床上能够完成的工艺内容，在数控车床上都可以完成，如车削内外圆柱、圆锥面等。

2．数控铣床

典型数控铣床的工作台可以作横向、纵向两个方向的运动，主轴可作垂直移动。数控系统还可以通过伺服系统同时控制两个或三个轴运动，实现两轴/三轴联动，如图 10-2 所示。

图 10-2　立式数控铣床

3. 加工中心

在数控铣床的基础上,如果再配以刀具库和自动换刀系统,就构成加工中心。常见的有立式加工中心和卧式加工中心。其中的刀具库能存放几十把甚至更多的刀具,由程序控制换刀机构自动调用与更换,这样就可以在没有人工干预的情况下,一次完成很多工艺内容。

4. 车削中心(车铣中心)

车削中心与数控车床的主要区别是在刀架部分增加了驱动刀具旋转的装置,因此它除了可以装夹内/外圆车刀以外,还可装夹自驱动的铣刀、钻头、丝锥等刀具,完成圆周表面或端面上的各种加工,如图 10-3 所示。

图 10-3　车削中心完成侧面铣削平面

以上是目前在生产中应用最普遍的几种数控加工机床。需要指出的是,随着现代化生产需求的不断提高以及数控机床相关技术的发展,市场上已经有了加工范围更广、技术含量更高的数控机床产品。受篇幅限制,这里不作介绍。

10.1.3　数控机床的工作过程

数控机床的大致工作过程如图 10-4 所示。首先,由编程人员或操作者通过对零件图作深入分析,特别是工艺分析,确定合适的数控加工工艺。包括零件的定位与装夹方法的确定、工步划分、各工步走刀路线的规划、各工步加工刀具及切削用量的选择等。

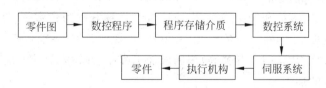

图 10-4　数控机床工作过程示意图

在工艺分析与处理的基础上,再参照数控程序代码标准和具体机床的编程手册,将所选择的工艺方法和切削参数编制成数控程序。数控程序是按规定的语法和词法,由一系列字符和数字组成的一组信息,其功能类似于计算机的批处理功能,运行程序相当于在逐条执行程序中的批命令。编程过程中需要进行必要的数学计算与处理,例如基点或节点的计算。

编制好的数控程序并不一定立即送入数控系统执行,通常是将程序存储在某种介质上,需要加工时才调用。目前越来越多的数控系统都有标准的通信接口,非常方便与外部计算机通信。因此,将数控程序存在计算机硬盘上,加工时再传入数控系统,已经成为广泛采用的一种模式。

数控程序输入数控系统,并被调入执行程序缓冲区以后,一旦操作者按下启动按钮,程序就将逐条逐段地自动执行。数控程序的执行过程,实际上是不断地向伺服系统发出运动指令的过程。数控系统在执行数控程序的同时,还要实时地进行各种运算,以决定机床运动机构的运动规律和速度。

伺服系统接到数控发来的运动指令后,经过信号放大和位置、速度比较,控制机床运动机构的驱动元件(如主轴回转电机和走刀伺服电机)运动。

机床运动机构(如主轴和丝杠螺母机构)的运动结果是刀具与工件产生相对运动,实现切削加工,最终加工出所需的零件。

10.2　数控编程基础

在进行机械加工时,数控机床与普通机床的根本区别是:数控机床是按照事先编制好的加工程序自动地完成对零件的加工;普通机床是由操作者按照工艺过程通过手动操作来完成零件的加工。数控机床对所加工零件的质量控制与生产效率,很大程度上取决于所编程序的正确、合理与否。

加工程序不仅应保证加工出合格产品,同时还应使数控机床的各项功能得到合理的利用及充分的发挥,使数控机床能安全、可靠及高效地工作。

10.2.1　程序编制的基本概念

1. 数控编程方法

在数控编程之前,编程人员首先应查阅所用的数控机床、控制系统及编程指令等有关技术资料,熟悉数控系统的功能。编程时,先要对图样所描述的零件几何形状、尺寸及工艺要求进行分析,确定加工方法和加工路线,再通过数学计算获得刀位数据,然后按照数控机床所规定的代码和编程格式,将工件的尺寸、刀位数据、切削数据(主轴转速、进给速度、切削深度等)及辅助功能(换刀、切削液开关等)编制成加工程序,并输入数控系统,由系统控制机床自动地完成对零件的加工。

1) 人工编程

人工编程是由人工完成从分析零件图,到制定工艺规程、计算刀具运动轨迹、编制成加工程序的整个工作过程。这种方法较为简单,容易掌握,适用于形状不太复杂、计算量不大的零件编程。

2）自动编程

自动编程主要是利用计算机自动编制零件的数控加工程序。编程人员只需根据图纸和工艺要求,使用规定格式的语言写成源程序输入计算机,然后由专门的计算机软件自动地进行数值计算、后置处理、编写出零件的加工程序单。

3）计算机辅助编程

目前应用最多的是计算机辅助编程。首先编程人员对零件图样进行工艺分析,确定出建模方案;然后用 CAD/CAM 集成软件对加工零件进行几何造型,再利用软件的 CAM(计算机辅助制造)功能自动生成数控加工程序。常见的 CAD/CAM 软件有 UGⅢ,Pro/Engineer,CATIA,Mastercam,CAXA 制造工程师和 CIMATRON 等。其中,UGⅢ,Pro/Engineer 和 CATIA 具有产品设计、产品分析、加工装配、管理和 CAM 等功能,Mastercam 和 CIMATRON 是面向企业的图形交互式 CAM 数控编程系统。计算机辅助编程适用面广、效率高,适合于曲线轮廓、三维曲面等复杂型面的零件加工程序的编程。

2. 数控编程的步骤

一般来讲,数控编程过程主要包括分析零件图样,确定加工工艺过程,数值计算,编写程序,校验程序与试加工。

1）分析零件图样,确定加工工艺过程

在确定加工工艺过程时,先要根据图样对工件的材质、形状、尺寸、精度及毛坯形状等技术要求进行分析,然后再确定加工方案,选择适宜的加工设备,确定加工顺序、加工路线、装夹方式、刀具及切削参数等。与此同时还要考虑所用数控机床的指令功能,以便充分发挥机床的效能。

2）数值计算

根据零件的几何尺寸和确定的工艺路线设定坐标系,计算零件粗、精加工的运动轨迹,得到合理的刀位数据。

3）编写零件加工程序

加工路线、工艺参数及刀具数据确定以后,编程人员要按数控系统规定的指令代码及程序段落的格式,编写出零件加工程序单。此外,编程人员还应填写相关的工艺文件,如加工工序卡片、刀具卡片、数控走刀路线图等。

4）程序校验与首件试切

程序必须经过校验和试切以后才能正式使用。在带有图形显示屏的数控机床上,可以用模拟刀具与工件切削过程的方法来检验运动轨迹是否正确,并通过零件的首件试切校验零件的加工精度。

10.2.2 程序的结构与格式

1. 程序的结构

一个完整的数控加工程序是由程序号、程序段和程序结束符 3 部分组成的。

(1)程序号:就是数控加工程序的文件名,用于程序的检索和调用,由字符"0"或"%",

"P"以及其后 4 位数字组成,其格式如 0××××。

(2) 程序段:加工程序由若干个程序段落组成,用以表达数控机床要完成的所有动作。

(3) 程序结束符:以辅助功能指令 M02,M30 或 M99 作为整个程序的结束符号,结束工件的加工过程。

程序结构如下:

01234	程序号
N10 G92 X100 Z100;	程序段
N20 S600 M03;	…
N30 G00 X42 Z2 T11;	…
N50 G01 Z-63 F100;	…
N60 G00 X100 Z100;	…
N70 M02;	程序结束

2. 程序段的格式

程序段由一个或若干个指令组成。指令字代表控制系统的具体指令,由地址符和数字组成,它代表机床的一个动作或一个位置。每个程序段的结束处应有结束符";",以表示该程序结束转入下一个程序段。每一个字母、数字和符号都称为字符。

不同数控系统有不同的程序段格式。格式不符合规定,数控装置就会报警,不运行。常见的程序段格式为:

N＿G＿X＿Y＿Z＿F＿S＿T＿M;

地址符由字母组成,表 10-1 给出了常用地址符的含义。

表 10-1　地址符定义表

功　能	地　址　符	意　义
程序号	0,％,P	程序编号、子程序编号
顺序号	N	程序顺序号码
准备功能	G	指定动作方式
坐标字	X,Y,Z	坐标轴移动指令
	U,V,W	附加轴移动指令
	A,B,C	旋转指令
	I,J,K	圆弧中心坐标
	R	圆弧半径
进给功能	F	指定进给速度
主轴功能	S	指定主轴转速
刀具功能	T	指定刀具及偏移量
辅助功能	M,B	指定机床辅助动作、指定工作台分度等
重复次数	L	指定子程序及固定循环的重复次数
偏置号	H,D	偏置号指令
暂停	P,X	指定暂停时间

10.3 数控机床的坐标系统

规定数控机床的坐标轴及运动方向,是为了准确地描述机床的运动,简化程序的编制方法,并使所编程序有互换性。目前,ISO 841 制定了《机床数字控制坐标-坐标轴和运动方向的命名》的国际标准,我国也相应颁布了 JB/T 3051—1999 的标准,对数控机床的坐标和运动方向作了明确规定。

10.3.1 假定"刀具运动,工件静止"原则

为了使编程人员能在不知道机床加工零件是刀具移向工件,还是工件移向刀具的情况下,就可以根据图纸确定机床的加工过程,特假定"刀具相对于静止的工件运动"。

10.3.2 标准坐标系的规定

在数控机床上加工零件,机床的动作是由数控系统发出的指令来控制的。为了确定机床的运动方向、移动的距离,就要在机床上建立一个坐标系,这个坐标系称为标准坐标系,也叫机床坐标系。在编制程序时,可以由该坐标系统来规定运动方向和距离。

标准坐标系采用右手直角笛卡儿坐标系,如图 10-5 所示。

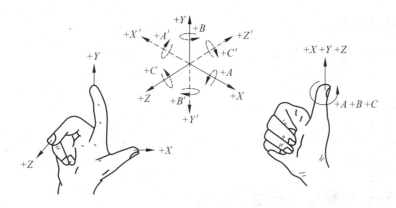

图 10-5 右手笛卡儿坐标系

1. Z 坐标的确定

Z 坐标与机床的主轴轴线平行,如图 10-6(a)、(b)所示。如果机床没有主轴,那么 Z 轴垂直于工件装夹面。Z 坐标的正方向为增大工件与刀具之间距离的方向。

2. X 坐标的确定

X 坐标总是水平的。对于工件旋转的数控机床(如数控车床),X 轴的方向是在工作的径

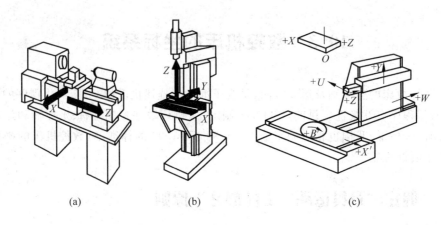

图 10-6　数控机床的坐标系
(a) 数控车床；(b) 立式数控铣床；(c) 卧式铣床

向上,且平行于横滑座。X 坐标的正方向是刀具离开工件旋转中心的方向,如图 10-6(a)所示。对于刀具旋转的数控机床(如数控铣床、加工中心等),若 Z 轴是垂直的,则当从主轴向立柱看时,X 轴的正方向指向右,如图 10-6(b)所示；若 Z 轴是水平的,则当从主轴向工件方向看时,X 轴的正方向指向右,如图 10-6(c)所示。

3. Y 坐标的确定

Y 坐标垂直于 X,Z 坐标,可按照右手直角笛卡儿坐标系来判定 Y 坐标及其正方向。

4. 旋转运动坐标

A,B 和 C 相应地表示其轴线平行于 X,Y 和 Z 坐标的旋转运动。A,B 和 C 的正方向,相应地表示在 X,Y 和 Z 坐标正方向上按照右旋螺纹前进的方向。

5. 附加坐标

如果在 X,Y,Z 坐标以外还有平行于它们的坐标,可分别指定为 U,V,W。如还有第三组运动,则分别指定为 P,Q 和 R。

10.3.3　绝对坐标系与增量坐标系

1. 绝对坐标系

若刀具(或机床)运动轨迹的坐标值是以设定的编程原点为基点给出的,则称为绝对坐标,该坐标系称为绝对坐标系。数控机床的绝对坐标用代码表中的 X,Y 和 Z 表示。如图 10-7(a)所示,A,B 两点的坐标均以固定的坐标原点 0 计算,其值为：$X_A=10$,$Y_A=20$；$X_B=30$,$Y_B=50$。

2. 增量坐标系

若刀具(或机床)运动轨迹的坐标值是相对于前一位置(或起点)来计算的,则称为增量

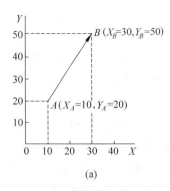 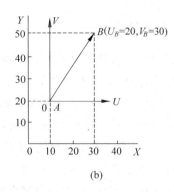

图 10-7 绝对坐标系和增量坐标系

(a) 绝对坐标系；(b) 增量坐标系

（或相对）坐标，该坐标系称为增量坐标系。数控机床的增量坐标系用代码表中的 U,V,W
表示。U,V,W 分别表示与 X,Y,Z 平行且同向的坐标轴。如图 10-7(b) 所示，B 点相对于
A 点的坐标（即增量坐标）为 $U_B=20, V_B=30$，U-V 坐标系称为增量坐标系。

10.4 数控加工中的工艺处理与准备

10.4.1 数控编程中的几何点计算

1. 基点坐标的计算

基点就是构成零件轮廓的不同几何素线的交点，如直线与直线的交点、直线与圆弧的交
点或切点、圆弧与圆弧的交点或切点等。基点可以直接作为运动轨迹的起点或终点。
图 10-8 中的 A,B,C,D,E,F 各点都是该零件轮廓上的基点。

基点坐标计算的主要内容就是每条运动轨迹（线段）的
起点或终点在选定坐标系中的坐标值和圆弧运动轨迹的圆
心坐标值。

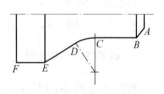

基点坐标的计算方法比较简单，一般可根据零件图纸，
运用代数、三角、几何或解析几何的有关知识直接计算出
数值。

图 10-8 基点

2. 节点坐标的计算

有些平面轮廓是非直线、非圆弧的曲线，如渐开线、阿基米德螺线、双曲线、抛物线等。
目前使用的数控系统绝大多数不具备这些曲线的插补功能。对于这类零件需采用数控系统
所能加工的直线或圆弧去逼近完成，即将这类轮廓曲线按编程允许误差分割成许多小段，再
用直线或圆弧来代替（逼近）这些曲线小段，使这些直线或圆弧与逼近的每小段曲线的误差
都不大于编程误差。在这种数学处理过程中，分段的实质就是求节点的坐标。

3. 刀位点的选择

刀位点是刀具上代表刀具在工件坐标中所在位置的一个点。由于许多情况下使用刀具中心作为刀位点,因此刀位点轨迹的计算又称为刀具中心轨迹的计算。对于旋转型的刀具,如各种钻头、铣刀,刀位点一般选在刀具轴心线某一确定的位置上。对平底铣刀,选择刀具底面中心为刀位点。对于球头立铣刀,可以用球心作为刀位点,也可以用刀的端点。用端点作为刀位点时,可以直接测量其位置,而用球心作为刀位点时,仍应测量刀端点,然后再换算为球心点坐标。由于数控车床使用刀具的结构特点,刀位点的选择有时比较复杂。目前数控车床用可转位机夹刀片,刀尖均含有半径不大的圆弧,数控编程时,通常应考虑刀尖圆弧半径对零件加工尺寸的影响,如图 10-9 所示。

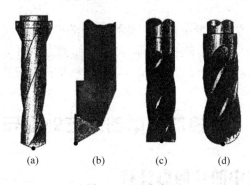

(a)   (b)   (c)   (d)

图 10-9　刀位点

(a) 钻头的刀位点;(b) 车刀的刀位点;(c) 圆柱铣刀的刀位点;(d) 球头铣刀的刀位点

10.4.2　刀具及切削用量的选择

与普通机床相比,数控加工对刀具提出了更高的要求,不仅需要刚性好、精度高,而且要求尺寸稳定,耐用度高,断屑及排屑性能好,同时安装调整方便。

1. 数控车刀的选择

数控车床常用的刀具分为 3 类:尖形车刀、圆弧形车刀和成型车刀。尖形车刀几何参数的选择方法与普通车床基本相同,但应结合数控加工的特点全面考虑。例如,加工图 10-10 所示零件时,要使其左右两个 45°圆锥面由同一把车刀加工出来,则车刀的主偏角应取 50°～52°,这样既可以保证刀尖有足够的强度,又能使主、副切削刃车削圆锥时不发生干涉。

圆弧形车刀具有宽刃切削的性质,其几何参数除前、后角外,还有车刀圆弧切削刃的形状及半径。选择车刀圆弧半径的大小时应考虑两点:一是切削刃的圆弧半径应小于或等于零件凹形轮廓上的最小曲率半径,以免发生干涉;二是该半径不宜选择太小,否则不但制造困难,还会因刀尖强度太弱或刀体散热能力太差而导致车刀损坏。

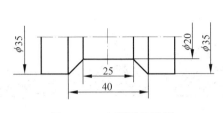

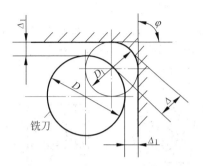

图 10-10　车削零件示例　　　　　图 10-11　粗加工铣刀直径估算法

2. 数控铣削用刀具及其选择

铣削轮廓面的立铣刀通常根据以下几个方面确定刀具半径。

铣削平面常用立铣刀和端面铣刀加工,可根据经验数据选用有关参数。

(1) 铣刀半径 R_d 应小于零件周边轮廓的最小曲率半径 R_{min} ,一般取 $R_d = (0.8 \sim 0.9)R_{min}$ 。

(2) 每刀加工深度 $H \leqslant (1/4 \sim 1/6)R_d$,以保证刀具有足够的强度。

(3) 粗加工内轮廓面时,铣刀最大直径 D 可按下式计算(参照图 10-11):

$$D = 2(\Delta \sin\varphi/2 - \Delta_1)/(1 - \sin\varphi/2) + D_1$$

式中, D_1 为轮廓的最小凹圆角直径; Δ 为圆角邻边夹角等分线上的精加工余量; Δ_1 为精加工余量。

3. 标准化刀具

数控机床大多数采用已经系列化、标准化的刀具,这类刀具主要是针对刀柄和刀头两部分规定的。

1) 刀柄部分

对于车削加工,国家已对可转位机夹外圆车刀(图 10-12)和端面车刀作了具体规定,对可转位机夹内孔车刀(图 10-13)在有关标准中也有具体规定。对于加工中心及有自动换刀装置的机床,目前我国采用的 TSG 工具系统,其刀柄已有系列化和标准化的规定,如图 10-14 所示。

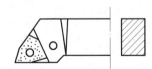

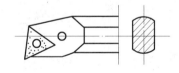

图 10-12　可转位机夹外圆车刀　　　　图 10-13　可转位机夹内孔车刀

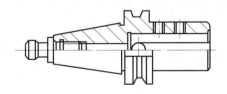

图 10-14　标准刀柄结构

2) 刀头部分

　　数控加工用刀具的刀头有多种结构,如可调镗刀头、不重磨刀片等。常用的不重磨刀片 (车刀和铣刀)有多种标准形状和系列化的型号(规格)可供选用,图 10-15 为部分可转位机 夹不重磨刀片。

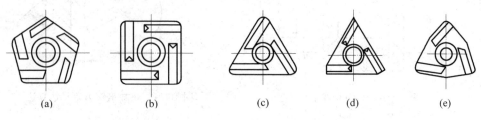

(a)　　　　　　(b)　　　　　　(c)　　　　　(d)　　　　　(e)

图 10-15　可转位机夹不重磨刀片

4. 切削用量的选择

　　合理选择切削用量的原则是:粗加工时,一般以提高生产率为主,但也应考虑经济性和 加工成本;半精加工和精加工时,应在保证加工质量的前提下,兼顾切削效率、经济性和加 工成本。具体数值应根据说明书、切削用量手册,并结合经验而定。

第11章

数控车削

11.1 数控车床概述

数控车床是使用最广泛的数控机床之一。其加工范围和普通车床基本相同,主要是回转体零件,包括车外圆、车端面、切断和车槽、钻中心孔、钻孔、镗孔、铰孔、锪孔、车螺孔、车圆锥、车成型面、滚花、攻螺纹等。由于数控车床的进给运动是通过 CNC 系统控制的,所以除了可以完成规划的回转体加工外,还可以很容易地完成人工操作比较困难或精度很难保证的复杂回转体零件的加工,如图 11-1 所示。

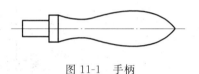

图 11-1　手柄

数控车床的结构如图 11-2 所示。与普通车床类似,其结构仍然是由主轴箱、刀架、进给传动系统、床身、液压系统、冷却系统和润滑系统等部分组成,其进给系统采用伺服电动机经滚珠丝杠传到溜板和刀架,实现 Z 向和 X 向的进给运动。因此,数控车床在进给传动系统的结构上较普通车床更为简化。

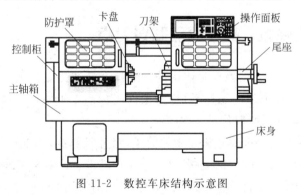

图 11-2　数控车床结构示意图

11.2 数控车床的编程基础

11.2.1 机床坐标系、机床零点和机床参考点

机床坐标系是机床固有的坐标系,机床坐标系的原点称为机床原点或机床零点。在机床经过设计、制造和调整后,这个原点便被确定下来,它是固定的点。

数控装置上电时并不知道机床零点。为了正确地在机床工作时建立机床坐标系，通常在每个坐标轴的移动范围内设置一个机床参考点，以建立机床坐标系。

机床参考点可以与机床零点重合，也可以不重合，通过参数指定机床参考点到机床零点的距离。

机床回到了参考点位置，也就知道了该坐标轴的零点位置，找到所有坐标轴的参考点，CNC 就建立起了机床坐标系。

机床坐标轴的机械行程是由最大和最小限位开关来限定的。机床坐标轴的有效行程范围是由软件限位来界定的，其值由制造商定义。机床零点（OM）、机床参考点（Om）、机床坐标轴的机械行程及有效行程的关系如图 11-3 所示。

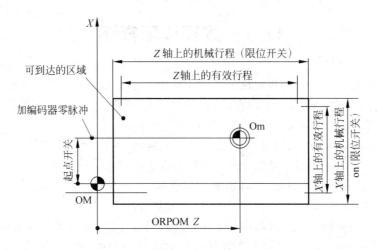

图 11-3　机床零点 OM 和机床参考点 Om

11.2.2　工件坐标系、程序原点和对刀点

工件坐标系是编程人员在编程时使用的。编程人员选择工件上的某一已知点为原点（也称程序原点），建立一个新的坐标系，称为工件坐标系。工件坐标系一旦建立便一直有效，直到被新的工件坐标系所取代。

工件坐标系的原点选择要尽量满足编程简单、尺寸换算少、引起的加工误差小等条件。一般情况下，程序原点应选在尺寸标注的基准或定位基准上。对车床编程而言，工件坐标系原点一般选在工件轴线与工件的前端面、后端面、卡爪前端面的交点上。

对刀点是零件程序加工的起始点。对刀的目的是确定程序原点在机床坐标系中的位置。对刀点可与程序原点重合，也可在任何便于对刀之处，但该点与程序原点之间必须有确定的坐标关系。

可以通过 CNC 将相对于程序原点的任意点的坐标转换为相对于机床零点的坐标。

加工开始时要设置工件坐标系，用 G92 指令可建立工件坐标系；用 G54～G59 及刀具指令可选择工件坐标系。

11.3　零件加工程序的结构

一个零件程序是一组被传送到数控装置中去的指令和数据,是由遵循一定结构、句法和格式规则的若干个程序段组成的,而每个程序段是由若干个指令字组成的(见 10.2 节)。

11.4　HNC-21/22T 数控系统的编程指令体系

11.4.1　辅助功能 M 代码

辅助功能由地址字 M 和其后的一或两位数字组成,主要用于控制零件程序的走向及机床各种辅助功能的开头动作。

M 功能有非模态 M 功能和模态 M 功能两种形式:非模态 M 功能(当段有效代码)只在书写了该代码的程序段中有效;模态 M 功能(续效代码)是一组可相互注销的 M 功能,这些功能在被同一组的另一个功能注销前一直有效。

模态 M 功能组中包含一个默认功能(见表 11-1),系统上电时将被初始化为该功能。

另外,M 功能还可分为前作用 M 功能和后作用 M 功能两类。前作用 M 功能在程序段编制的轴运动之前执行;后作用 M 功能在程序段编制的轴运动之后执行。

华中世纪星 JMC-21T 数控指令功能如表 11-1 所示。

表 11-1　M 代码及功能

代码	模态	功能说明	代码	模态	功能说明
M00	非模态	程序停止	M03	模态	主轴正转启动
M02	非模态	程序结束	M04	模态	主轴反转启动
M30	非模态	程序结束并	M05	模态	主轴停止转动
		返回程序起点	M07	模态	切削液打开
M98	非模态	调用子程序	M08	模态	切削液打开
M99	非模态	子程序结束	M09	模态	切削液停止

表 11-1 中,M00,M02,M30,M98,M99 用于控制零件程序的走向,是 CNC 内定的辅助功能,其余 M 代码用于机床各种辅助功能的开关动作,其功能不由 CNC 决定。

11.4.2　主轴功能 S、进给功能 F 和刀具功能 T

1. 主轴功能 S

主轴功能 S 控制主轴转速,其后的数值表示主轴速度,单位为 r/min。

恒线速度功能时,S 指定切削线速度,其后的数值单位为 r/min(G96 恒线速度有效,G97 取消恒线速度)。

S 是模态指令，S 功能只有在主轴速度可调节时有效。

S 所编程的主轴转速可以借助机床控制面板上的主轴倍率开关进行修调。

2. 进给功能 F

F 指令表示工件被加工时刀具相对于工件的合成进给速度，F 的单位取决于 G94（每分钟进给量，即 mm/min）或 G95（主轴每转 1 转刀具的进给量，即 mm/r）。

使用下式可以实现每转进给量与每分钟进给量的转化：

$$F_m = F_r S$$

式中，F_m 为每分钟的进给量，mm/min；F_r 为每转进给量，mm/r；S 为主轴转速，r/min。

当工作在 G01，G02 或 G03 方式下时，编程的 F 一直有效，直到被新的 F 值所取代。而工作在 G00 方式下时，快速定位的速度是各轴的最高速度，与所编 F 无关。

借助机床控制面板上的倍率按键，F 可在一定范围内进行倍率修调。当执行攻丝循环 G76，G82 以及螺纹切削 G32 时，倍率开关失效，进给倍率固定在 100%。

3. 刀具功能 T

T 代码用于选刀，其后的 4 位数字分别表示选择的刀具号和刀具补偿号。T 代码与刀具的关系是由机床制造厂规定的。执行 T 指令，转动转塔刀架，选用指定的刀具。当一个程序段同时包含 T 代码与刀具移动指令时，先执行 T 代码指令，而后执行刀具移动指令。T 指令同时调入补偿寄存器中的补偿值。

11.4.3　准备功能 G 代码

准备功能 G 指令由 G 后 1 或 2 位数值组成，用来规定刀具和工件的相对运动轨迹、机床坐标系、坐标平面、刀具补偿、坐标偏置等多种加工操作。

G 功能根据功能的不同分成若干组，其中 00 组的 G 功能称为非模态 G 功能，其余组的称为模态 G 功能。非模态 G 功能只在所规定的程序段中有效，程序段结束时被注销；模态 G 功能是一组可相互注销的 G 功能，这些功能一旦被执行，则一直有效，直到被同一组的 G 功能注销为止。

模态 G 功能组中包含一个默认 G 功能，系统上电时被初始化为该功能。

没有共同地址符的不同组 G 代码可以放在同一程序段中，而且与顺序无关。例如，G90，G17 可与 G01 放在同一程序段中。华中世纪星 HNC-21T 数控装置 G 功能指令见表 11-2。

11.4.4　有关坐标系、坐标和插补的 G 功能

1. 绝对值编程 G90 与相对值编程 G91

G90：绝对值编程，每个编程坐标轴上的编程值是相对于程序原点的。

G91：相对值编程，每个编程坐标轴上的编程值是相对于前一位置而言的，该值等于沿轴移动的距离。

表 11-2　G 功能指令

G 代码	组	功　　能	参数(后续地址字)
G00	01	快速定位	X,Z
G01		直线插补	X,Z
G02		顺圆弧插补	X,Z,I,K,R
G03		逆圆弧插补	X,Z,I,K,R
G04	00	暂停	P
G20	08	英寸输入	X,Z
G21		毫米输入	X,Z
G28	00	返回到参考点	
G29		由参考点返回	
G32	01	螺纹切削	X,Z,R,E,P,F
G36	17	直径编程	
G37		半径编程	
G40	09	刀尖半径补偿取消	
G41		左刀补	T
G42		右刀补	T
G54	11	坐标系选择	
G55			
G56			
G57			
G58			
G59			
G65		宏指令简单调用	P,A~Z
G71	06	外径/内径车削复合循环	X,Z,U,W,C,P
G72		端面车削复合循环	Q,R,E
G73		闭环车削复合循环	Q,R,E
G76		螺纹切削复合循环	Q,R,E
G80		外径/内径车削固定循环	X,Z,I,K,C,P
G81		端面车削固定循环	R,E
G82		螺纹切削固定循环	R,E
G90	13	绝对编程	
G91		相对编程	
G92	00	工件坐标系设定	X,Z
G94	14	每分钟进给	
G95		每转进给	
G96	16	恒线速度切削	S
G97			

注:00 组中的 G 代码是非模态的,其他组的 G 代码是模态的。

例 11-1 如图 11-4 所示，使用 G90，G91 编程，要求刀具由原点按顺序移动到 1，2，3 点，然后回到原点。

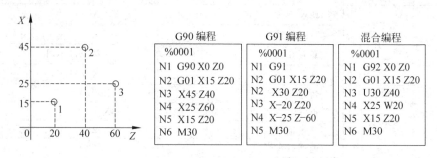

G90 编程	G91 编程	混合编程
%0001	%0001	%0001
N1 G90 X0 Z0	N1 G91	N1 G92 X0 Z0
N2 G01 X15 Z20	N2 G01 X15 Z20	N2 G01 X15 Z20
N3 X45 Z40	N2 X30 Z20	N3 U30 Z40
N4 X25 Z60	N3 X-20 Z20	N4 X25 W20
N5 X15 Z20	N4 X-25 Z-60	N5 X15 Z20
N6 M30	N5 M30	N6 M30

图 11-4 G90/G91 编程

2. 坐标系设定 G92

格式：G92 X __ Z __；

说明：X，Z 指对刀点到工件坐标系原点的有向距离。

当执行 G92 XαZβ 指令后，系统内部即对 (α,β) 进给记忆，并建立一个使刀具当前点坐标值为 (α,β) 的坐标系，系统控制刀具在此坐标系中按程序进行加工。执行该指令只建立一个坐标系，刀具并不产生运动。

G92 指令为非模态指令。执行该指令时，若刀具当前点恰好在工件坐标系的 α 和 β 坐标值上，即刀具当前点在对刀点位置上，则此时建立的坐标系即为工件坐标系，加工原点与程序原点重合。若刀具当前点不在工件坐标系的 α 和 β 坐标值上，则加工原点与程序原点不一致，加工出的产品就会有误差或被报废，甚至出现危险。因此执行该指令时，刀具当前点必须恰好在对刀点即工件坐标系的 α 和 β 坐标值上。

由上可知，要正确加工，加工原点与程序原点必须一致，故编程时加工原点与程序原点考虑为同一点。实际操作时怎样使两点一致，由操作时对刀完成。

例如，图 11-5 所示坐标系的设定，当以工件左端面为工件原点时，应按如下格式建立工件坐标系：

G92 X180 Z254；

当以工件右端面为工件原点时，应按如下格式建立工件坐标系：

G92 X180 Z44；

显然，当 α、β 不同，或改变刀具位置（即刀具当前点不在对刀点位置上）时，加工原点与程序原点不一致。因此在执行程序段 G92 Xα Zβ 之前，必须先对刀。

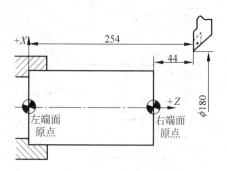

图 11-5 G92 设立坐标系

首先确定 X，Z 的值，即确定对刀点在工件坐标系下的坐标值。工件坐标系的选择原则如下：

（1）便于数学计算和简化编程；

（2）容易找正对刀；

（3）便于加工检查；

（4）引起的加工误差小；

（5）不要与机床、工件发生碰撞；

（6）便于拆卸工件；

（7）空行程不要太长。

3. 坐标系选择 G54～G59

G54～G59 是系统预定的 6 个坐标系(图 11-6)，可根据需要任意选用。

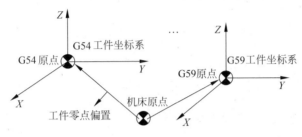

图 11-6　工件坐标系选择(G54～G59)

加工时其坐标系的原点，必须设为工件坐标系的原点在机床坐标系中的坐标值，否则加工出的产品就会有误差或被报废，甚至出现危险。

这 6 个预定工件坐标系的原点在机床坐标系中的值(工件零点偏置值)可用 MDI 方式输入，系统自动记忆。

工件坐标系一旦选定，后续程序段中绝对值编程时的指令值均为相对此工件坐标系原点的值。

G54～G59 是模态指令，可相互注销，G54 为默认值。

4. 快速定位 G00

格式：G00　X(U)__ Z(W)__；

X，Z 为绝对编程时快速定位终点在工件坐标系中的坐标；U，W 为增量编程时快速定位终点相对于起点的位移量。

G00 指令刀具相对于工件以各轴预先设定的速度，从当前位置快速移动到程序段指令的定位目标点。

G00 指令中的快移速度由机床参数"快移进给速度"对各轴分别设定，不能用 F__规定。

G00 为模态功能，可由 G01，G02，G03 或 G32 功能注销。

在执行 G00 指令时，由于各轴以各自速度移动，不能保证各轴同时到达终点，因而联动直线轴的合成轨迹不一定是直线。操作者必须格外小心，以免刀具与工件发生碰撞。常见的做法是将 X 轴移动到安全位置，再放心地执行 G00 指令。

5. 线性进给 G01

格式：G01　X(U)__ Z(W)__ F__；

X,Z 为绝对编程时终点在工件坐标系中的坐标;U,W 为增量编程时终点相对于起点的位移量;F 为合成进给速度。

G01 指令刀具以联动的方式,按 F 规定的合成进给速度,从当前位置按线性路线(联动直线轴的合成轨迹为直线)移动到程序段指令的终点。

G01 是模态代码,可由 G00,G02,G03 或 G32 功能注销。

例 11-2 如图 11-7 所示,用直线插补指令编程。

```
% 3305
N1 G92 X100 Z10            (设立坐标系,定义对刀点的位置)
N2 G00 X16 Z2 M03          (移到 X16,Z2 处,即φ26 外圆倒角的延长线上准备倒角)
N3 G01 U10 W-5F300         (倒 3×45°角)
N4 Z-48                    (加工φ26 外圆)
N5 U34 W-10                (切第一段锥)
N6 U20 Z-73                (切第二段锥)
N7 X90                     (退刀)
N8 G00 X100 Z10            (回对刀点)
N9 M05                     (主轴停)
N10 M30                    (主程序结束并复位)
```

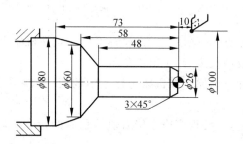

图 11-7   G01 编程实例

6. 圆弧进给 G02/G03

格式: $\begin{Bmatrix} G02 \\ G03 \end{Bmatrix} X(U)\_\_Z(W)\_\_\begin{Bmatrix} I\_\_K\_\_ \\ R\_\_ \end{Bmatrix} F\_\_;$

G02/G03 指令刀具按顺时针/逆时针进行圆弧加工。圆弧插补 G02/G03 的判断是在加工平面内,根据其插补时的旋转方向为顺、逆时针来区分的。加工平面为观察者迎着 Y 轴的正方向往负方向看所面对的平面,如图 11-8 所示。

X,Z 为绝对编程时圆弧终点在工件坐标系中的坐标;U,W 为增量编程时圆弧终点相对于圆弧起点的位移量;I,K 为圆心相对于圆弧起点的增加量,等于圆心的坐标减去圆弧起点的坐标(图 11-9),在绝对、增量编程时都是以增量方式指定,在直径、半径编程时 I 都是半径值;R 为圆弧半径;F 为被编程的两个轴的合成进给速度。

注意:①顺时针或逆时针是从垂直于圆弧所在平面的坐标轴的正方向看到的回转方向;②同时编入 R 与 I,K 时,R 有效。

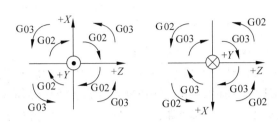

图 11-8　G02/G03 插补方向

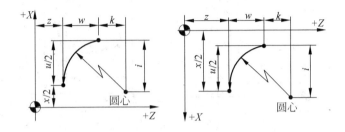

图 11-9　G02/G03 参数说明

例 11-3　如图 11-10 所示,用圆弧插补指令编程。

```
%3308
N1 G92 X40 Z5          (设立坐标系,定义对刀点的位置)
N2 M03 S400            (主轴以 400r/min 的速度旋转)
N3 G00 X0             (到达工件中心)
N4 G01 Z60            (工进接触工件毛坯)
N5 G03 U24 W−24 R15    (加工 R15 圆弧段)
N6 G02 X26 Z−31 R5     (加工 R5 圆弧段)
N7 G01 Z−40          (加工 φ26 外圆)
N8 X40              (刀具退离工件)
N9 Z25              (回对刀点)
N9 M30              (主轴停,主程序结束并复位)
```

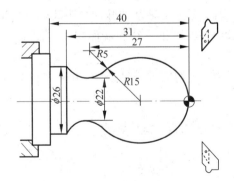

图 11-10　G02/G03 编程实例

7. 倒角加工

格式：G01X(U)＿Z(W)＿C＿；（倒直角）

说明：该指令用于垂线后倒直角，指令刀具从 A 点到 B 点，然后到 C 点（见图11-11(a)）。

X，Z 为绝对编程时未倒角前两相邻程序段轨迹交点 G 的坐标值；U，W 为增量编程时 G 点相对于起始直线轨迹始点 A 的移动距离；C 为倒角终点 C 相对于相邻两直线交点 G 的距离。

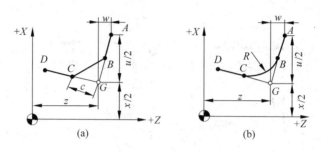

图11-11　倒角参数说明

格式：G01X(U)＿Z(W)＿R＿；（倒圆角）

该指令用于垂直线后倒圆角，指令刀具从 A 点到 B 点，然后到 C 点（见图11-11(b)）。

X，Z 为绝对编程时未倒角前两相邻程序段轨迹交点 G 的坐标值；U，W 为增量编程时 G 点相对于起始直线轨迹始点 A 的移动距离；R 是圆弧倒角的半径值。

8. 螺纹切削 G32

格式：G32X(U)＿Z(W)＿R＿E＿P＿F＿；

X，Z 为绝对编程时有效螺纹终点在工件坐标系中的坐标；U，W 为增量编程时有效螺纹终点相对于螺纹切削起点的位移量；F 是螺纹导程，即主轴每转1圈刀具相对于工件的进给值；R，E 为螺纹切削的退尾量，R 表示 Z 向退尾量；E 为 X 向退尾量，R，E 在绝对或增量编程时都是以增量方式指定的，其值为正表示沿 Z，X 正向回退，为负表示沿 Z，X 负向回退。使用 R，E 可去、退刀槽。R，E 可以省略，表示不用回退功能。根据螺纹标准，R 一般取2倍的螺距，E 取螺纹的牙型高，P 为主轴基准脉冲处距离螺纹切削起始点的主轴转角。

使用 G32 指令能加工圆柱螺纹、锥螺纹和端面螺纹。图11-12所示为锥螺纹切削时各参数的意义。

螺纹车削加工为成型车削，且切削进给量较大，由于刀具强度较差，一般要求分数次进给加工。

9. 刀尖圆弧半径补偿 G40，G41，G42

格式：$\left. \begin{matrix} G40 \\ G41 \\ G42 \end{matrix} \right\}$ $\left\{ \begin{matrix} G00 \\ G01 \end{matrix} \right\}$ X＿Z＿；

数控程序一般是针对刀具上的某一个点，即刀位点，按工件轮廓尺寸编制的。车刀的刀

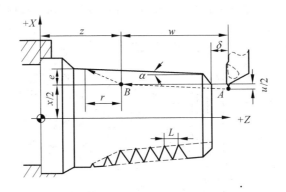

图 11-12　螺纹切削参数

位点一般为理想状态下的假想刀尖 A 点或刀尖圆弧圆心 O 点。但实际加工中的车刀,由于工艺或其他要求,刀尖往往不是一个理想点,而是一段圆弧。切削加工时刀具的切削点在刀尖圆弧上变动,造成实际切削点与刀位点之间的位置有偏差,因此使实际切削点与刀位点之间的位置有偏差,故造成过切或少切。这种由于刀尖不是一个理想点而是一段圆弧所造成的加工误差,可用刀尖圆弧半径补偿功能来消除。

　　刀尖圆弧半径补偿是通过 G41,G42,G40 代码及 T 代码指定的刀尖圆弧半径补偿号,加入或取消半径补偿。

　　G40 为取消刀尖半径补偿;G41 为左刀补(在刀具前进方向左侧补偿),G42 为右刀补(在刀具前进方向右侧补偿),如图 11-13 所示;X,Z 为 G00/G01 的参数,即建立刀补或取消刀补的终点。G40,G41,G42 都是模态代码,可相互注销。

　　注意:

　　(1) G41/G42 不带参数,其补偿号(代码所用刀具对应的刀尖半径补偿值)由 T 代码指定。其刀尖圆弧补偿号与刀具偏置补偿号对应。

　　(2) 刀尖半径补偿的建立与取消只能用 G00 或 G01 指令,不能用 G02 或 G03。

　　刀尖圆弧半径补偿寄存器中定义了车刀圆弧半径及刀尖的方向号。

　　车刀刀尖的方向号定义了刀具刀位点与刀尖圆弧中心的位置关系,从 0～9 有 10 个方向,如图 11-14 所示。

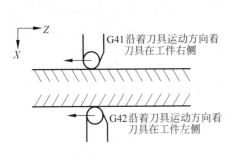

图 11-13　左刀补和右刀补

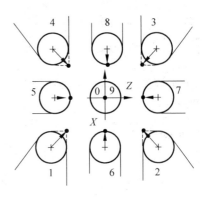

图 11-14　车刀刀尖位置码定义

例 11-4　考虑刀尖半径补偿，编制图 11-15 所示零件的加工程序。

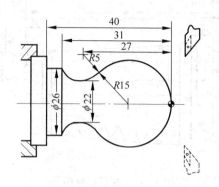

图 11-15　刀具圆弧半径补偿编程实例

```
%3345
N1 T0101                    （换一号刀，确定其坐标系）
N2 M03 S400                 （主轴以 400r/min 的速度正转）
N3 G00 X40 Z5               （到程序起点位置）
N4 G00 X0                   （刀具移到工件中心）
N5 G01 G42 Z0 F60           （加入刀具圆弧半径补偿，工进接触工件）
N6 G03 X22 Z-27 R15         （加工 R15 圆弧段）
N7 G02 X26 Z-31 R5          （加工 R5 圆弧段）
N8 G01 Z-40                 （加工 φ26 外圆）
N9 G00 X30                  （退出已加工表面）
N10 G40 X40 Z5             （取消半径补偿，返回程序起点位置）
N11 M30                     （主轴停，主程序结束并复位）
```

例 11-5　编写图 11-16 所示零件的加工程序。

程序如下：

```
%1111
N10 T0101 M08
N20 M03 S500
N30 G00 X42 Z5
N40 G71 U1.5 R1 P50 Q120 X0.3 Z0.1 F60
N50 G00 X12
N60 G01 Z0 F60
N70 G03 X22 Z-5 R5 F40
N80 G01 Z-10 F50
N90 X32
N100 Z-24
N110 X38 Z-42
N120 Z-50
N130 X45
N140 G00 X100 Z120
N150 M09
N160 M30
```

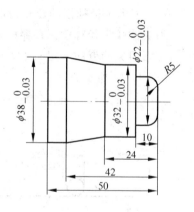

图 11-16　例 11-5 图

11.5　数控车床控制面板的操作

华中世纪星车床数控装置操作台如图 11-17 所示。

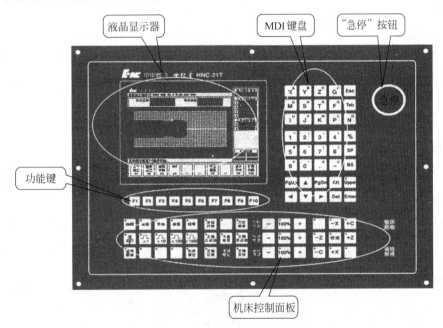

图 11-17　华中世纪星车床数控装置操作台

1. 急停

机床运行过程中,在危险或紧急情况下按下"急停"按钮,CNC 即进入急停状态,伺服进给及主轴运转立即停止(控制柜内的进给驱动电源被切断);松开"急停"按钮(左旋此按钮,按钮将自动跳起来),CNC 进入复位状态。

解除紧急停止前,先确认故障原因是否排除,紧急停止解除后应重新执行回参考点操作,以确保坐标位置的正确性。

2. 方式选择

机床的工作方式由手持单元和控制面板上的方式选择类按键共同决定。

方式选择类按键及其对应的机床工作方式如下:

(1)"自动"按键控制自动运行方式;

(2)"单段"按键控制单程序段执行方式;

（3）"手动"按键控制手动连续进给方式；

（4）"增量"按键控制增量/手摇脉冲发生器进给方式；

（5）"回零"按键控制返回机床参考点方式。

其中，按下"增量"按键时，视手持单元的坐标轴选择波段开关位置，对应两种机床工作方式：波段开关置于"OFF"挡表示增量进给方式；波段开关置于"OFF"挡之外表示手摇脉冲发生器进给方式。

注意：

（1）控制面板上的方式选择类按键互锁，即按一下其中一个（指示灯亮），其余几个会失效（指示灯灭）；

（2）系统启动复位后，默认工作方式为"回零"；

（3）当某一方式有效时，相应按键内指示灯亮。

3. 轴手动按键

"+X"，"+Z"，"−X"，"−Z"按键用于在手动连续进给、增量进给和返回机床参考点方式下，选择进给坐标轴和进给方向。

"+C"，"−C"只在车削中心时有效，用于手动进给 C 轴。

4. 进给修调

在自动方式或 MDI 运行方式下，当 F 代码编程的进给速度偏高或偏低时，可用"100％"和"＋"，"−"按键，修调程序中编制的进给速度。

按压"100％"按键（指示灯亮），进给修调倍率被置为 100％；按一下"＋"按键，进给修调倍率递增 5％；按一下"−"按键，进给修调倍率递减 5％。

在手动连续进给方式下，这些按键可调节手动进给速率。

5. 手动进给

1）手动进给操作

按下方式选择中的"手动"按键（指示灯亮），系统处于手动运行方式，可手动移动机床坐标轴。下面以手动移动 X 轴为例说明。

（1）按下轴手动按键的"＋X"或"－X"按键（指示灯亮），X 轴将产生正向或负向连续移动；

（2）松开"＋X"或"－X"按键（指示灯灭），X 轴即减速停止。

用同样的操作方法使用"＋Z"，"－Z"按键，可以使 Z 轴产生正、负向连续移动。同时按下 X 向和 Z 向的轴手动按键，可同时手动连续移动 X 轴、Z 轴。

2）手动快速移动

在手动连续进给时，若同时按下"快进"按键，则产生相应轴的正向或负向快速运动。

6. 增量进给

1）增量进给操作

当手持单元的坐标轴选择波段开关置于"OFF"挡时，按一下控制面板上的"增量"按键（指示灯亮），系统处于增量进给方式，可增量移动机床坐标轴。下面以增量进给 X 轴为例说明。

（1）按一下"＋X"或"－X"按键（指示灯亮），X 轴将向正向或负向移动 1 个增量值；

（2）按一下"＋Z"或"－Z"按键，可以使 Z 轴向正向或负向移动 1 个增量值。

同时按一下 X 向和 Z 向的轴手动按键，每次能同时增量进给 X 轴、Z 轴。

2）增量值选择

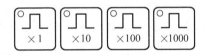

增量进给值由"×1"，"×10"，"×100"，"×1000" 4 个增量倍率按键控制。增量倍率按键和增量值的对应关系如表 11-3 所示。

表 11-3　增量倍率按键与增量值的关系

增量倍率按键	×1	×10	×100	×1000
增量值/mm	0.001	0.01	0.1	1

这几个按键互锁，即按一下其中一个（指示灯亮），其余几个会失效（指示灯灭）。

7. 手摇进给

1）手摇进给操作

当手持单元的坐标轴选择波段开关置于"X"，"Z"挡时，按一下控制面板上的"增量"按键（指示灯亮），系统处于手摇进给方式，可手摇进给机床坐标轴。下面以手摇进给 X 轴为例说明。

（1）手持单元的坐标轴选择波段开关置于"X"挡；

（2）手动顺时针/逆时针旋转手摇脉冲发生器 1 格，X 轴将向正向或负向移动 1 个增量值。

同样的操作方法使用手持单元，可以使 Z 轴正向或负向移动 1 个增量值。

手摇进给方式每次只能增量进给 1 个坐标轴。

2）增量值选择

手摇进给的增量（手摇脉冲发生器每转 1 格的移动量）由手持单元的增量倍率波段开关"×1"，"×10"，"×100"控制。增量倍率波段开关的位置和增量值的对应关系如表 11-4 所示。

表 11-4 增量倍率波段开关的位置与增量值的关系

开关位置	×1	×10	×100
增量值/mm	0.001	0.01	0.1

8. 自动运行

按一下"自动"按键（指示灯亮），系统处于自动运行方式，机床坐标轴的控制由 CNC 自动完成。

1）自动运行启动——循环启动

自动方式时，在系统主菜单下按"F1"键进入自动加工子菜单，再按"F1"键选择要运行的程序，然后按一下"循环启动"按键（指示灯亮），自动加工开始。适用于自动运行方式的按键同样适用于 MDI 运行方式和单段运行方式。

2）自动运行暂停——进给保持

在自动运行过程中，按一下"进给保持"按键（指示灯亮），程序执行暂停，机床运动轴减速停止。

暂停期间，辅助功能 M、主轴功能 S、刀具功能 T 保持不变。

3）进给保持后的再启动

在自动运行暂停状态下，按一下"循环启动"按键，系统将重新启动，从暂停前的状态继续运行。

4）空运行

在自动方式下，按一下"空运行"按键（指示灯亮），CNC 处于空运行状态。程序中编制的进给速率被忽略，坐标轴以最大快移速度移动。空运行不做实际切削，目的在于确认切削路径及程序。在实际切削时，应关闭此功能，否则可能会造成危险。此功能对螺纹切削无效。

5）机床锁住

禁止机床坐标轴动作。在自动运行开始前，按一下"机床锁住"按键（指示灯亮），再按"循环启动"按键，系统继续执行程序，显示屏上显示坐标轴位置信息变化，但不输出伺服轴的移动指令，所以机床停止不动。这个功能用于校验程序。使用该功能时应注意以下几点：

（1）即便是使用 G28，G29 功能，刀具也不运动到参考点；

（2）机床辅助功能 M，S，T 仍然有效；

（3）在自动运行过程中，按"机床锁住"按键，机床锁住无效；

（4）在自动运行过程中，只在运行结束时方可解除机床锁住；

（5）每次执行此功能后，需再次进行回参考点操作。

9. 单段运行

按一下"单段"按键（指示灯亮），系统处于单段自动运行方式，程序控制将逐段执行：

（1）按一下"循环运动"按键,运行一程序段,之后机床运动轴减速停止,刀具、主轴电机停止运行;

（2）再按一下"循环启动"按键,又执行下一程序段,执行完之后再次停止。

在单段运行方式下,适用于自动运行的按键仍然有效。

10. 超程解除

在伺服轴行程的两端各有一个限位开关,作用是防止伺服机构碰撞而损坏。每当伺服机构碰到行程限位开关时,就会出现超程。当某轴出现超程（"超程解除"按键指示灯亮）时,系统视其状况为紧急停止。要退出超程状态时,必须进行如下操作:

（1）松开"急停"按钮,置工作方式为"手动"或"手摇"方式;

（2）一直按压着"超程解除"按键（控制器会暂时忽略超程的紧急情况）;

（3）在手动（手摇）方式下,使该轴向相反方向退出超程状态;

（4）松开"超程解除"按键。

若显示屏上运行状态栏的"运行正常"取代了"出错",表示恢复正常,可以继续操作。

11. 手动机床动作控制

（1）主轴正转:在手动方式下,按一下"主轴正转"按键（指示灯亮）,主轴电机以机床参数设定的转速正转。

（2）主轴反转:在手动方式下,按一下"主轴反转"按键（指示灯亮）,主轴电机以机床参数设定的转速反转。

（3）主轴停止:在手动方式下,按一下"主轴停止"按键（指示灯亮）,主电机停止运转。

（4）主轴点动:在手动方式下,可用"主轴正点动"、"主轴负点动"按键,点动转动主轴。

（5）刀位转换:在手动方式下,按一下"刀位转换"按键,转塔刀架转动一个刀位。

（6）冷却启动与停止:在手动方式下,按一下"冷却开停"按键,冷却液开（默认值为冷却液关）,再按一下则为冷却液关,如此循环。

第 12 章

数控铣削

数控铣床和普通铣床的加工铣削原理是一样的,不同之处就是数控铣床的进给是 CNC 系统带动伺服系统来完成的。数控铣床刀具加工工件的形式与普通铣床基本一样,但加工精度更高,加工范围更大,一些在普通铣床上无法加工的曲线曲面形状,用数控铣床可以很方便地加工。现在数控铣床多为三坐标联动的机床,当有特殊要求时,还可以增加一个回转坐标,即配置一个数控分度头或数控旋转工作台。如果机床的数控系统采用四坐标联动的系统,就可加工更复杂的曲面工件。

12.1 数控铣床的分类

数控铣床按主轴方向分为立式和卧式两种。

1. 立式数控铣床

立式数控铣床的主轴轴线垂直于水平面,是数控铣床中最常见的一种布局形式,应用范围也最广泛。立式数控铣床中又以三坐标(X,Y,Z)联动铣床居多,其中坐标的控制方式主要有以下几种:

(1) 工作台纵、横向移动并升降,主轴不动的方式。

(2) 工作台纵、横向移动,主轴升降的方式。

(3) 龙门架移动的方式,即主轴可在龙门架的横向与垂直导轨上移动,龙门架则沿着床身做纵向移动。

立式数控铣床的工作原理如图 12-1 所示。

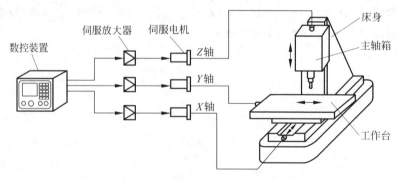

图 12-1　立式数控铣床工作原理示意图

2. 卧式数控铣床

卧式数控铣床的结构和普通卧式铣床大致相同,其主轴轴线平行于水平面。同时卧式数控铣床为了增强功能,扩大加工范围,通常采用数控转盘或者万能数控转盘的方式来实现四轴或五轴加工。

卧式数控铣床与立式数控铣床相比,其优势在于增加了数控转盘以后,通过一次装夹,就可以对工件的所有侧面进行加工,即通常所说的"四面加工"。如果增加了万能数控转盘,就可以通过适当调整万能数控转盘加工出不同平角角度或者空间角度,这样就可以大大提高加工效率,节省很多成型铣刀和专用夹具。卧式数控铣床特别适合于箱体类零件的加工。

12.2 数控铣削加工的编程基础

数控铣床加工程序的编制遵循第 10 章中所介绍的有关内容,要符合 ISO 标准及国家标准要求的坐标系规定、程序格式、结构、程序段和字的组成,熟悉数控系统的指令应用。下面结合 FANUC Oi MC 和 SIEMENS 802D 系统介绍数控铣床加工编程的基础知识。

12.2.1 数控铣床坐标系

1. 立式数控铣床的机床坐标系

立式数控铣床的机床坐标系如图 12-2 所示,其原点在 X,Y,Z 3 个坐标轴正向行程的极限位置、主轴孔端面的中心,坐标轴的方向符合右手定则。其他坐标系,如工件坐标系、附加工件坐标系等都在机床坐标系中建立。

2. 工件坐标系

数控铣床编程中的工件坐标系一般选在对称轴上,工件形状不对称时一般选在工件的角上,最好与工件定位基准重合。工件坐标系各轴的方向与机床坐标系一致。数控编程中刀具与工件的相对运动设定为工件不动,刀具移动。刀具的位置用刀位点的位置表示,刀具轨迹即刀位点的轨迹。

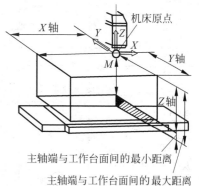

图 12-2 立式数控铣床的机床坐标系

12.2.2 数控系统的准备功能代码

准备功能代码用地址字 G 和后面的两位数字来表示,见表 12-1。G 代码按功能的不同分为若干组,有两种模态:模态式 G 代码和非模态式 G 代码。00 组的 G 代码属于非模态式,只限定在被指定的程序段中有效,其余组的 G 代码属于模态式,具有延续性,在后续程序段中,在同组其他 G 代码未出现前一直有效。

表 12-1　FANUC Oi MC 的 G 代码表

G 代码	组	功　　能	
▲G00	01	定位	
▲G01		直线插补	
G02		顺时针圆弧插补/螺旋线插补 CW	
G03		逆时针圆弧插补/螺旋线插补 CCW	
G04	00	停刀,准确停止	
G05.1		AI 先行控制/AI 轮廓控制	
G07.1(G107)		圆柱插补	
G08		先行控制	
G09		准确停止	
G10		可编程数据输入	
G11		可编程数据输入方式取消	
▲G15	17	极坐标指令取消	
G16		极坐标指令	
▲G17	02	选择 $X_P Y_P$ 平面	X_P：X 轴或其平行轴
▲G18		选择 $Z_P X_P$ 平面	Y_P：Y 轴或其平行轴
▲G19		选择 $Y_P Z_P$ 平面	Z_P：Z 轴或其平行轴
G20	06	英寸输入	
G21		毫米输入	
▲G22	04	存储行程检测功能有效	
G23		存储行程检测功能无效	
G27	00	返回参考点检测	
G28		返回参考点	
G29		从参考点返回	
G30		返回第 2,3,4 参考点	
G31		跳转功能	
G33	01	螺纹切削	
G37	00	自动刀具长度测量	
G39		拐角偏置圆弧插补	
▲G40	07	刀具半径补偿取消/三维补偿取消	
G41		左侧刀具半径补偿/三维补偿	
G42		右侧刀具半径补偿	
▲G40.1(G150)	19	法线方向控制取消方式	
G41.1(G151)		法线方向控制左侧接通	
G42.1(G152)		法线方向控制右侧接通	
G43	08	正向刀具长度补偿	
G44		负向刀具长度补偿	
G45	00	刀具偏置增加	
G46		刀具偏置减少	
G47		2 倍刀具偏置值(增)	
G48		1/2 倍刀具偏置值	
▲G49	08	刀具长度补偿取消	

续表

G 代码	组	功　　能
▲G50	11	比例缩放取消
G51		比例缩放有效
G50.1	22	可编程镜像取消
G51.1		可编程镜像有效
G52	00	局部坐标系设定
G53		选择机床坐标系
▲G54	14	选择加工工件坐标系 1
G54.1		选择附加工件坐标系
G55		选择加工工件坐标系 2
G56		选择加工工件坐标系 3
G57		选择加工工件坐标系 4
G58		选择加工工件坐标系 5
G59		选择加工工件坐标系 6
G60	00/01	单方向定位
G61	15	准确停止方式
G62		自动拐角倍率
G63		攻丝方式
▲G64		切削方式
G65	00	宏程序调用
G66	12	宏程序模态调用
▲G67		宏程序模态调用取消
G68	16	坐标旋转/三维坐标转换
▲G69		坐标旋转取消/三维坐标转换取消
G73	09	排屑钻孔循环
G74		左旋攻丝循环
G75	01	切入磨削循环(用于磨床)
G76	09	精镗循环
G77	01	切入直接固定尺寸磨削循环(用于磨床)
G78		连续进刀表面磨削循环(用于磨床)
G79		间歇进刀表面磨削循环
▲G80	09	固定循环取消/外部操作功能取消
G81		钻孔循环、锪镗循环或外部操作功能
G82		钻孔循环或反镗孔
G83		排屑钻孔循环
G84		攻丝循环
G85		镗孔循环
G86		镗孔循环
G87		背镗循环
G88		镗孔循环
G89		镗孔循环

续表

G 代码	组	功　　能
▲G90	03	绝对值编程
▲G91		增量值编程
G92	00	设定工件坐标系或最大主轴速度钳制
G92.1		工件坐标系预置
▲G94	05	每分进给
G95		每转进给
G96	13	恒线速度控制
▲G97		恒线速度控制取消
▲G98	10	固定循环返回到初始点
G99		固定循环返回到 R 点
▲G160	20	横向进磨控制取消（磨床）
G161		横向进磨控制（磨床）

12.2.3　数控系统的辅助功能代码

辅助功能代码用地址字 M 及两位数字来表示，主要用于机床加工操作时的工艺性指令，如主轴的启停、切削液的开关等。

（1）M00：程序停止。M00 实际上是一个暂停指令，当执行有 M00 指令的程序段后，主轴停转，进给停止，切削液关，程序停止。利用 NC 命令启动，可使机床继续运转。

（2）M01：计划停止。M01 指令的作用和 M00 相似，但它必须是在预先按下操作面板上"任选停止"按钮的情况下，当执行完编有 M01 指令的程序段的其他指令后，才会停止执行程序。如果不按下"任选停止"按钮，M01 指令无效，程序继续执行。

（3）M02：程序结束。M02 指令用于程序全部结束。执行该指令后，机床便停止自动运转，切削液关。该指令常用于机床复位到程序的开始字符位置。

（4）M03：主轴顺时针方向旋转。

（5）M04：主轴逆时针方向旋转。

（6）M05：主轴停止。

（7）M06：换刀（加工中心有此功能）。

（8）M08：切削液开。

（9）M09：切削液关。

（10）M13：主轴逆时针方向旋转，切削液开。

（11）M14：主轴逆时针方向旋转，切削液关。

（12）M30：程序结束。在完成程序的所有指令后，使主轴、进给和切削液都停止，并使机床及控制系统复位，包括倒回程序开始的字符位置。

（13）M98：调用子程序。

（14）M99：子程序结束并返回到主程序。

12.2.4 F，S，T，H 代码

1. 进给功能代码 F

进给功能代码表示进给速度，用字母 F 及其后面的若干位数字来表示，单位为 mm/min（米制）或 in/min（英制）。例如，米制 F150.0 表示进给速度为 150mm/min。

2. 主轴功能代码 S

主轴功能代码表示主轴转速，用字母 S 及其后面的若干位数字来表示，单位为 r/min。例如，S250 表示主轴转速为 250r/min。

3. 刀具功能代码 T

刀具功能代码表示换刀功能。在进行此道工序加工时，必须选取合适的刀具。每把刀具应安排一个刀号，刀号在程序中指定。刀具功能代码用字母 T 及其后面的两位数字来表示，即 T00～T99，因此，最多可换 100 把刀。例如，T06 表示第 6 号刀具。

4. 刀具补偿功能代码 H

刀具补偿功能代码表示刀具补偿号，用字母 H 及其后面的两位数字表示。该两位数字为存放刀具补偿量的寄存器地址字。例如，H18 表示刀具补偿量用第 18 号。

12.3　基本编程指令

1. 设定工件坐标系 G92 指令（FANUC Oi MC）

G92 指令是将加工原点设定在相对于刀具起始点的某一空间点上，是规定工件坐标系的坐标原点，又称为程序零点，坐标值 X，Y，Z 为刀具刀位点在工件坐标系中（相对于程序零点）的初始位置。执行 G92 指令后，也就确定了刀具刀位点的初始位置（也称为程序起点或起刀点）与工件坐标系坐标原点的相对距离，并在 CRT 上显示出刀具刀位点在工件坐标系中的当前位置坐标值（即建立了工件坐标系）。

格式：G92X ___ Y ___ Z ___；

若程序格式为"G92 X a Y b Z c"，则将加工原点设定到距刀具起始点距离为 $X=-a$，$Y=-b$，$Z=-c$ 的位置上。例如 G92 X20 Y10 Z10，确立的加工原点在距离刀具起始点 $X=-20$，$Y=-10$，$Z=-10$ 的位置上，如图 12-3 所示。

2. 绝对值输入 G90 指令和增量值输入 G91 指令

格式：G90 X ___ Y ___ Z ___；
　　　 G91 X ___ Y ___ Z ___；

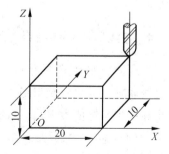

图 12-3　G92 工件坐标系

G90 指令按绝对值方式设定输入坐标,即移动指令终点的坐标值 X,Y,Z 都是以工件坐标系的坐标原点(程序零点)为基准来计算的。

G91 指令按增量值方式设定输入坐标,即移动指令终点的坐标值 X,Y,Z 都是以始点为基准来计算的,再根据终点相对于始点的方向判断正负,与坐标轴同向取正,反向取负。

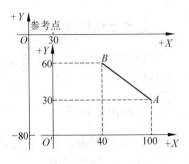

图 12-4　G90 与 G91

例如,对于图 12-4 所示情形,使用绝对值与增量值方式设定输入坐标的程序分别如下。

1) 用绝对值指令 G90 编程时

```
G92   X0   Y0   Z0            (程序零点设在参考点 O)
G90   G00   X30.0   Y30.0     (刀具快移至 O 点定位)
G92   X0   Y0                 (程序零点再设定在 O)
G90   G00   X100.0   Y30.0    (刀具快移至始点 A 定位)
G01   X40.0   Y60.0           (始点 A→终点 B)
```

2) 用增量值指令 G91 编程时(程序功能与上面相同)

```
G92   X0 Y0 Z0
G91   G00 X30.0 Y-80.0
G92   X0 Y0
G91   G00 X100.0 Y30.0
G01   X-60.0 Y30.0
```

3. 点定位 G00 指令

```
G00 X __ Y __ Z __;
```

点定位 G00 指令为刀具相对于工件分别以各轴快速移动速度由始点(当前点)快速移动到终点定位。若为绝对值 G90 指令时,刀具分别以各轴快速移动至工件坐标系中坐标值为 X,Y,Z 的点上;若为增量值 G91 指令时,刀具则移至距始点(当前点)为 X,Y,Z 值的点上。各轴快速移动速度可分别用参数设定。在加工执行时,还可以在操作面板上用快速进给速率修调旋钮来调整控制。通常快速进给速率修调分为 F0,25%,50%,100% 等 4 段。

4. 直线插补 G01 指令

直线插补 G01 指令为刀具相对于工件以 F 指令的进给速度从当前点(始点)向终点进行直线插补。当执行绝对值 G90 指令时,刀具以 F 指令的进给速度进行直线插补,移至工件坐标系中坐标值为 X,Y,Z 的点上;当执行 G91 指令时,刀具则移至距当前点距离为 X,Y,Z 值的点上。F 代码是进给速度指令代码,在没有新的 F 指令以前一直有效,不必在每个程序段中都写入 F 指令。例如,

```
G90   G01   X60.0   Y30.0   F200      (始点 A→终点 B)
```

或

    G91 G01 X40.0 Y20.0 F200

F200 是指从始点 A 向终点 B 进行直线插补的进给
速度为 200mm/min,刀具的进给路线见图 12-5。

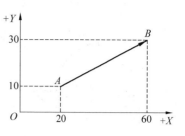

图 12-5　直线插补

5. 平面选择 G17,G18,G19 指令

平面选择 G17,G18,G19 指令分别用来指定程序段
中刀具的圆弧插补平面和刀具半径补偿面。如图 12-6 所示,G17:选择 XY 平面;G18:选
择 ZX 平面;G19:选择 YZ 平面。

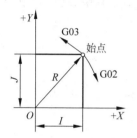 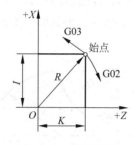 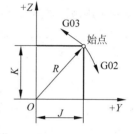

图 12-6　圆弧插补

6. 顺时针圆弧插补 G02 指令和逆时针圆弧插补 G03 指令

(1) XY 平面圆弧

$$G17 \begin{Bmatrix} G02 \\ G03 \end{Bmatrix} X\_\ Y\_ \begin{Bmatrix} R\_ \\ I\_\ J\_ \end{Bmatrix} F\_;$$

(2) ZX 平面圆弧

$$G18 \begin{Bmatrix} G02 \\ G03 \end{Bmatrix} X\_\ Z\_ \begin{Bmatrix} R\_ \\ I\_\ K\_ \end{Bmatrix} F\_;$$

(3) YZ 平面圆弧

$$G19 \begin{Bmatrix} G02 \\ G03 \end{Bmatrix} Y\_\ Z\_ \begin{Bmatrix} R\_ \\ J\_\ K\_ \end{Bmatrix} F\_;$$

圆弧插补 G02,G03 指令刀具相对于工件在指定的坐标平面(G17,G18,G19)内,以 F
指令的进给速度从当前点(始点)向终点进行圆弧插补(图 12-7)。X,Y,Z 是圆弧终点坐标
值。R 是圆弧半径,当圆弧所对应的圆心角为 $0° \sim 180°$ 时,R 取正值;当圆心角为
$180° \sim 360°$ 时,R 取负值。

用地址 I,J 和 K 分别指令 X,Y 和 Z 轴向的圆弧中心位置。I,J,K 后的数值是从起点向圆
弧中心方向的矢量分量,并且,不管指定 G90 还是指定 G91 总是增量值,如图 12-7 所示。

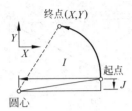 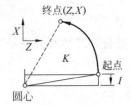 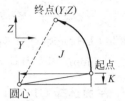

图 12-7 I,J,K 的值

I,J 和 K 必须根据方向指定其符号(正或负)。

I0,J0 和 K0 可以省略。当 X,Y,Z 省略(终点与起点相同),并且中心用 I,J 和 K 指定时,是 360°的圆弧(整圆)。G02 I＿；指令一个整圆。如图 12-8,

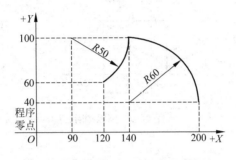

图 12-8 圆弧插补

1)采用绝对值指令 G90 时

G92 X0 Y0 Z0；	(程序零点为 O)
G90 G00 X200.0 Y40.0；	(点定位 O→A)
G03 X140.0 Y100.0 R60 F100；	(A→B)
G02 X120.0 Y60.0 I-50.0(或 R50.0)；	(B→C)

2)采用增量值指令 G91

G92 X0 Y0 Z0；

G91 G00 X200.0 Y40.0；

G03 X-60.0 Y60.0 I-60.0(或 R60.0)F300；

G02 X-20.0 Y-40.0 I-50.0(或 R50.0)；

7.刀具半径补偿功能

当加工曲线轮廓时,对于有刀具半径补偿功能的数控系统,可不必求刀具中心的运动轨迹,只按被加工工件的轮廓曲线编程,同时在程序中给出刀具半径的补偿指令,就可加工出符合尺寸的轮廓曲线零件,从而使编程工作大大简化。

下面讨论在 G17 情况下刀具半径的补偿问题。

1）刀具半径左补偿 G41 指令和刀具半径右补偿 G42 指令。

$$G00 \text{ 或 } G01 \begin{Bmatrix} G41 \\ G42 \end{Bmatrix} X\_\_ Y\_\_ \text{ 或 } D\_\_ F\_\_ ;$$

格式中的 X 和 Y 表示刀具移至终点时，轮廓曲线（编程轨迹）上点的坐标值；H（或 D）为刀具半径补偿寄存器地址字，在寄存器中有刀具半径补偿值。

为了保证刀具从无半径补偿运动到所希望的刀具半径补偿始点，必须用一直线程序段 G00 或 G01 指令来建立刀具半径补偿。

直线情况时（图 12-9），刀具欲从始点 A 移至终点 B，当执行有刀具半径补偿指令的程序后，将在终点 B 处形成一个与直线 AB 相垂直的新矢量 BC，刀具中心由 A 点移至 C 点。沿着刀具前进方向观察，在 G41 指令时，形成的新矢量在直线左边，刀具中心偏向编程轨迹左边；而 G42 指令时，刀具中心偏向右边。

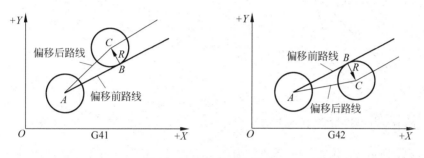

图 12-9　刀具半径补偿（一）

圆弧情况时（图 12-10），B 点的偏移矢量垂直于直线 AB，圆弧上 C 点的偏移矢量与圆弧过 C 点的切线相垂直。圆弧上每一点的偏移方向总是变化的。由于直线 AB 和圆弧相切，所以在 B 点，直线和圆弧的偏移矢量重合，方向一致，刀具中心都在 C 点。若直线和圆弧不相切，则这两个矢量方向不一致，此时要进行拐角偏移圆弧插补。

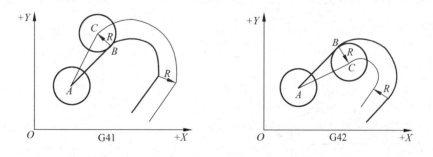

图 12-10　刀具半径补偿（二）

如图 12-9 和图 12-10 所示，刀具中心由 A 点移动到 C 点，G41 或 G42 指令在 G01，G02 或 G03 指令的配合下，刀具中心运动轨迹始终偏离编程轨迹一个刀具半径的距离，直到取消刀具半径补偿为止。

2）取消刀具半径补偿 G40 指令

$$G40\begin{Bmatrix}G00\\G01\end{Bmatrix}X\_\_Y\_\_;$$

最后一段刀具半径补偿轨迹加工完成后，与建立刀具半径补偿类似，也应有一直线程序段 G00 或 G01 指令来取消补偿，以保证刀具从刀具半径补偿终点（刀补终点）运动到取消刀具半径补偿点（取消刀补点）。

指令中有 X，Y 时，X 和 Y 表示轨迹上取消刀补点的坐标值。如图 12-11 所示，刀具欲从刀补终点移至取消刀补点 B，当执行取消刀具半径补偿 G40 指令的程序段时，刀具中心将由 C 点移至 B 点。

指令中无 X、Y 值时，则刀具中心 C 点将沿旧矢量的相反方向运动到 A 点（见图 12-12）。

图 12-11　G40 指令（有 X，Y 时）

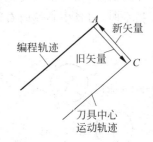

图 12-12　G40 指令（无 X，Y 时）

如图 12-13 所示 AB 轮廓曲线，若直径为 $\phi20$mm 的铣刀从 O 点开始移动，则加工程序为

```
N10 G90 G17 G41 G00 X18.0 Y24.0 M03 D06      (O→A)
N20 G02 X74.0 Y32.0 R40.0 F180                (A→B)
N30 G40 G00 X84.0 Y0                          (B→C)
N40 G00 X0 M02                                (C→O)
```

3）应用举例

使用半径为 R5 的刀具加工如图 12-14 所示的零件，加工深度为 5mm，加工程序编制见表 12-2。

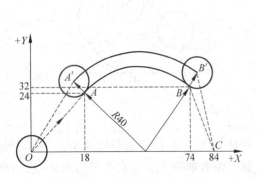

图 12-13　刀具半径补偿（三）

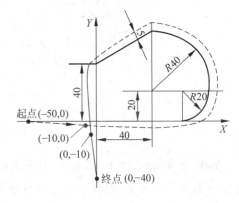

图 12-14　刀具半径补偿示例

表 12-2 零件加工程序及说明

O1001	
G55 G90 G00 Z40 F2000	进入 2 号加工坐标系
M03 S500	主轴启动
G01 X-50 Y0	到达 X, Y 坐标起始点
G01 Z-5 F100	到达 Z 坐标起始点
G01 G42 X-10 Y0 D01	建立右偏刀具半径补偿
G01 X60 Y0	切入轮廓
G03 X80 Y20 R20	切削轮廓
G03 X40 Y60 R40	切削轮廓
G01 X0 Y40	切削轮廓
G01 X0 Y-10	切出轮廓
G01 G40 X0 Y-40	撤销刀具半径补偿
G00 Z40	Z 坐标退刀
M05	主轴停
M30	程序结束

8. 加工坐标选择 G54～G59 指令

若在工作台上同时加工多个相同的零件,则可以设定不同的程序零点,如图 12-15 所示,可建立 G54～G59 共 6 个加工坐标系,其坐标原点(程序零点)可设在便于编程的某一固定点上,这样建立的加工坐标系,在系统断电后并不破坏,再次开机后仍有效,并与刀具的当前位置无关,只需按选择的坐标系编程。G54～G59 指令可使其后的坐标值视为用加工坐标系 1～6 表示的绝对坐标值。

在使用 G54～G59 加工坐标系时,就不再用 G92 指令;当再次使用 G92 指令时,原来的坐标系和加工坐标系将平移,产生一个新的工件坐标系。例如(图 12-16),

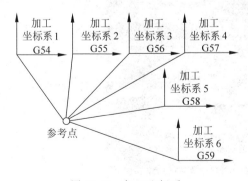

图 12-15　加工坐标系

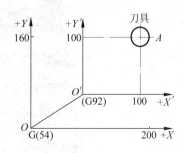

图　12-16

```
N1 G54 G00 X200.0 Y160.0          刀具在 A 点定位
N2 G92 X100.0 Y100.0              零点 O 移至 O′点
```

N1 时,刀具在 G54 加工坐标系的(200,160)位置；N2 后,加工坐标系变为工件坐标系 X',Y',刀具在(100,100)的位置。

12.4　数控铣床的操作

数控铣床的操作比普通铣床要复杂得多,操作者必须熟悉机床的性能、数控系统的功能,以及加工工件的要求和工艺路线,才能操作机床,完成加工任务。数控铣床的操作主要通过操作面板来进行。一般数控铣床的操作面板由显示屏、控制系统操作部分和机床操作部分组成。

(1) 显示屏:用来显示相关坐标位置、程序、图形、参数和报警信息等。

(2) 控制系统操作部分:可以进行程序机床指令和参数的输入、编程,由功能键、字母键和数值键等组成。

(3) 机床操作部分:可以进行机床的运动控制、进给速度调整、加工模式选择、程序调试、机床起停控制,以及辅助功能、刀具功能控制等。

12.4.1　FANUC 0i MC 系统的操作

1. 显示器及 MDI 按键

显示器下方有 7 个软键,其中中间 5 个是菜单选择键(对应屏幕上的软键),两边是前后翻页键,显示器分区显示内容见图 12-17 和图 12-18。字母键及数字键与电脑操作相同,配合编辑键可完成加工程序的编辑输入。MDI 面板上键的详细说明列于表 12-3。

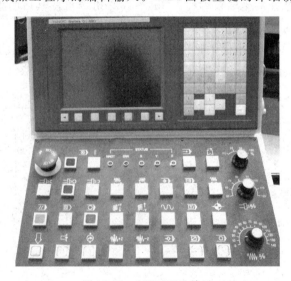

图 12-17　LCD/DMI 单元

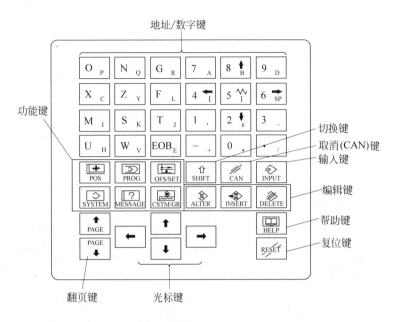

图 12-18 MDI 面板上键的位置

表 12-3 MDI 面板上键的详细说明

序 号	名 称	说 明
1	RESET 复位键	按此键可使 CNC 复位,可以消除报警等
2	HELP 帮助键	按此键用来显示如何操作机床,如 MDI 键的操作。可在 CNC 发生报警时提供报警的详细信息(帮助功能)
3	软键	根据其使用场合,软键有各种功能。软键功能显示在 CRT 屏幕的底部
4	地址和数字键 N Q 4 […	按这些键可输入字母、数字以及其他字符
5	SHIFT 切换键	在有些键的顶部有两个字符。按 SHIFT 键来选择字符。当一个特殊字符 E 在屏幕上显示时,表示键面右下角的字符可以输入
6	INPUT 输入键	当按地址键或数字键后,数据被输入到缓冲器,并在 CRT 屏幕上显示出来。为了把输入到输入缓冲器中的数据复制到寄存器,按 INPUT 键。这个键相当于软键的 INPUT 键,按这两个键的结果是一样的

续表

序　号	名　　称	说　　明
7	CAN 取消键	按此键可删除已输入到缓冲器的最后一个字符或符号 例：当缓冲器的显示数据为＞N001×100Z __ 时，按 CAN 键，则字符 Z 被取消，并显示＞N001×100
8	编辑键 ALTER　INSERT　DELETE	当编辑程序时按这些键 ALTER：替换；INSERT：插入；DELETE：删除
9	POS　PROG 功能键	按这些键用于切换各种功能显示画面。功能键的详细说明见 2
10	光标键	这是 4 个不同的光标键。 ：用于将光标向右或前进方向移动。在前进方向光标按一段短的单位移动 ：用于将光标向左或倒退方向移动。在前进方向光标按一段短的单位移动 ：用于将光标向下或前进方向移动。在前进方向光标按一段大尺寸单位移动 ：用于将光标向上或倒退方向移动。在倒退方向光标按一段大尺寸单位移动
11	翻页键 PAGE PAGE	PAGE：用于在屏幕上向前翻页 PAGE：用于在屏幕上向后翻页

2. 功能键和软键

功能键用来选择将要显示的画面（功能）。当一个软键（章节选择软键）在功能键之后立即被按下后，就可以选择与所选功能相关的屏幕（分部屏）。MDI 面板上的功能键图标及说明见表 12-4。

表 12-4　MDI 面板上的功能键

序号	图　　标	说　　　　明
1	POS	按此键显示位置画面
2	PROG	按此键显示程序画面
3	OFS/SET	按此键显示刀偏/设定（SETTING）画面
4	SYSTEM	按此键显示系统画面
5	MESSAGE	按此键显示信息画面
6	CSTM/GR	按此键显示宏画面（会话式宏画面）或显示图形画面

3. 机床操作面板

FANUC Oi 系统机床操作面板在系统 MDI 操作面板的下方,见图 12-17 和图 12-19,各按键的主要功能见表 12-5。

图 12-19　FANUC Oi 系统机床操作面板设定

表 12-5　FANUC Oi 系统机床操作面板的主要功能

序号	图标	说明	序号	图标	说明
1		CNC 系统电源开关	15		手动（点动）操作机床
2		自动方式	16		回参考点
3		增量方式	17		跳读
4		编辑	18		选停
5		主轴正传	19		循环启动
6		主轴停转	20		复位
7		主轴反转	21		MDI 手动数据输入
8		X 负向进给	22		快进
9		X 正向进给	23		DNC 远程控制操作
10		Y 负向进给	24		主轴转速修调
11		Y 正向进给	25		进给修调
12		Z 正向进给	26		切削液开关
13		Z 负向进给	27		排屑器开关
14		单段			

12.4.2　SIEMENS 802D 系统的操作

SIEMENS 802D 也是一个应用广泛的数控操作系统，指令格式符合 ISO 标准，与 FANUC Oi 略有相同，在实际操作时应加以注意。

1. SIEMENS 802D SL 系统指令表（表 12-6）

表 12-6　SIEMENS 802D SL 指令表

地 址	意 义	赋 值	说 明	编 程
D	刀具补偿号	0～9 整数，不带符号	用于某个刀具 T 的补偿参数，D0 表示补偿值。一个刀具最多有 9 个 D 号	D_
F	进给率	0.001～99 999.999	刀具/工件的轨迹速度，对应 G94 或 G95。单位分别为 mm/min 或 mm/r	F_
F	进给率（与 G4 一起可以编程停留时间）	0.001～99 999.999	停留时间，单位为 s	G4 F_；单独程序段
G	G 功能（准备功能）	仅为整数，已事先规定	G 功能按 G 功能组划分，一个程序段中只有一个 G 功能组中的一个 G 功能指令。G 功能按模态有效（直到被同组中其他功能替代），或者以程序段方式有效	G_ 或者符号名称，比如： GIP
G0	快速线性插补		G 功能组： 1：运动指令	G0 X Y Z_；直角坐标系。 在极坐标系中： G0 AP=_ RP_ 或者附加轴： G0 AP=_RP=_Z_F_；例如用 G17 轴与 Z
G1	以进给率线性插补（考虑第 3 轴和 TURN=_ 也可以螺旋插补 —>参见 TURN）		（插补方式）	G2 X Y I J_F_；圆心和终点 G2X Y CR=_F_；半径和终点 G2AR=_ I J_F_；张角和圆心 G2AR=_ X_Y_F_；张角和终点 极坐标系中：
G2	顺时针圆弧插补（考虑第 3 轴和 TURN=_ 也可以螺旋插补 —>参见 TURN）		模态有效	G2 AP=RP=_ F_ 或附加加轴： G2AP=_Z_F_；例如：G17 时为 Z 轴
G3	逆时针圆弧插补（考虑第 3 轴和 TURN=_ 也可以螺旋插补 —>参见 TURN）			G3_　；其他同 G2

续表

地　址	意　义	赋　值	说　明	编　程
G500	取消可设定零点偏移		8：可设定零点偏移 （模态有效）	
G54	第一可设定零点偏移			
G55	第二可设定零点偏移			
G56	第三可设定零点偏移			
G57	第四可设定零点偏移			
G58	第五可设定零点偏移			
G59	第六可设定零点偏移			
G53	按程序段方式取消可设定零点偏移		9：取消可设定零点偏移　段方式有效	
G153	按程序段方式取消可设定零点偏移,包括基本框架			
G60	准确定位		10：定位性能　模态有效	
G64	连续路径方式			
G9	准确定位,单程序段有效		11：程序段方式精准定位　段方式有效	
G601	在 G60,G9 方式下精准定位		12：准停窗口　模态有效	
G602	在 G60,G9 方式下粗准确定位			
G70	英制尺寸		13：英制/公制尺寸　模态有效	
G71	公制尺寸			
G700	英制尺寸,也用于进给率 F			
G710	公制尺寸,也用于进给率 F			
G90	绝对尺寸		14：绝对尺寸/增量尺寸　模态有效	
G91	增量尺寸			
G94	进给率 F,单位为 mm/min		15：进给率/主轴　模态有效	
G95	主轴进给率 F,单位为 mm/r			
GFC	圆弧加工时打开进给率修调		16：进给率修调　模态有效	
CFTCP	关闭进给率修调			
G450	圆弧过渡		18：	
G451	等距线的交点,刀具在工件转角处不切削 T			
BRISK	轨迹跳跃加速			
SOFT	轨迹平滑加速			

续表

地　址	意　义	赋　值	说　明	编　程
FFWOF*	预控关闭			
FFWON	预控打开	模态有效	24:预控	
WALIMOF*	工作区域限制生效		28:工作区域限制	适用于所有轴,通过设定数据激活;值通过 G25,G26 设置
WALIMOF	工作区域限制取消	模态有效		
COMPOF*	压缩程序关闭		30:压缩程序 模态有效	
D	表面质量的压缩程序开启		仅适用于 SINUMERIK 802D SL PRO!	
G340*	在空间返回退刀(SAR)		44:SAR 模态有效时程行程分割	
G341	在平面中返回退刀(SAR)	模态有效		
G290*	西门子方式		47:其他 NC 语言 模态有效	
G291	其他方式	模态有效		
标有 * 的功能在程序开始时生效(用于"铣削"工艺的控制系统版本,如果未作其他编程,且机床制造商保持了标准设置)				
GIP	中间点圆弧插补			GIP X_Y_Z_J1=_K1=_F_
CT	带切线过渡的圆弧插补			N10_ N20 CT X_Y_F_ ;圆弧,与前一段轮廓为切线过渡 方向
G33	恒螺距的螺纹切削			S_M_ ;主轴速度、方向 G33 Z_K_ ;带有补偿夹具的锥螺纹切削,比如在 Z 轴方向
G331	螺纹插补			N10 SPOS=_ ;主轴处于位置调节节状态 N20 G331 Z_K_S_ ;在 Z 轴方向不带补偿夹具攻丝 ;右旋螺纹或左旋螺纹通过螺距的符号(比如 K+) 确定: +:同 M3 -:同 M4
G332	螺纹插补-退刀			G332 Z_K_ ;不带补偿夹具切削螺纹,例如在 Z 轴上的退刀 ;螺距符号同 G331

续表

代码	功能	编程格式
G4	暂停时间	G4 F_　;单独程序段，F：时间，单位为 s　或 G4 S_　;单独程序段，S：单位为主轴的旋转圈数
	带补偿夹具攻丝	G63 Z_ F_ S_ M_
G63	回参考点	G74 X1=0 Y1=0 Z1=0　;单独程序段（机床轴名称）
G74	回固定点	G75 X1=0 Y1=0 Z1=0　;单独程序段（机床轴名称）
G75	SAR-沿直线返回	G147 G≤1 DISR=_ DISCL=_ FAD=_ F_X_Y_Z
G147	SAR-沿直线出发	G148 G≤0 DISR=_ DISCL=_ FAD=_ F_X_Y_Z
G148	SAR-沿1/4圆弧返回	G247 G≤1 DISR=_ DISCL=_ FAD=_ F_X_Y_Z
G247	SAR-沿1/4圆弧出发	G248 G≤0 DISR=_ DISCL=_ FAD=_ F_X_Y_Z
G248	SAR-沿半圆返回	G347 G≤1 DISR=_ DISCL=_ FAD=_ F_X_Y_Z
G347	SAR-沿半圆出发	G348 G≤0 DISR=_ DISCL=_ FAD=_ F_X_Y_Z
G348	可编程偏置	TRANS X_Y_Z_　;单独程序段
TRANS	可编程旋转	ROT RPL=_　;当前的平面中旋转 G17 到 G19，单独程序段
ROT	可编程比例系数	SCALE X_Y_Z_　;在所给定轴方向的比例系数 ;单独程序段
SCALE	可编程镜像功能	MIRROR X0 :改变方向的坐标轴 :单独程序段
MIRROR	附加的编程偏置	ATRANS X_Y_Z_　:单独程序段
ATRANS	附加的可编程旋转	AROT RPL=_　:在当前的平面中附加旋转 G17 到 G19；单独程序段
AROT	附加的可编程比例系数	ASCALE X_Y_Z_　:在所给定轴方向的比例系数 ;单独程序段
ASCALE	附加的可编程镜像功能	AMIRROR X0　:改变方向的坐标轴；单独程序段
R	主轴转速下限或工作区域下限	G25S_ G25 X_Y_Z_　:单独程序段
G25	主轴转速上限或工作区域上限	G26S_ G26 X_Y_Z_　:单独程序段
G26	极点尺寸，相对于上次编程的设定位置	G110X_Y_　:极点尺寸，直角坐标， 比如带 G17 G110RP=_ AP=_　:极点尺寸，极坐标；单独程序段
G110		

续表

代码		说明	格式
G111		极点尺寸,相对于当前工件坐标系的零点	G111X_Y_　　　:极点尺寸,直角坐标 比如带 G17 G111RP=_AP=_　:极点尺寸,极坐标单程序段
G112		极点尺寸,相对于上次有效的极点	G112 X_Y_　　　:极点尺寸,直角坐标 比如带 G17 G112 RP=_AP_　:极点尺寸,极坐标:单独程序段
G17*	X/Y平面	6.平面选择 模态有效	G17_　:该平面上的垂直轴为 刀具长度补偿轴
G18	Z/X平面		
G19	Y/Z平面		
G40*	刀尖半径补偿方式的取消	7.刀尖半径补偿 模态有效	
G41	调用刀尖半径补偿,刀具在轮廓左侧移动		
G42	调用刀尖半径补偿,刀具在轮廓右侧移动		

2. KV650 机床的 LCD/DMI 单元（图 12-20）

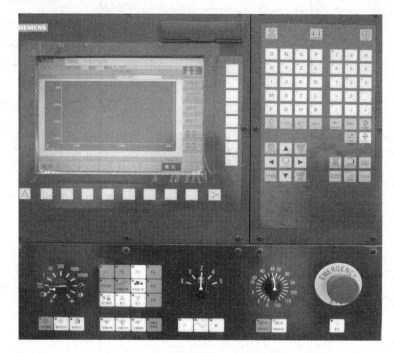

图 12-20　KV650 机床的 LCD/DMI 单元

3. SIEMENS 802D 键符（图 12-21，表 12-7）

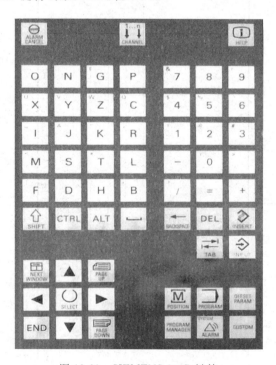

图 12-21　SIEMENS 802D 键符

表 12-7　SIEMENS 802D 操作面板的主要功能

序 号	图 符	功 能	序 号	图 符	功 能
1	∧	返回键	15	ALT	ALT 键
2	POSMON	加工操作	16	▲ ◄ ► ▼	光标键
3	>	菜单扩展键			
4	PROGRAM	程序操作（生成零件程序）	17	⌴	空格键
5	ALARM CANCEL	报警应答键	18	SELECT END	选择/转换键
6	OFFSET PARAM	偏移量/参数（输入补偿值，设定数据）			
7	CHANNEL	无功能	19	BACKSPACL	删除键（退格键）
8	PROGRAM MANAGER	程序管理（零件程序目录）	20	A J　W Z	字母键上挡键转换对应字符
9	HELP	帮助键			
10	SYSIEM ALARM	报警，系统操作区域（程序诊断和调试）	21	DEL	清除键
11	SHIFT	上挡键	22	TAB	制表键
12	NEXT WANDOW	未使用			
13	CTRL	控制键	23	INSERT	插入键
14	PASE UP　PASE DOWN	翻页键	24	INPUT	回车输入键

4. 外部机床控制面板（图 12-22，表 12-8）

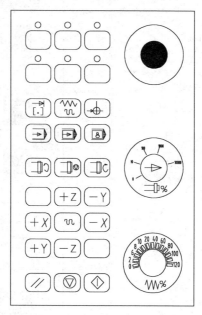

图 12-22　机床控制面板

表 12-8　机床控制面板的主要功能

序号	图　符	名　　称	功 能 说 明
1	//	复位	按该键中断加工程序，按数控启动键重新启动，程序从头开始运行
2	▽	数控停止	按该键停止加工，按数控启动键可恢复被中断了的程序的运行
3	◇	循环启动	按该键执行输入的程序段
4	●	紧急停止	
5	▷%	主轴速度修调（选件）	
6	○	带发光二极管的用户定义键	
7		无发光二极管的用户定义键	
8	[.]→	增量选择（步距）	
9	～	JOG	

序号	图　符	名　　称	功能说明
10		参考点,启动该按键,机床返回参考点	
11		自动方式	
12		单段	
13		手动数据输入	
14		主轴正转	
15		主轴停	
16		主轴返回转	
17		快速运行叠加	
18	+X　−X	X 轴	
19	+Z　−Z	Z 轴	
20		进给速度修调	

12.5　加工中心简介

1. 加工中心的功能和特点

加工中心是在数控铣床的基础上发展起来的,是一种功能较全的数控加工机床。它与数控铣床有很多相似之处,最大的不同在于它有自动换刀功能。加工中心设置有刀库,其中放置着各种刀具,在加工过程中由程序自动选用和更换。加工中心一般有 3～5 轴联动功能,最高可到十几个轴联动,在一次装夹中可以完成铣削、镗削、钻削和螺纹切削等多工种加工,因此,加工效率和加工精度都大大提高。其主要特点如下:

(1)工序集中。在一次装夹后可实现多表面、多特征、多工位的连续、高效、高精度加工。这是加工中心突出的特征。

(2)加工精度高。和其他数控机床一样具有加工精度高的特点,且一次装夹加工保证了位置精度,加工质量更加稳定。

（3）适应性强。当加工对象改变时，只需要重新编制程序，就可实现对零件的加工，这给新产品试制带来了极大的方便。

（4）生产率高，经济效益好，自动化程度高。

2. 加工中心的种类

加工中心是典型的集高新技术于一体的机械加工设备，它的发展代表了一个国家设计、制造的水平，在国内外企业中都受到高度重视。

加工中心有各种分类方法，按机床形状不同可分为立式加工中心（图 12-23）、卧式加工中心（图 12-24）、五轴加工中心（图 12-25）、虚轴加工中心（图 12-26）等。

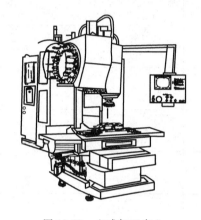

图 12-23　立式加工中心

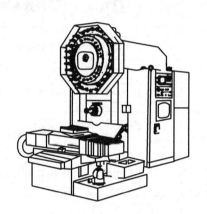

图 12-24　卧式加工中心

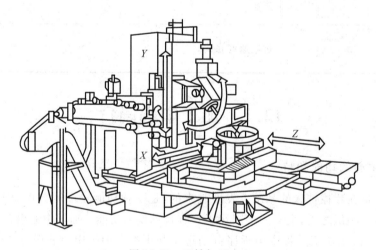

图 12-25　五轴加工中心

3. 加工中心的加工对象

加工中心适合加工形状复杂、加工内容多、精度要求高、需要多种类型的普通机床和众多的工艺装备、经多次装夹和调整才能完成的单件或中、小批量多品种的零件。例如箱体类零件、模具型腔、整体叶轮、异形件等，如图 12-27 所示。

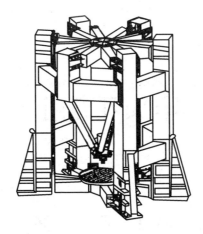

图 12-26　虚轴加工中心

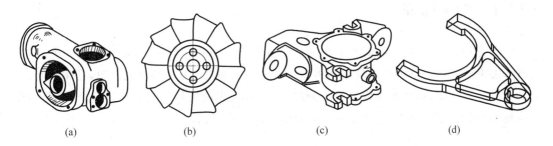

(a)　　　　　　　　(b)　　　　　　　　(c)　　　　　　　　(d)

图 12-27　加工中心加工对象举例
（a）控制阀壳体；（b）轴向压缩机涡轮；（c）热电机车主轴箱；（d）异形支架

第13章

CHAPTER 13

电火花加工

13.1 概　　述

13.1.1 加工原理

电火花加工又称放电加工(electrical discharge machining, EDM),是一种利用电、热能量进行加工的方法。其工作原理是利用工具电极和工件之间脉冲性火花放电,产生瞬间、局部的高温蚀除金属,达到零件设计要求的尺寸、形状及表面质量。从微观上看,电火花蚀除是电场力、热力、流体动力、电化学和胶体化学等综合作用的过程。

13.1.2 电火花加工的特点及条件

电火花加工是与机械加工完全不同的一种新工艺。其特点如下:

(1) 脉冲放电的能量密度高,便于加工普通的机械加工方法难以加工或无法加工的特殊材料和复杂形状的工件;不受材料硬度影响;不受热处理状况影响。

(2) 脉冲放电持续时间极短,放电时产生的热量扩散范围小,材料受热影响范围小。

(3) 加工过程中,工具电极与工件材料不接触,两者之间宏观作用力极小;工具电极材料不需比工件材料硬。

(4) 可以优化工件结构,简化加工工艺,提高工件使用寿命,降低工人劳动强度。

(5) 只能用于加工金属等导电材料;加工速度一般较慢;电极损耗会影响加工工件表面质量。

实践经验表明,把火花放电转化为有用的加工技术,必须满足以下条件:

(1) 工具电极和工件被加工表面之间经常保持一定的放电间隙。这一间隙随加工条件而定,通常约为几微米至几百微米。为此,在电火花加工过程中必须具有工具电极的自动进给和调节装置。

(2) 电火花加工必须采用脉冲电源。脉冲电源使火花放电为瞬时的脉冲性放电,并在放电延续一段时间后,停歇一段时间(放电延续时间一般为 $0.0001 \sim 1\mu s$)。

(3) 火花放电必须在具有一定绝缘性能的液体介质中进行。

13.1.3　加工工艺方法分类

按照工具电极和工件相对运动的方式和用途不同,电火花加工大致可分为以下 6 种方法。

(1)电火花成型加工。工具电极为成型电极,适用于各种模具、型腔、内螺纹、各种孔等的加工。

(2)电火花线切割加工。工具电极为电极丝,用于切割各种模具、下料、截割和窄缝加工。

(3)电火花磨削。工具电极与工件有旋转、径向和轴向运动,用于加工精度高、表面粗糙度值小的孔及外圆。

(4)电火花同步共轭回转加工。成型工具电极与工件均作旋转、纵横向运动,用于加工各种复杂型面的零件、精密螺纹和内、外回转体表面等。

(5)电火花高速小孔加工。采用单芯和多芯电极,芯内冲入高压水基工作液,适用于线切割预穿丝孔、深径比很大的小孔加工。

(6)电火花表面强化。工具电极在工件表面上振动,在空气中放火花,用于模具刃口和刀、量具刃口的表面强化和镀覆。

13.2　电火花成型

13.2.1　电火花成型加工机床

1. 机床的分类

按控制方式不同分为普通数显电火花成型加工机床、单轴数控电火花成型加工机床、多轴数控电火花成型加工机床。其中,单轴数控电火花成型加工机床只能控制单个轴的运动,精度低,加工范围小;多轴数控电火花成型加工机床能同时控制多轴运动,精度高,加工范围广。

按机床结构不同分为固定立柱式数控电火花成型加工机床、滑枕式数控电火花成型加工机床、龙门式数控电火花成型加工机床。

按电极交换方式不同分为手动式电火花成型机床、自动式电火花成型机床。

2. 机床的组成

数控电火花成型加工原理如图 13-1 所示。由于功能的差异,导致数控电火花成型加工机床在布局和外观上有很大不同,但其基本组成是一样的,即均由床身、立柱、主轴头、工作台、脉冲电源、数控装置、工作液循环系统、伺服进给系统等组成,如图 13-2 所示。

主轴头是电火花成型加工机床的一个关键部件,由伺服进给机构、导向和防扭机构、辅助机构 3 部分组成,作用是控制工件与工具电极之间的放电间隙。

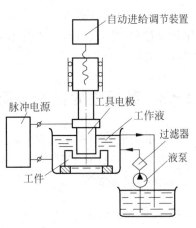

图 13-1　数控电火花成型加工原理图

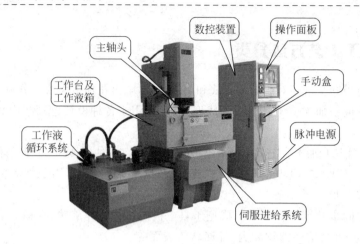

图 13-2　数控电火花成型加工机床

工作台主要用来支承和装夹工件。在实际加工中，通过转动纵向丝杠改变电极和工件的相对位置。工作台上装有工作液箱，用来容纳工作液，使电极和工作液浸泡在工作液中，起到冷却和排屑的作用。

自动进给调节系统用于改变、调节进给速度，使进给速度接近并等于电腐蚀速度，维持设定的放电间隙，使放电加工稳定进行，从而获得比较好的加工效果。

脉冲电源的作用是将工频交流电转变成一定频率的定向脉冲电流，为电火花成型加工提供所需能量。

13.2.2　电火花成型加工的适用范围

（1）可以加工任何难加工的金属材料和导电材料。可以实现用软的工具加工硬、韧的工件，甚至可以加工聚晶金刚石、立方氮化硼一类的超硬材料。目前电极材料多采用紫铜或石墨，因此工具电极较容易加工。

（2）可以加工形状复杂的表面，特别适用于复杂表面形状工件的加工，如复杂型腔模具的加工。电加工采用数控技术以后，使得用简单的电极加工复杂形状零件成为现实。

（3）可以加工薄壁、弹性、低刚度、微细小孔、异形小孔、深小孔等有特殊要求的零件。由于加工过程中工具电极和工件不发生接触，因此没有机械加工的切削力，更适宜加工低刚度工件及微细工件。

13.2.3　数控电火花成型加工过程

数控电火花成型加工过程中，必须综合考虑机床特性、零件材质、零件的复杂程度等因素对加工的影响，针对不同的加工对象，其工艺过程有一定差异。以常见的型腔加工工艺路线为例，操作过程如下。

1. 工艺分析

对零件图进行分析，了解工件的结构特点、材料，明确加工要求。

2．选择加工方法

根据加工对象、精度及表面粗糙度等要求和机床功能,选择单电极加工、多电极加工、单电极平动加工、分解电极加工、二次电极法加工或单电极轨迹加工。

3．选择与放电脉冲有关的参数

根据加工的表面粗糙度及精度要求,选择与放电脉冲有关的参数。

4．选择电极材料

常用的电极材料是石墨和铜,一般情况下加工精密、小电极材料用铜,大电极材料用石墨。

5．设计电极

按零件图要求,根据加工方法和与放电脉冲设定有关的参数等,设计电极纵、横切面尺寸及公差。

6．制造电极

根据电极材料、制造精度、尺寸大小、加工批量、生产周期等选择电极制造方法。

7．加工前的准备

对工件进行电火花加工前完成钻孔、攻螺纹、铣、磨、锐边倒棱去毛刺、去磁、去锈等工序。

8．热处理安排

对需要淬火处理的型腔,根据精度要求安排热处理工序。

9．编制,输入加工程序

根据机床功能设置,一般采用国际标准 ISO 代码。

10．装夹与定位

(1) 根据工件的尺寸和外形选择装夹或制造的定位基准。
(2) 准备电极装夹夹具。
(3) 装夹和校正电极。
(4) 调整电极的角度和轴心线。
(5) 定位和夹紧工件。
(6) 根据零件图找正电极与工件的相对位置。

11．开机加工

选择加工极性,设置电规准,调节加工参数,调整机床,保持适当的液面高度和适当的电流,调节进给速度、充油压力等。随时检查工件加工情况,遵守安全操作规程进行操作。

12. 加工结束

检查加工零件是否符合图纸要求，对零件进行清理；关机并打扫工作场地和机床卫生。

13.3 数控电火花线切割加工

13.3.1 数控电火花线切割加工机床

数控电火花线切割加工原理如图 13-3 所示。

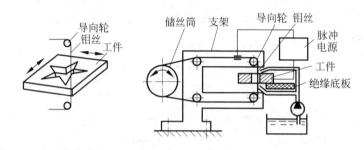

图 13-3 数控电火花线切割加工原理

数控电火花线切割机床的外形如图 13-4 所示，其组成包括机床主机、脉冲电源和数控装置 3 大部分。

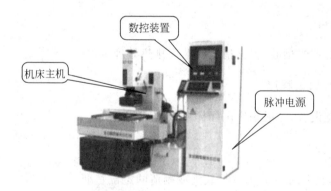

图 13-4 数控电火花线切割机床

1. 机床主机

机床主机由运丝机构、工作台、床身、工作液系统等组成。

（1）运丝机构：电动机通过联轴节带动储丝筒交替作正、反向转动，钼丝整齐地排列在储丝筒上，并经过丝架作往复高速移动（线速度为 9m/s 左右）。

（2）工作台：用于安装并带动工件在工作台平面内作 X，Y 两个方向的移动。工作台分上下两层，分别与 X，Y 向丝杠相连，由两个步进电机分别驱动。步进电机每接收到计算机发出的一个脉冲信号,其输出轴就旋转一个步距角,通过一对齿轮变速带动丝杠转动,从而使工作台在相应的方向上移动 0.01mm。工作台的有效行程为 250mm×320mm。

(3) 床身:用于支承和连接工作台、运丝机构、机床电器及存放工作液系统。

工作液系统:由工作液、工作液箱、工作液泵和循环导管组成。工作液起绝缘、排屑、冷却的作用。每次脉冲放电后,工件与钼丝之间必须迅速恢复绝缘状态,否则脉冲放电就会转变为稳定持续的电弧放电,影响加工质量。在加工过程中,工作液可把加工过程中产生的金属颗粒迅速从电极之间冲走,使加工顺利进行。工作液还可冷却受热的电极和工件,防止工件变形。

2. 脉冲电源

脉冲电源又称高频电源,其作用是把普通的 50Hz 交流电转换成高频率的单向脉冲电压。加工时,钼丝连接脉冲电源负极,工件连接正极。

3. 数控装置

数控装置以 PC 机为核心,配备有其他一些硬件及控制软件。加工程序可用键盘输入或磁盘输入。通过它可实现放大、缩小等多种功能的加工,其控制精度为 ±0.001mm,加工精度为 ±0.001mm。

13.3.2 数控电火花线切割加工的应用

数控电火花线切割加工已在生产中获得广泛应用,目前国内外的线切割机床已占电加工机床的 60% 以上。图 13-5 为数控电火花线切割加工出的多种表面和零件。

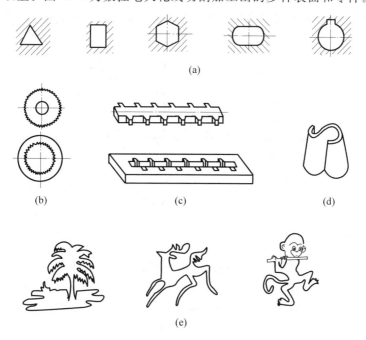

图 13-5 数控电火花线切割加工的生产应用

(a) 各种形状孔及键槽;(b) 齿轮内外齿形;(c) 窄长冲模;(d) 斜直纹表面曲面体;(e) 各种平面图案

1. 加工模具

适用于加工各种形状的冲模、注塑模、挤压模、粉末冶金模、弯曲模等。

2. 加工电火花成型加工用的电极

一般穿孔加工用的电极、带锥度型腔加工用的电极、微细复杂形状的电极，以及铜钨、银钨合金之类的电极材料，用线切割加工特别经济。

3. 加工零件

可用于加工材料试验样件、各种型孔、特殊齿轮凸轮、样板、成型刀具等复杂形状零件及高硬材料的零件，可进行微细结构、异形槽和标准缺陷的加工；试制新产品时，可在坯料上直接割出零件；加工薄件时可多片叠在一起加工。

13.3.3　加工程序的编制

1. 手工编程

手工编程就是用规定的代码编写加工程序。数控电火花线切割机床所用的程序格式有 3B，4B，ISO 等。近年来所生产的数控电火花线切割机床使用的是计算机数控系统，采用 ISO 格式，而早期的机床常采用 3B，4B 格式。下面用实例简要介绍用 ISO 格式的编程方法。

例 13-1　根据图 13-6，编制一个加工程序。

编程前先根据编程和装夹需要确定坐标系和加工起点。本例编程坐标系和加工起点确定如图 13-6 所示。

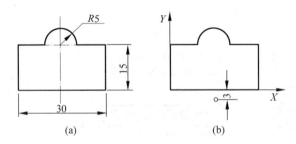

图 13-6　凸模

程序如下：

H000 = 0 H001 = 110；	（给变量赋值，H001 代表偏移量）
T84 T86；	（开水泵，开丝筒）
G54 G90 G92X15.Y-3.U0V0；	（选工作坐标系，绝对坐标，设加工起点坐标）
C005；	（选加工条件）
G42H000；	（设置偏移模态，右偏，表示要从零开始加偏移）
(G51A000；)	（此指令只有切锥度时才使用，表示右锥）

```
G01X15.Y0;                    （进刀线）
G42H001;                      （程序执行到此表示偏移已加上,其后的运动都是以带偏移的方式来加工）
(G51A1000；)                  （以左锥的方式加工 1°锥,此例加工后上小下大）
G01X30.Y0;                    （加工直线）
    Y15.;                     （加工直线,模态、坐标不变时可省略）
  X20.;
G03X10.Y15.I-5.J0;            （加工圆弧,逆时针,终点坐标为(10,15),圆心相对于起点的坐标为(-5,0)）
G01X0Y15.;                    （加工直线）
    Y0;
  X15.;
G40H000(G50A000)G01X15.Y-3.;  （在退刀线上去消偏移（和锥度）,退到起点）
T85 T87 M02                   （关水泵,关丝筒,程序结束）
```

注：用括号括起来的程序不执行。

2. 自动编程

自动编程是指输入图形之后,经过简单操作,即由计算机编出加工程序。自动编程分为 3 步：输入图形,生成加工轨迹,生成加工程序。对简单或规则的图形,可利用 CAD/CAM 软件的绘图功能直接输入；对不规则图形,可以用扫描仪输入,经位图矢量化处理后使用。前者能保证尺寸精度,适用零件加工；后者会有一定误差,适用毛笔字和工艺美术图案的加工。

13.3.4　线切割加工过程

1. 准备工作

1）分析图纸

分析图纸对保证工件加工质量和综合技术指标是有决定意义的第一步。在消化图纸的同时,可挑出不宜采用线切割加工（或不适合现有设备加工条件）的图纸,大致有以下几种：

(1) 表面粗糙度和尺寸精度要求很高,线切割后无法进行研磨的工件。

(2) 窄缝小于电极丝直径加放电间隙的工件,或图形内拐角处不允许带有电极丝半径加放电间隙所形成的圆角工件。

(3) 非导电材料。

(4) 厚度超过丝架跨距的零件。

(5) 加工长度超过 X,Y 拖板的有效行程长度,且精度要求较高的工件。

2）准备材料

根据图纸要求,选择适宜的加工材料。

3）装夹和调整工件

最常用的是桥式支撑装夹方式,压板夹具固定。在装夹时,两块垫铁各自斜放,使工件和垫铁之间留有间隙,方便电极丝位置的确定。用百分表找正调整工件,使工件的底平面和工作台平行,工件的直角侧面与工作台的 X,Y 向互相平行。

4) 上丝、紧丝和调垂直度

将电极丝调到松紧适宜,用火花法调整电极丝的垂直度,即使电极丝与工件的底平面(装夹面)垂直。

5) 调整电极丝位置

为了保证工件内形相对于外形的位置精度和下型腔的装配精度,必须使电极丝的起始切割点位于下型腔的中心位置。电极丝位置的调整采用火花四面找正。

2. ISO 编程

可采用手工编程或自动编程。

3. 加工

1) 选择加工电参数

根据工件厚度和表面粗糙度 Ra,选择电参数。

2) 切割

准备工作都结束后,按下回车键进行切割。切割有两种方向,正向和反向,正向切割和编程的切割方向一致,反向切割正好和编程的切割方向相反。切割过程中,调节工作液的流量大小,使工作液始终包住电极丝,这样切割比较稳定;也可随时调整电参数,在保证尺寸精度和表面粗糙度的前提下,提高加工效率。

3) 加工的注意事项

(1) 在加工过程中发生短路时,控制系统会自动发出回退指令,开始作原切割路线回退运动,直到脱离短路状态,重新进入正常切割加工。

(2) 加工过程中若发生断丝,控制系统会立即停止运丝和输送工作液,并发出两种执行方法的指令:一是回到切割起始点,重新穿丝,这时可选择反向切割;二是在断丝位置穿丝,继续切割。

(3) 跳步切割过程中,穿丝时一定要注意电极丝是否在导轮的中间,否则会发生短路,引起不必要的麻烦。

13.4　电火花高速小孔加工

电火花高速小孔加工是近年来发展起来的高效电加工工艺。

13.4.1　电火花高速小孔加工的特点

1. 采用中空管状电极

中空管状电极是由专业厂特殊冷拔生产的,有单芯管和多芯管两种,直径为 0.3～3mm。管中通入 1～5MPa 的高压工作液,将电极损耗物迅速排除,并且能够强化火花放电的蚀除作用,因此加工速度高,一般可达 20～60mm/min,比普通钻削小孔的速度快。

2．加工时电极作轴向进给和回转运动

加工时工具电极作轴向进给运动，使电极管"悬浮"在孔心，不易产生短路，可加工出直线度和圆柱度均好的小深孔。同时，电极作回转运动能使端面损耗均匀，不致因受高压、高速工作液的反作用力而偏斜。其加工原理如图 13-7 所示。

13.4.2 电火花高速小孔加工的应用

电火花高速小孔加工主要用于加工不锈钢、淬火钢和硬质合金等难加工导电材料工件上的小孔，如化纤喷丝孔、滤板孔、发动机叶片、缸体的散热孔及液压、气动阀体的油路、气路孔、深孔钻孔等，并能方便地从工件的斜面、曲面穿入。加工孔的最大深径比能达到200∶1。

13.4.3 电火花高速小孔加工机床

数控电火花高速小孔加工机床主要由主轴、旋转头、坐标工作台、机床电气、操纵盒等组成，如图 13-8 所示。其中旋转头装在主轴头的滑块上，可实现电极的装夹、旋转、导电及旋转时高压工作液的密封等功能。

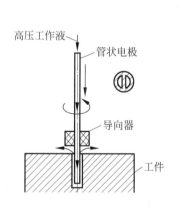

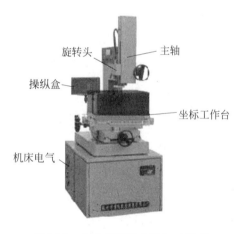

13-7 电火花高速小孔加工原理示意图　　　　图 13-8 电火花高速小孔加工机床

13.4.4 机床加工操作过程

1．开机准备

接上 380V/50Hz 电网电源，合上左侧的总开关，将面板上的"急停"开关顺时针旋一下，使之弹出，则整机带电，风扇运行。

2．装卡工件、电极

（1）将"锁停"开关键上扳，使主轴处于锁停状态。利用手动开关键让主轴处于合适位置。

（2）利用压板、T形螺杆将工件固定在工作台上，一定要固定牢靠，不能松动。

（3）根据电极直径选择相应的密封圈。

（4）装夹电极。

3. 加工

（1）根据电极直径、电极工件材料、被加工工件表面粗糙度、加工效率等，设置好脉冲参数和加工电流。

（2）移动拖板将工件移至所需位置，使电极对准加工位置（打孔处）。

（3）打开工作液泵，调节压力阀，使工作液从电极出口处有力射出。

（4）打开加工电源开关键，进行加工。此期间，观察放出火花和工作液喷射情况。

（5）加工结束（孔穿后，在工件下端面的孔口处可看见火花及喷水）后关闭加工电源及工作液泵，Z轴自动回升，当电极完全退出所加工的孔后，将"锁停"开关键上扳，主轴锁停，再将导向器抬起，卸下工件。

4. 关机

确认不再加工后，按下"急停"按钮，然后将总开关下扳，切断总电源，清洁工作台面及擦拭机床。

第14章

逆向工程

14.1 概 述

逆向工程(reverse engineering,RE),也叫反求工程,是将实物模型转变为 CAD 模型,再转变为新的实物产品的过程,涉及相关数字化测量技术、几何模型重建技术和产品制造技术。逆向工程也可定义为将已有产品或实物模型转化为工程设计模型和概念模型,在此基础上对已有产品进行解剖、深化和再创造的过程。

14.1.1 工作流程

逆向工程是从实物模型到数字模型,再到实物(产品)的演变过程,工作流程如图 14-1 所示。逆向工程系统为制造业提供了一个全新、高效的制造路线。它利用逆向设备对已有的样品或模型进行准确高速的扫描,得到其三维轮廓数据,再配合反求软件进行曲面重构,并对重构的曲面进行精度分析、评价构造,最终生成 IGES 或 STL 数据,据此就能进行快速成型或 CNC 数控加工。IGES 数据可导入一般的 CAD 三维处理软件中(如 UG ,PRO-E 等),将 iges 格式转化为三维实体模型,再进行进一步的修改和再设计。另外,也可传给一些 CAM 系统(如 UG、MASTERCAM、SMART -CAM 等),做刀具路径设定,产生 NC 代码,由数控机床将实体直接加工出来。

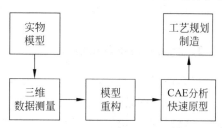

图 14-1 逆向工程工作流程

14.1.2 逆向工程的分类

从广义讲,逆向工程可分以下三类:

(1) 实物逆向:顾名思义,它是在已有实物条件下,通过试验、测绘和分析,提出再创造的过程,其中包括功能逆向,性能逆向,方案、结构、材质、精度、使用规范等多方面的逆向。实物逆向对象可以是整机、部件、组件和零件。

(2) 软件逆向:产品样本、技术文件、设计书、逆向工程的过程技术文件、设计书、使用说明书、图纸、有关规范和标准、管理规范和质量保证手册等均称为软件逆向。

（3）影像逆向：无实物，无技术软件，仅有产品相片、图片、广告介绍、参观印象和影视画面等，要从其中去构思、想象来逆向，称为影像逆向，这是逆向对象中难度最大的。影像逆向本身就是创新过程。

14.1.3　逆向工程技术的应用领域

逆向工程已成为联系新产品开发过程中各种先进技术的纽带，并成为消化、吸收先进技术、实现新产品快速开发的重要技术手段。其主要应用领域如下。

1. 新产品开发

随着市场竞争的日益激烈，为满足大众消费的需求，现在产品在保证功能和质量的前提下，是否具有更为美观的几何外形也是决定产品竞争力的关键因素之一。因此，越来越多的企业在新产品研发过程中已经将工业美学设计融合到产品的设计中来，达成了工业设计和逆向工程的完美结合。像航空、造船、汽车行业对产品外形设计有很高的要求，为了突出外形的美观，设计师一般先制作出产品的比例模型，对比例模型修改完善，最终确定出产品的外形，然后再通过逆向工程技术将样件模型转化为产品的 CAD 模型，进而可以通过计算机辅助技术进行产品的设计和制造。图 14-2 所示是涡轮叶片逆向扫描与数据处理的过程。

图 14-2　涡轮叶片逆向扫描与数据处理

2. 产品的模仿改型设计

很多情况下，由于产品实物较为容易获取，设计人员最初往往只能面对产品实物而缺乏最原始的设计图纸或产品 CAD 模型信息，这为后续的再设计等一系列操作制造了障碍。因此，这种情况下，设计人员可以利用逆向工程技术对产品实物进行数据测量和模型重构，迅速地得到产品的 CAD 模型，为后续的一系列操作（如 CAD 模型改进、CAE、误差分析等）提供基础，在消化吸收原始产品的基础上完成产品的再创新。该方法在家电、航空、玩具等具有复杂产品外形的制造业中得到了广泛应用。

3. 快速模具制造

为了满足日益激烈的市场竞争，越来越多的先进制造技术在模具制造业中得到了应用，逆向工程技术作为消化、吸收国外先进制造技术的重要手段之一，以其独特的优势，在模具制造行业中得到了广泛应用，主要体现在两个方面：一是通过测量技术，对满足要求的模具进行表面几何信息采集，构造出模具的 CAD 模型，再采用先进加工技术生成模具加工程序,通过加工中心,提高了模具的加工精度;另一种情况是通过逆向工程技术,构造出产品的 CAD 模型,在已有 CAD 模型的基础上对模具进行反复的改型设计,提高了模具修改的效率,减小了修模过程中的浪费。图 14-3 所示是通过机械手检测模具型面。

图 14-3　模具型面的检测与数据处理

4. 快速原型制造

快速原型制造是机械工程、计算机技术、数控技术以及材料科学等技术的集成,它能将已具有数学几何模型的设计思想迅速、自动地物化为具有一定结构和功能的原件或零件,以满足后续的评估、修改和测试,在掌握产品 CAD 模型的基础上大大地缩短了产品的研发周期。从最初的数据测量,再到模型数据的重构,最后形成产品的 CAD 模型直接导入快速成型软件中,实现产品的快速制造,形成了一个很好的闭环系统。通过这个闭环系统可以迅速地找出各个环节出现的问题,反复迭代对产品进行修改,大大提高了产品快速研发过程的效率。

5. 产品检测

通过逆向工程技术得到产品的 CAD 模型,将这些 CAD 模型通过逆向软件与原始的几何模型进行数据对比,从而检测制造误差的分布,得出全方位的误差检测报告,为后续的误差修改提供支持,如图 14-4 所示。逆向工程技术的参与为产品数字化模型检测带来了全新的技术支持,突破了以前面临的一系列瓶颈,大大提高了产品误差检测精度,为产品的质量提供了保证。

6. 医学领域的断层扫描

目前,医学成像技术取得了迅猛发展,在临床医学中得到了更为广泛的重视。CT 扫描技术能够准确地测量断层扫描信息,为临床医学研究提供高质量信息支持,特别是为人体器官的逆向 CAD 建模技术提供了技术保障。结合逆向工程技术的使用,人体器官类产品更加丰富精确,如图 14-5 所示。首先利用逆向工程技术得到人体器官的 CAD 模型,在此基础上充分利用快速原型制造(rapid prototyping manufacturing,RPM)技术快速、精准地将 CAD 模型转化为组织产品。逆向工程技术的参与使组织工程进入定制阶段变为可能,为医疗技术的进步提供了技术保障。

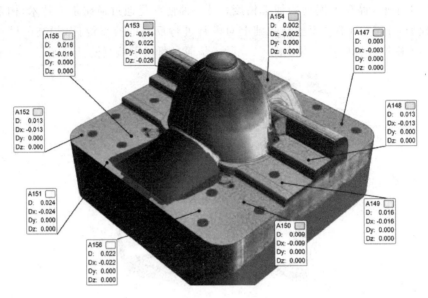

图 14-4　产品的检测与数据处理

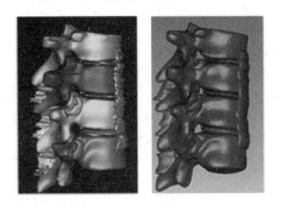

图 14-5　人体脊柱的逆向扫描与数据处理

7. 服装、头盔等的设计与制造

传统的服装制造行业大都是依靠设计师的经验来完成服装、头盔类的制造。在信息技术飞速发展的今天,单纯依靠人工设计制造的方法已显示出效率低下、灵活性差的缺点,逆向工程技术的发展让计算机技术在服装制造业中的应用成为现实。

通过逆向工程技术可以根据个体的差异,采集到个人独有的数字化信息,根据个体差异制造出更为合身舒适的服装、头盔、鞋袜等产品,甚至可以通过网络做到足不出户的定制。同样,一些特殊的领域,如航空航天领域的技术正在经历着突飞猛进的发展,仅通过传统的设计方法很难保障宇航服的智能化和宇航员穿着的舒适度。因此,计算机辅助技术为宇航服的设计制造提供了一种全新的思路,通过逆向工程技术能更好地掌握宇航员的身体结构信息,从而制造出技术含量高,穿着更舒适的宇航服。

8. 电影、游戏制作

当今,电影和游戏的开发越来越重视画面的美观,绚丽的视觉冲击为观众和玩家提供了更好的体验,当然制作中必须使用三维模型才能达到。逆向工程技术可以很好地将设计师制作的实体模型转化到计算中,再通过计算机技术对这些模型进行后续的特效制作,还可以方便地生成宏观的虚拟动画场景,提高视觉体验。

9. 艺术品、考古文物复制

传统的艺术品、文物复制方法很多情况下都对原始样品造成损害,逆向工程技术的使用可以大大降低艺术品、文物复制过程中造成损伤的风险,逆向工程采用专门测量方法,可以避免与原件直接接触,构造出的 CAD 模型更加精确,从而很好地完成艺术品和考古文物的复制。如图 14-6 所示,利用逆向设备对兵马俑进行逆向测量。在此基础上,还可以对艺术品进行再设计,展现更多的设计灵感,可以方便地生成基于实物模型的计算机动画、虚拟场景等。

图 14-6　秦兵马俑的逆向测量

14.2　三　维　测　量

原形或零件的数字化是从已存在的原形/零件出发的反求工程中的第一步。该技术的好坏直接影响到对原形/零件描述的精确、完整程度,进而影响到重构的 CAD 曲面,实体模型的质量,并最终影响到快速成型制造的产品是否真实地或在一定程度上反映了原始的实物模型。因此,它是整个原形反求工程中的基础。按测量方法分类,数据获取可分为:①接触式测量方法,包括手动方法、三坐标测量机中的接触式测量方法等;②非接触式测量方法,如投影光栅法、激光扫描测量法、CT 扫描、超声波成像等。

14.2.1　接触式测量

三坐标测量仪可定义为"一种具有可在三个相互垂直的导轨上移动的探测器,三个轴的位移测量系统（如光学尺）经数据处理器或计算机等可计算出工件的各点坐标$(X、Y、Z)$并完成各项功能测量的仪器",如图 14-7 所示。三坐标测量仪的测量功能应包括尺寸精度测量、定位精度测量、几何精度测量及轮廓精度测量等。

任何形状都是由三维空间点组成的,所有的几何量测量都可以归结为三维空间点的测量,因此精确地进行空间点坐标的采集,是评定任何几何形状的基础。

坐标测量机的基本原理是将被测零件放入它允许的测量空间范围内,精确地测出被测零件表面的点在空间三个坐标位置的数值,将这些点的坐标数值经过计算机处理,拟合形成测量元素,如圆、球、圆柱、圆锥、曲面等,经过数学计算的方法得出其形状、位置公差及其他几何量数据。

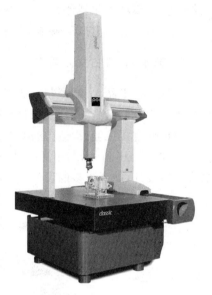

图 14-7　三坐标测量机测量工件

在测量领域中,光栅尺及以后的容栅、磁栅、激光干涉仪的出现,革命性地把尺寸信息数字化,不但可以进行数字显示,而且为几何量测量的计算机处理和控制打下基础。

14.2.2　非接触式测量

非接触式测量中激光扫描测量是近几年发展非常迅速的一种测量技术,根据测量机理不同,非接触式三维测量应用到了声、光、电、磁等领域的相应原理,如超声波测距、激光测距、CT 扫描、核磁共振等。因测量传感器不与被测件表面相接触,从而避免了上述接触式测量出现的弊端。

14.2.3　光学式三维数字化测量

光学式三维数字化测量的方法根据发光光源的不同可分为被动式三维数字化测量和主动式三维数字化测量。

被动式三维数字化测量光源为非结构光,测量过程中需要从不同于光源的单个或多个方向利用成像系统接收被测物体光照的图像。典型的被动式三维数字化测量有单目视觉法、双目立体视觉法和多目体视法。

主动式三维数字化测量光源为结构光,照射到被测物体表面的结构光在空间或时间进行调制的二维图像由成像系统接收,结合软件通过匹配合适的算法从、变形光场中解调出被测物空间三维坐标数据,如图 14-8 所示。根据结构光调制方式的不同,主动式三维数字化测量可分为时间调制和空间调制两种情况。常见的时间调制法为飞行时间法；空间调制法则包括激光扫描法、莫尔条纹法、散斑照相技术等。下面对典型的三维数字化测量进行简单介绍。

图 14-8　三维激光扫描仪测量工件

1. 飞行时间法

飞行时间法(TOF)又称飞点法、雷达法，是利用一个激光脉冲在空间传播的时间来进行测距的方法，见图 14-9。从测量系统的发射端发出一个激光脉冲信号，打到被测物体表面，经漫反射后由系统接收端接收返回的信号。系统通过检测脉冲信号由发出到接收的时间差，即可计算出发射端与被测物体间的距离。

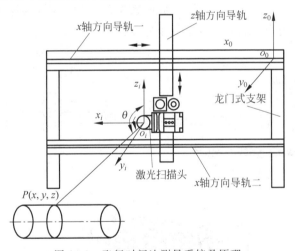

图 14-9　飞行时间法测量系统及原理

近年来随着相关技术的发展，飞行时间法与单光子计数法、全息照相法等技术相结合，使测量分辨率可到达微米级。在测量系统中增加二维或三维扫描装置，将一个激光脉冲扩展为可扫描整个被测物体表面的光束，就可以得到被测物体的三维形貌数据。

2. 立体视差法

立体视差法是双目视觉及多目视觉的理论基础。如图 14-10 所示，通过设置不同位置的成像系统对同一被测物体在同一时刻采集两幅或更多图像，彼此之间形成立体图像对，根据在两个(或多个)成像系统像面所处位置的不同，得到空间坐标信息，进而可得整个被测物体三维数字化特征信息。其主要测量流程包括：图像的获取、成像系统的标定、被测物体的特征提取、立体匹配、三维重建等几大步骤，后期还需注意图像畸变的影响。

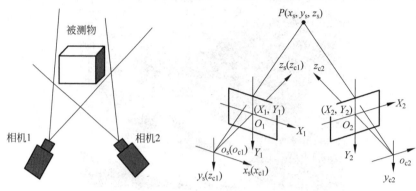

图 14-10　立体视差法测量系统及原理

3. 莫尔条纹技术

可以说，正是因为莫尔条纹技术的发展与成熟才使得三维数字化测量如此广泛地应用开来。莫尔条纹法是用光学投影系统将计算机产生的莫尔条纹投到被测物体表面，条纹因被测物体表面高低不平的形貌特征发生变形产生变形光栅，该光栅图像由与投影光学系统呈一定角度的成像系统获取，其夹角度数和被测物体表面形貌特征决定光栅的形变量。其工作原理如图 14-11 所示。当投影系统与成像系统的相对位置固定，则由获取到的变形光栅条纹就可以得出被测物体表面三维空间坐标数据。

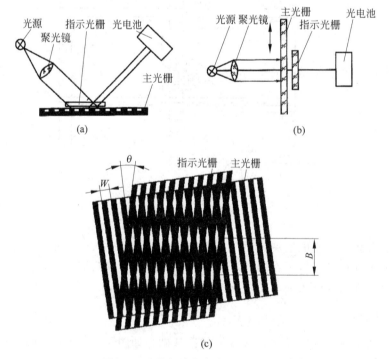

图 14-11　莫尔干涉条纹装置与原理
(a) 反射式光栅；(b) 透射式光栅；(c) 光栅条纹

莫尔条纹法测量实时快速,简便易操作,测量精度高,应用范围广。

现代逆向工程测量技术将接触式测量技术和非接触式测量技术相融合,是实现被测工程整体测量和数据拼接的有效方法,其使用越来越广泛。不同逆向工程测量技术,因其被测对象的材质、光影效果、表面几何特征等不同,表现的优缺点也各不相同,如表 14-1 所示。

表 14-1 非接触扫描式与接触触发式测量的优缺点比较

特点	非接触扫描式	接触触发式
优点	1. 测量速度快; 2. 不需进行测头半径补偿; 3. 可测量柔软件、易碎件、不可接触件、薄壁件、毛皮等; 4. 不会损伤工件表面精度	1. 精度高; 2. 对测量零件的粗糙度、反射性能要求不高; 3. 可以直接测量工件几何特征
缺点	1. 测量精度差,特别是工件与测头不垂直时误差较大; 2. 无法测量特定几何特征; 3. 无法测量陡峭面; 4. 工件表面质量对测量精度影响较大	1. 速度慢; 2. 测头测量各向异性影响测量精度; 3. 测头易磨损,损伤工件表面精度; 4. 无法测量深孔、小孔、窄缝; 5. 曲面测量会引入测头补偿误差

14.3 三维数据处理

三维测量得到的数据是被测物体面型上大量的点在空间坐标系的位置,被形象地称为点云。仅从点云就能得到被测物体的外形尺寸是不现实的。为了得到物体三维数字化尺寸,需要对点云数据进行一系列预处理,主要包括冗余误差点的去除、点云数据的精简、数字网格化、网格编辑等。之后便可以对处理好的点云数据进行曲线曲面的重构以及 CAD 模型的重建等逆向工程相关操作。

14.3.1 冗余误差点的去除

三维扫描测量得到的点云是大量空间散乱的点云,其中包括被测物体的形貌信息,也包括进入测量范围的背景物如置物平台等。不需要的点云数据形成冗余点,如图 14-12 所示。另外在测量过程中难免出现误测现象,导致误差点的出现。对点云进行处理首先需要将冗余点和误差点去除。主要用到的方法如下。

(1) 直接观察法。例如在曲率变化平缓的平面外围出现的突兀点明显为误测空间点云,可直接删除。

(2) 最小二乘法。利用最小二乘法拟合过截面数据首尾点的曲线,通过判断各点到曲线的距离是否超过设定范围确定是否为误差点。

(3) 夹角判定法。任意连续三点间连线形成的夹角若超出允许范围,则中间点为误差点,应被去除。

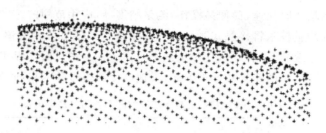

图 14-12　点云数据中的冗余点

14.3.2　点云平滑处理

　　三维扫描光学式测量系统,对被测物体表面反射率及形貌中出现的突变特征较为敏感,或者会在扫描过程中出现背景光强的轻微变化。此时测得的点云数据中将存在很多偏差值较大的误差点,一般称为凸点或异常点。当点云数据进行数字三角网格化之后,某些之前遗漏的误差点会更加清晰明了,可以人为手动进行删除。但点云数据繁多不适宜人工操作时,常采用滤波的方式对网格进行光顺处理,如图 14-13 所示。

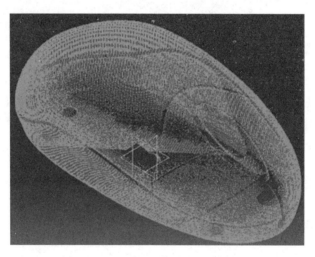

图 14-13　点云平滑处理

　　从原理上讲,点云的平滑程度与点云数据对被测物体形貌逼近的程度是相对立的。在实际测量操作时,需根据点云数据空间位置分布情况与产品实际要求,选择适当的滤波算法。

14.3.3　数字网格化处理

　　数字网格化是将仅反映被测物体表面特性的点云以网格的形式彼此连接,以多边形的形式建立起各点间的拓扑关系,形成面片结构,如图 14-14 所示。网格接近被测物体真实表面形貌,彼此间相互连续但连接处并非光滑过渡。形貌特征不同的位置网格密度也不尽相同。有微小细节或特征较为复杂的区域网格面积较小,密度较大;而在曲率变化不明显的较为平坦的区域,网格密度较小。

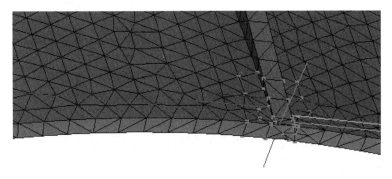

图 14-14　点云网格化处理

逆向软件将点云连接成三角形网格,是多边形网格中边数最少的,容易逼近各种复杂面型特征,也便于处理运算,同时结构简单,能有效还原被测物体表面形貌特征。尽管如此也必须考虑误差点对三角形网格化的影响,因为即使事先做过一定的处理也无法保证去除了全部冗余误差点。且测量中出现的边界、狭缝及深孔等突变形貌特征区域的网格化需要格外注意其匹配水平。

14.3.4　网格编辑

在扫描测量过程中,因为被测物体表面反光或形貌较为复杂出现遮挡等各种原因,对扫描后得到的点云进行网格处理后,常常出现因点云数据缺失形成的不规则孔或更大的误差,或者当单个网格面积较大无法将形貌细节逼真表示等情况下,需要对网格进行编辑。

14.3.5　影响三维扫描测量精度的因素

精度是衡量测量结果的标尺。对于任何一种测量手段,都必须考虑操作过程中可能带来影响结果精度的因素。对于这样高精度的测量系统,尽量减小测量误差是极为重要且必要的。

1. 系统标定误差

三维扫描仪作为精密光学测量系统,在装配过程中必然存在误差,所以成像系统坐标与被测物空间坐标的转换精度显得尤为重要。但在测量与计算转换过程中有很多理想化的近似计算,这些近似计算会带来较为复杂的系统误差。在测量前首先需要对自身软硬件进行标定,若标定中出现误差则将一直影响后续的测量操作。标定主要由人工手动操作完成,故操作水平与熟练度及个人的主观习惯与视觉误差都会成为影响测量系统精度的因素。

2. 系统原理误差

三维扫描仪是基于光学的三维数字化设备,其测量原理决定其存在难以避免的系统误差。其主要包括光源照明的均匀度、产生光栅条纹的质量、CCD 相机的分辨率、扫描误差及图像拼接误差等。

3. 外界影响因素

除了由于设备本身因测量原理及系统结构产生的系统误差和测量过程中不可预见无法消除的随机误差，还存在可人为减少的外界因素影响产生的粗大误差。

（1）显像剂喷涂影响。对于必须在表面喷涂显像剂的被测物体，显像剂将带来不同消除的误差。显像剂喷涂并干燥后，在物体表面呈现白色粉末状，微观结构显现颗粒状，会对测量产生影响。同时显像剂喷涂极易产生不均匀现象，会对测量造成极大不良影响，应尽量避免或减少。如图 14-15 所示为喷涂显影剂后扫描工件的示意图。

（2）参考点位置的选取。虽然三维扫描在进行图像拼接时需要保证同一扫描范围内至少有三个参考点被两台相机同时识别，但参考点粘贴的位置仍不宜过于密集。在形貌变化平缓的位置可尽量减少参考点数量，这样也能减少计算机针对参考点匹配的运算数据。在形貌特征变化较大的位置需适当增加参考点，如图 14-16 所示，以保证扫描时可被识别点的数量及复杂形貌的匹配精度。

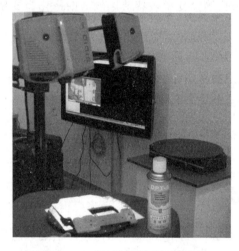

图 14-15　喷涂显影剂后扫描工件

图 14-16　利用参考点扫描工件

纸质参考点的粘贴要牢固，若在喷涂过显像剂的被测物体表面粘贴参考点，要先用棉签将要粘贴参考点位置的显像剂轻轻擦除后再进行粘贴。若为粘贴磁性编码点，测量过程中需注意不要改变编码点与被测物体的相对位置。若摆放测量标准尺，则测量过程中不可移动被测物体，只能变换扫描头的角度与位置。

（3）振动与轻微相对运动。当测量头的支架伸出过长可能导致测量头产生轻微振动，或被测物体为球体或圆柱形放置时易发生轻微滚动，则此时测量结果含有较大误差。故测量前要将扫描头和被测物体固定好，同时避免环境中的振动。

（4）背景光线误差。由于是应用光学原理进行扫描测量，所以测量过程对被测物表面反射光及背景光变化非常敏感。若扫描测量过程中系统周围有人员走动，因衣服反光造成的背景光的轻微变化就能导致测量结果失效，故测量过程中要避免这种情况发生。

14.4　3D　打　印

14.4.1　3D打印的定义

3D打印技术(3 dimensional printing)又名增材制造(material additive manufacturing),属于一种快速成型技术(rapid prototyping,RP),是一个使任何形状的三维固体物品通过数字模型得以快速实现的过程。3D打印的实质是通过计算机辅助设计软件,将某种特定的加工样式进行一系列的数字切片编辑,从而生成一个数字化的模型文件,然后按照模型图的尺寸以某些特定的添加剂作为粘合材料,运用特定的成型设备,即 3D 打印机,用液态、粉末态、丝状等的固体金属粉或可塑性高的物质进行分层加工、叠加成型,使原料将这些薄型层面逐层熔融增加,从而最终"打印"出真实而立体的固态物体。在工业制造领域,这个过程也被称为快速成型过程,故 3D 打印机也被称之为快速成型机。

14.4.2　3D打印技术的工作过程

如图 14-17 所示,3D 打印过程的第一步便是利用 3D 建模软件,如 AutoCAD、ProE 等计算机矢量建模软件或逆向工程重建软件,对目标产品进行数字化编辑,生成打印模型。随后,将 3D 软件存储为 STL 格式的文件,并使用类似 3D 打印机的驱动程序一样的分层切片软件将建立的 3D 数字模型分割成若干个薄层,每个薄层的厚度取决于喷涂材料的性质及3D 打印机的精度,一般在几十微米至几百微米之间。准备工作完成后便进入打印过程,根据要打印产品的不同特性选择不同的打印方法。打印完成后还需要将打印出来的 3D 模型进行后处理,如剥离、固化、打磨、后期修整等。

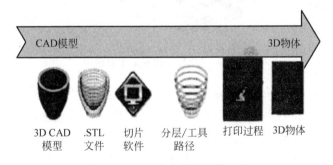

图 14-17　3D 打印的通用化过程

14.4.3　3D打印快速成型技术

3D 打印技术中最核心的技术就是快速成型技术,依据所用材料的性质及片层结构的生成方式的不同,大致可分为光敏树脂选择性固化工艺(stereo lithography apparatus,SLA)、粉末材料选择性烧结工艺(selected laser sintering,SLS)及丝状材料选择性堆积工艺(fused deposition modeling,FDM)。

　　快速成型技术原则上是 3D 打印机根据 3D 打印建模数据,采用快速成型技术实现材料的堆积或削减。根据不同的材料、不同的原理和技术生成各种各样的物品。打印材料有光敏树脂、粉末状材料、片材等,建模软件有 Pro/E Wildfire2．0、Rhino 等,成型技术有激光烧结、直接添加粘结剂与催化剂等。总之,该方法类似于数学几何的过程。从另外一方面讲,快速成型技术就是一种使用 3D 打印机,通过 3D 技术将零件的各个部件,按照其厚度和特定的横截面积按照规定的方式生产 3D 零件。整个过程在计算机的控制下,经过 3D 打印机技术实现自动控制,其原理如图 14-18 所示。

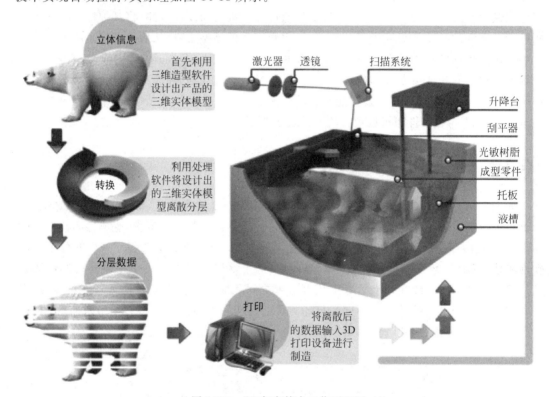

图 14-18　3D 打印技术工作原理图

　　3D 打印技术主要可分为"加法"打印技术与"减法"打印技术。按照快速成型材料与加工设备的不同,"加法"成型工艺主要有 SLA、FDM、SLS、分层实体制造(laminated object manufacturing,LOM)和无模铸型制造技术(patternless casting manufacturing,PCM)等。

　　下面分别对以上各种工艺造型过程进行简述。

1. 以光敏树脂为原料光固化成型

　　光固化快速成型技术(SLA 或 AURO)的形成是快速成型技术的一种。这种方法的原理是采用液态光敏树脂喷在基材上,再辐射相应的引发聚合的光波,使光敏树脂发生化学反应,聚合生成固态材料。

　　光固化成型具有精度高的优点,表面非常的光滑,研磨后的零件,需要将表面的微量细末层除掉。光固化成型树脂价格比较昂贵,因此运行成本非常高,而且所生成的零件为刚性体,脆性大,进行零件装配时会有难度。光固化工艺的 UV 光发生设备也非常昂贵,光固化设备的零件制备完成以后,还需要在光固化的外层包覆保护层,从而确保零件的强度。由于设备的运行成本高,这类设备一般都是大团体或资金充足的企业购买。造型原理图如图 14-19 所示。该工艺是首个投入商业应用的快速成型技术,特点是制造出的物品表面质量好、精度高。常用于建造形状复杂的零件,如空心零件,或用来制造精细的首饰、工艺品等。

2. 以热塑性材料为原料熔融挤出成型

丝状材料选择性熔覆工艺(简称 FDM)是一种将丝状材料(如工程塑料、聚碳酸锆等)进行加热熔化再合成产品的工艺。FDM 的工作原理是:热塑性丝状材料被热熔喷头加热并熔化成半液态,再通过喷头挤压出工件的横截面轮廓,通过喷头在工作台上的往复运动,逐层形成薄片。重复这个过程,便可生产出最终产品。如图 14-20 所示为 FDM 的工作过程。相较于其他种 3D 打印的加工工艺,FDM 工艺不需要昂贵的激光仪器,因此成本较低,十分适合生产有空隙的结构,可以节约原材料和制造时间。同时,这个方法更加环保,加工过程中工件一次成型,不产生多余的加工废料,也不会产生有毒气体或有害化学物质,且易于操作,对加工环境要求不高。因此,该方法是办公室环境的理想选择。但相比 SLA 工艺,FDM 对工件的加工精度相对较低,工件表面比较粗糙。

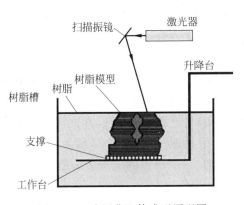

图 14-19　光固化立体成型原理图

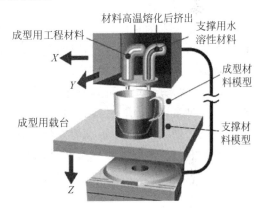

图 14-20　FDM 成型原理图

3. 以粉末状材料为原料选择性激光烧结

选择性激光烧结(SLS)是美国的德克萨斯州州立大学奥斯丁分校 Decard 博士在 1989 年研发成功的。该工艺是利用激光的能量,对粉末状材料进行烧结成型的。操作时,先将材料粉末堆放在已经成型的零部件上,再采用高强度激光对安装的新部件粉末层进行扫描,材料粉末在高强度激光下烧结到零件的截面上,并与原来的已成型的零件粘合在一起,当一层截面粉末烧结形成坚实的基础后,继续在其上面铺上一层材料粉末,继续烧结过程。这样,新的零件就会形成,成型原理图如图 14-21 所示。SLS 工艺可根据不同的材料粉末制作不同用途的模具。

4. 以粉末材料为原料三维印刷

三维印刷技术(3DP)的成型过程和 SLS 过程类似,其相似点在于粉末材料的使用,如

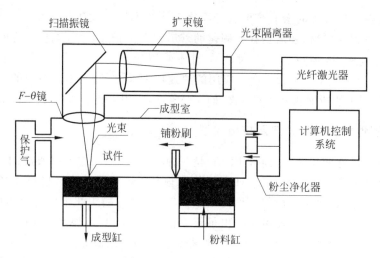

图 14-21　SLS 工作原理图

陶瓷粉末、金属粉末等。不同的是该方法不通过烧结材料的连接，而是通过粘合剂喷嘴（硅胶）将材料粉末粘接在需打印部件的截面。对粘合强度不足的部位，还必须进行强制性的后期处理才能达到使用要求。

三维印刷技术的具体过程如下：在一个支撑台面上，供粉缸采用刷粉的方法把一层粉末铺展于支撑面（成型缸），然后喷嘴喷出粘合剂于粉末表面，稍后粘合剂便把粉末粘结成一层有一定强度的薄层，当材料粉末在上一层粘接完成后，成型缸下降一层粉末厚度的距离，供粉缸（等同粉末层厚度，可调节为 0.013～0.1mm）刷出新的材料粉末层，松散的粉末被铺粉辊推到成型缸，并在前一层已粘合成型的部件上被摊铺和压实。在计算机控制下，喷头再次喷胶到新一层的粉末中，根据建模数据有选择性地喷胶建造新的成型面，如此周而复始地供粉、铺粉和喷胶，最终完成三维部件的生成。3DP 造型原理图如图 14-22 所示，与 RP 成型技术相比，该工艺的工艺过程要相对简单，在医学制药、微型机电制造等方面有着良好的应用前景。

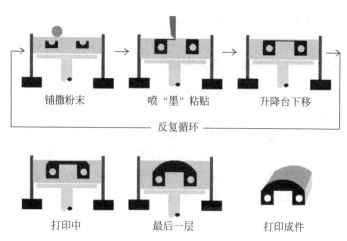

图 14-22　3DP 工作原理图

3D 打印技术这项新兴的高科技产物与互联网、新能源并称为"第三次工业革命"的三大核心技术,被认为是人类继 19 世纪的蒸汽时代和 20 世纪的电气化时代之后的第三次历史性突破,它将在人类社会的各个领域引领一场设计、制造、材料甚至生命的变革,让人类跨越现实世界与虚拟世界的障碍,打破技术与艺术的界限,掀起全球范围的创新浪潮,这一技术具有划时代的重要意义。

第 15 章

电子装配实训

电子类产品目前已深入到社会生活的方方面面。工科院校的学生通过电子实习训练，可以初步接触电子产品的生产实际，了解常用电器元件的类别、型号、主要性能及一般选用知识和简单的测试方法，通过实际动手操作，可以了解电子装焊工艺的基本知识和原理，掌握手工电子技术，并由此了解一般电子产品的制造工艺流程。

电子装配实训的主要内容包括元器件的认识与测量、工具组件的认识与应用、仪器仪表的认识与应用、焊接工艺的认识与应用、收音机的组装与调试、数字万用表的组装与调试、无线话筒的组装与调试等。

15.1 元器件的认识与测量

15.1.1 训练目标

认识常用的电子元件，掌握其选用原则和简单的测试方法。常用的电子元件主要有电阻、电容、晶体二极管、三极管等。

15.1.2 预备知识

1. 电阻

电阻在电路中用"R"加数字表示，如 R1 表示编号为 1 的电阻，其主要作用为分流、限流、分压、偏置等。

1）参数识别

电阻的单位为 Ω（欧），倍率单位有 kΩ（千欧）、MΩ（兆欧）等。换算方法是：$1M\Omega = 1000k\Omega = 1000000\Omega$。

电阻的参数标注方法有 3 种，即数标法、色标法和直标法。

（1）数标法：主要用于贴片等小体积的电路，一般用 3 位数表示，前两位是有效数字，第三位表示倍率，如 472 表示 $47 \times 100\Omega$（即 $4.7k\Omega$），104 则表示 $100k\Omega$。

（2）色标法：使用最多，常见的有四色环电阻、五色环电阻（精密电阻）等。

2）电阻的色标位置和倍率关系

普通色环电阻（误差 ±5% 以上）只有 4 个色环：第 1，2 个色环代表数值，第 3 个色环代表倍率,第 4 个色环代表精度。

精密色环电阻(误差±2%以内)有 5 个色环:第 1,2,3 个色环代表数值,第 4 个色环代表倍率,第 5 个色环代表精度。

各色环颜色代表的数值见表 15-1。

表 15-1　色环颜色代表的数值

颜色	棕	红	橙	黄	绿	蓝	紫	灰	白	黑	金	银
代表数值	1	2	3	4	5	6	7	8	9	0	N/A	N/A
代表倍率	10^1	10^2	10^3	10^4	10^5	10^6						
代表误差	1%	2%	N/A	N/A	0.5%	0.25%	0.1%	0.05%	N/A	N/A	5%	10%

倍率环就是数值后面加零的数量,例如倍率环的颜色是橙色,即 103,表示数值后面加 3 个零。

置万用表挡位于电阻挡的适当挡位,指针校零后即可测量阻值。

2. 电容

1) 参数识别

电容在电路中一般用"C"加数字表示(如 C13 表示编号为 13 的电容)。电容是由两片金属膜紧靠,中间用绝缘材料隔开而组成的元件。电容的作用是储存和释放电荷。

电容大小表示能储存电荷的大小。电容对交流信号的阻碍作用称为容抗,它与交流信号的频率和电容量有关。容抗 $X_C = 1/2\pi f C$(f 表示交流信号的频率,C 表示电容容量)。

2) 识别方法

电容的识别方法与电阻的识别方法基本相同,分直标法、色标法和数标法 3 种。电容的基本单位是 F(法),其他单位还有 mF(毫法)、μF(微法)、nF(纳法)、pF(皮法)。其中,$1F = 10^3 mF = 10^6 \mu F = 10^9 nF = 10^{12} pF$。

容量大的电容其容量值在电容上直接标明,如 $10\mu F/16V$;容量小的电容其容量值在电容上用字母表示或数字表示。例如,字母表示法:$1m = 1000\mu F$,$1p2 = 1.2pF$,$1n = 1000pF$;数字表示法:一般用 3 位数字表示容量大小,前两位表示有效数字,第 3 位数字是倍率。如,102 表示 $10 \times 10^2 pF = 1000pF$,224 表示 $22 \times 10^4 pF = 0.22\mu F$。

3) 电容容量误差表

符号:　　　　 F　　 G　　 J　　 K　　 L　　 M

允许误差:　 ±1%　 ±2%　 ±5%　 ±10%　 ±15%　 ±20%

如,一瓷片电容为 104J,表示容量为 $0.1\mu F$、误差为±5%。

3. 晶体二极管、晶体三极管

1) 二极管的判断

从外观上看,二极管两端中有一端会有白色或黑色的一圈,这个圈就代表二极管的负极即 N 极。利用万用表根据二极管正向导通反向不导通的特性即可判别二极管的极性。指针式万用表置于电阻挡时,黑表笔接的是表内电池的正极,红表笔接的是表内电池的负极。指针式万用表两根表笔加在二极管两端,当导通时(电阻小),黑表笔所接一端是正极即 P 极,红表笔所接一端是负极即 N 极。

若使用数字万用表则相反,红表笔是正极,黑表笔是负极,但数字表的电阻挡不能用来测量二极管和三极管,必须用二极管挡。

2）三极管的判断

（1）三极管的分类

半导体三极管可分为双极型三极管、场效应晶体管、光电三极管。双极型三极管分为PNP 型和 NPN 型两种。实训时要求重点掌握双极型三极管。

三极管按照功率大小有大、中、小功率之分；按照频率有高频管、低频管、开关管之分；按照材料有硅管与锗管之分；按照结构有点接触型和面接触型之分；按照封装方式有金属封装和塑料封装之分。

（2）国产三极管的型号命名方式

国产三极管的型号命名通常由5个部分组成：第1部分"3"代表三极管；第2部分通常是 A,B,C,D 等字母,表示材料和特性,由此可以知道是硅管还是锗管,是 PNP 型还是 NPN型,具体表示方法如下：

3A 代表 PNP 锗管（如 3AX21）

3B 代表 NPN 锗管（如 3BX81）

3C 代表 PNP 硅管（如 3CG21）

3D 代表 NPN 硅管（如 3DG130）

第3部分用字母表示类型,分别是：X（低频小功率）,G（高频小功率）,D（低频大功率）,A（高频大功率）。第4部分用数字表示序号。第5部分用字母表示规格。

（3）双极型三极管的主要参数

双极型三极管的主要参数可分为直流参数（如 I_{cbo},I_{ceo} 等）、交流参数（如 β,F_t 等）、极限参数（如 I_{cm},U_{ceo},P_{cm}）3 大类,具体可参见《模拟电子技术基础》等相关资料。

（4）双极型三极管的测试

要准确了解三极管的参数,需用专门的测量仪器进行测量,如晶体管特性图示仪,当没有专用仪器时也可以用万用表粗略判断,本实训内容要求重点掌握用万用表（以指针表为例）进行管脚的判别。通常以下判别都是设在电阻 1kΩ 挡。

基极的判别：假定某一个管脚为基极,用黑表笔接到基极,红表笔分别接另外两个管脚。如果一次电阻大、一次电阻小,说明假定的基极是错误的；如果两次电阻都小,说明假定的基极是正确的；如果没有找到两次电阻小只有两次电阻大,可以用红表笔接到假定的基极上,黑表笔分别接另外两个管脚,这样一定可以找出两次电阻都小的情况。

PNP 管与 NPN 管的判别：当基极找出来以后,用黑表笔接在基极上,红表笔接另外任意一个管脚,若导通说明基极是 P,此被测三极管即为 NPN 管,反之为 PNP 管。

集电极与发射极的判别：用指针万用表判别集电极和发射极,要设法令三极管导通起来,因为三极管导通的基本条件是必须在发射极上加正向偏置电压,所以可以在集电极与基极之间加一个分压电阻（大约 100kΩ）,且在集电极和发射极上通过万用表的两根表笔加上正确极性的电压,使发射极导通,此时万用表的两根表笔之间有电流通过,这也反映出电阻值小,根据这一原理可以判别三极管的集电极与发射极。

发射极接指针表的红表笔,集电极接指针表的黑表笔,具体方法如下：

对于 NPN 管,假定基极以外的某一个极为集电极,万用表的黑表笔接在假定的集电极管脚上,红表笔接在假定的发射极管脚上,用手指替代电阻同时接触到基极与假定的集电极之间。此时,若万用表电阻挡测出的电阻较小,参照图 15-1(a)可知,假定的集电极是正确的;若万用表电阻挡测出的电阻较大,说明假定的集电极是错误的。

对于 PNP 管,假定基极以外的某一个极为集电极,万用表的红表笔接在假定的集电极管脚上,黑表笔接在假定的发射极管脚上,用手指替代电阻同时接触到基极与假定的集电极之间。此时,若万用表电阻挡测出的电阻较小,参照图 15-1(b)可知,假定的集电极是正确的;若万用表电阻挡测出的电阻较大,说明假定的集电极是错误的。

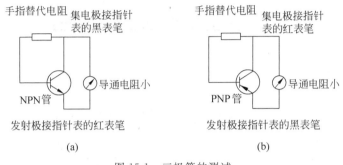

图 15-1 三极管的测试

15.1.3 训练方法

通过 5 类展板(电阻展板,电感、电容展板,二极管、三极管展板,集成电路展板,开关、晶振、蜂鸣器、光电隔离器展板)展示各种规格的电阻、电容、电感,让学生对常用电子元器件的规格、标号、外形、尺寸都有较为直观的感性认识。了解电阻色环、电容容值、电感色环的标识规则。

使用万用表、晶体管图示仪、集成电路测试仪测量和筛选电阻、电容、三极管、集成电路等电子器件。

15.1.4 训练工具

展板,万用表,晶体管图示仪,集成电路测试仪。

15.2 工具组件的认识与应用

15.2.1 训练目标

认识和学会使用常用的电子工具。

15.2.2 训练方法

通过对组合电子工具箱工具的展示以及学生亲自使用,使学生对各种工具的功能及使用方法有一定的了解。

15.2.3 训练工具

组合工具箱、剥线钳、尖嘴钳、斜口钳、虎口钳、十字螺丝刀、一字螺丝刀、钟表螺丝刀、镊子、芯片起拔器、剪刀、裁纸刀、吸锡器、焊锡丝、焊锡膏、电烙铁(含烙铁架)。

15.3 仪器仪表的认识与应用

15.3.1 训练目标

认识常用的仪器仪表,掌握示波器、信号发生器、万用表和直流稳压电源的使用方法,了解这些仪器在开发以及生产中的作用。

15.3.2 预备知识

1. 数字万用表

1) 操作面板说明(图 15-2)

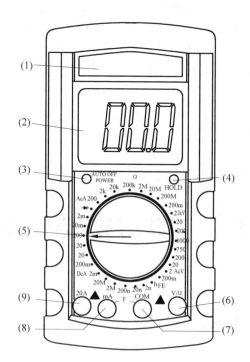

图 15-2 数字万用表面板

(1) 型号栏；

(2) 液晶显示器(LCD)：显示仪表测量的数值；

(3) 电源开关：开启关闭电源；

(4) 保持开关：按下此开关，则仪表当前所测数值保持在屏幕上并出现"H"符号；再次按下，则此开关弹起，"H"符号消失，退出保持功能状态；

(5) 功能开关：用于改变测量功能及量程；

(6) V/Ω 插孔：电压/电阻/二极管正极插座；

(7) COM 插孔：电容/温度/测试附件正极插座及公共"地"；

(8) mA 插孔：电容/温度/测试附件负极及 200mA 电流测试插座；

(9) 20A 插孔：20A 电流测试插座。

2) 直流电压测量

(1) 将黑表笔插入"COM"插孔，红表笔插入"V/Ω"插孔。

(2) 将量程开关转至 DCV 量程上，然后将测试表笔跨接在被测电路上，则红表笔所接的该点电压与极性显示在屏幕上。

注意：如 LCD 显示"1"，表明已超过量程范围，需将量程开关转至高一挡。

3) 交流电压测量

(1) 将黑表笔插入"COM"插孔，红表笔插入"V/Ω"插孔。

(2) 将功能开关转至"ACV～"挡，将测试表笔接触测试点，则表笔所接两点的电压有效值显示在屏幕上。

4) 直流电流测量

(1) 将黑表笔插入"COM"插孔，红表笔插入"mA"或"20A"插孔中，最大量程分别为 200mA 和 20A。

(2) 将功能开关转至相应 DCA 挡位上，然后将仪表的表笔串入被测电路中，则被测电流值及红色表笔点的电流极性将同时显示在屏幕上。

注意：

(1) 如果事先对被测电流范围没有概念，应将量程开关转至最高挡位，然后根据显示值转至相应的挡位上。

(2) 如 LCD 显示"1"，表明已超过量程范围，需将量程开关转至高一挡。

(3) 最大输入电流为 200mA 或者 20A(视红表笔插入位置而定)，过大的电流会将保险丝熔断，甚至损坏仪表。

5) 交流电流测量

(1) 将黑表笔插入"COM"插孔，红表笔插入"mA"或"20A"插孔中。

(2) 将功能开关转至相应 ACA 挡位上，然后将仪表测试表笔串入被测电路中，则被测电流显示在屏幕上。

6) 电阻测量

(1) 将黑表笔插入"COM"插孔，红表笔插入"V/Ω"插孔。

(2) 将功能开关转至相应的"Ω"挡，将两表笔跨接在被测电阻上。

注意：

(1) 如 LCD 显示"1"，表明已超过量程范围，需将量程开关调高一挡。当测量电阻超过

1MΩ 以上时，读数需几秒时间才能稳定，这在测量电阻时是正常的。

（2）当输入端开路时，则显示超量程情形。

（3）测量电路中的电阻时，在确认被测电路所有电源已关断及所有电容已完全放电后才可进行。

（4）请勿在电阻挡输入电压，这是绝对禁止的。

7）电容测量

（1）将红表笔插入"COM"插孔，黑表笔插入"mA"插孔。

（2）将功能开关转至电容测量挡，表笔对应极性（注意红表笔极性为正）接入被测电容，则屏幕上将显示电容容量。

注意：

（1）被测电容要完全放电，以免损坏仪表。

（2）单位换算：$1mF = 1000nF$，$1nF = 1000pF$。

8）三极管 h_{FE} 的测量

（1）将功能开关转至"h_{FE}"挡。

（2）将测试附件的正极插入"COM"插孔，负极插入"mA"插孔。

（3）确定所测晶体管为 NPN 型或 PNP 型，将发射极、基极、集电极分别插入相应插孔，则显示器显示三极管电流放大系数的近似值。

9）二极管测试

（1）将黑表笔插入"COM"插孔，红表笔插入"V/Ω"插孔（注意红表笔极性为正）。

（2）将功能开关转到"二极管"挡。

（3）将红表笔接到被测二极管正极，黑表笔接到二极管负极，显示器显示为二极管正向压降的近似值。

10）数据保持

按一下保持开关，当前数据就会保持在显示器上，再按一下数据保持就会取消，重新计数。

11）自动断电

当仪表停止使用 20min 后，仪表便自动断电，然后进入睡眠状态。若要重新启动电源，再按两次电源开关即可。

2．示波器

示波器是一种用途广泛的电子测量仪器，能直接观察电信号的波形，也能测定电信号的幅度、周期和频率等参数。用双踪示波器还可以测量两个信号之间的时间差或相位差。凡是能转化为电压信号的电学量和非电学量都可以用示波器来观测。示波器种类、型号很多，功能也不同。数字电路实验中使用较多的是 20MHz 或者 40MHz 的双踪示波器。这些示波器用法大同小异。在此不针对某一具体型号的示波器，只是从概念上介绍示波器在数字电路实验中的常用功能。具体使用中的差别，可参看产品使用说明书。

1）示波管

示波管是示波器的显示部分。屏上水平方向和垂直方向各有多条刻度线，指示出信号波形的电压和时间之间的关系。水平方向指示时间，垂直方向指示电压。水平方向分为 10 格，垂直方向分为 8 格，每格又分为 5 份。用被测信号在屏幕上占的格数乘以适当的比例常数(V/DIV,TIME/DIV)即能得出电压值与时间值。

2）示波器和电源系统

（1）电源

电源(Power)开关是示波器的主电源开关。当此开关按下时,电源指示灯亮,表示电源接通。

（2）辉度

旋转辉度(Intensity)旋钮能改变光点和扫描线的亮度。观察低频信号时可小些,观察高频信号时可大些。一般不应太亮,以保护荧光屏。

（3）聚焦

聚焦(Focus)旋钮可调节电子束截面大小,将扫描线聚焦成最清晰的状态。

（4）标尺亮度

标尺亮度(Illuminance)旋钮可调节荧光屏后面的照明灯亮度。正常室内光线下,照明灯暗一些为好；在室内光线不足的环境中,可适当调亮照明灯。

（5）幅值衰减

双踪示波器中每个通道各有一个幅值选择波段开关。一般按 1,2,5 方式从 5mV/DIV 到 5V/DIV 分为 10 挡。波段开关指示的值代表荧光屏上垂直方向 1 个格的电压值。例如,波段开关置于 1V/DIV 挡时,如果屏幕上信号光点移动 1 格,则代表输入信号电压变化 1V。每个波段开关上往往还有一个小旋钮,用于微调每挡的垂直衰减。将它沿顺时针方向旋到底,处于"校准"位置,此时波段开关所指示的值一致。逆时针旋转此旋钮,能够微调垂直衰减。垂直衰减微调后,会造成与波段开关的指示值不一致,这点应引起注意。许多示波器具有垂直扩展功能,当微调旋钮被拉出时,垂直衰减比例扩大若干倍。例如,如果波段开关指示的偏转因数是 1V/DIV,采用"×5"扩展状态时,垂直衰减则为 0.2V/DIV。

在做数字电路实验时,在屏幕上被测信号的垂直移动距离与 +5V 信号的垂直移动距离之比常被用于判断被测信号的电压值。

（6）时基选择(TIME/DIV)和微调

时基选择和微调的使用方法与垂直衰减选择和微调类似。时基选择也通过一个波段开关实现,按 1,2,5 方式把时基分为若干挡。波段开关的指示值代表光点在水平方向移动 1 个格的时间值。例如在 1μs/DIV 挡,光点在屏上移动 1 格代表时间值 1μs。

微调旋钮用于时基校准和微调。沿顺时针方向旋到底处于校准位置时,屏幕上显示的时基值与波段开关所示的标称值一致。逆时针旋转旋钮,则对时基微调。旋钮拔出后处于扫描扩展状态。通常为"×10"扩展,即水平灵敏度扩大 10 倍,时基缩小到 1/10。例如在 2μs/DIV 挡,扫描扩展状态下荧光屏上水平 1 格代表的时间值为 $2\mu s \times \dfrac{1}{10} = 0.2\mu s$。

（7）标准信号源 CAL

示波器的标准信号源 CAL,专门用于校准示波器的时基和垂直衰减。

示波器前面板上的位移(Position)旋钮用于调节信号波形在荧光屏上的位置。旋转水平位移旋钮(标有水平双向箭头)可左右移动信号波形,旋转垂直位移旋钮(标有垂直双向箭头)可上下移动信号波形。

（8）输入通道和输入耦合选择

① 输入通道选择

输入通道至少有 3 种选择方式：通道 1(CH1)、通道 2(CH2)、双通道(DUAL)。选择通道 1 时,示波器仅显示通道 1 的信号;选择通道 2 时,示波器仅显示通道 2 的信号;选择双通道时,示波器同时显示通道 1 的信号和通道 2 的信号。测试信号时,首先要将示波器的"地"与被测电路的"地"连接在一起。根据输入通道的选择,将示波器探头插到相应通道的插座上,示波器探头上的"地"与被测电路的"地"连接在一起,示波器探头接触被测点。示波器探头上有一双位开关,将此开关拨到"×1"位置时,被测信号无衰减送到示波器,从荧光屏上读出的电压值是信号的实际电压值;此开关拨到"×10"位置时,被测信号衰减为 1/10,然后送往示波器,从荧光屏上读出的电压值乘以 10 才是信号的实际电压值。

② 输入耦合方式

输入耦合方式有 3 种选择:交流(AC)、地(GND)、直流(DC)。当选择"地"时,扫描线显示出"示波器地"在荧光屏上的位置;选用直流耦合时,该通道既可以通过交流信号也可以通过直流信号,用于测定信号直流绝对值和观测极低频信号;选用交流耦合时,该通道只能通过交流信号,用于观测交流和含有直流成分的交流信号。在数字电路实验中,一般选择直流方式,以便观测信号的绝对电压值。

(9) 触发

被测信号从 Y 轴输入后,一部分送到示波管的 Y 轴偏转板上,驱动光点在荧光屏上按比例沿垂直方向移动;另一部分分流到 X 轴偏转系统产生触发脉冲,触发扫描发生器,产生重复的锯齿波电压,加到示波管的 X 偏转板上,使光点沿水平方向移动,两者合一,光点在荧光屏上描绘出的图形就是被测信号的图形。由此可知,正确的触发方式直接影响到示波器的有效操作。为了在荧光屏上得到稳定、清晰的信号波形,掌握基本的触发功能及其操作方法是十分重要的。

① 触发源(Source)选择

要使屏幕上显示稳定的波形,需将被测信号本身或者与被测信号有一定时间关系的触发信号加到触发电路。触发源选择确定触发信号由何处供给。通常有 3 种触发源:内触发(INT)、电源触发(LINE)、外触发(EXT)。

内触发:使用被测信号作为触发信号,是经常使用的一种触发方式。由于触发信号本身是被测信号的一部分,因此可以在屏幕上显示出非常稳定的波形。双踪示波器中通道 1 和通道 2 都可以选作触发信号。

电源触发:使用交流电源频率信号作为触发信号。这种方法在测量与交流电源频率有关的信号时是有效的。特别在测量音频电路、闸流管的低电平交流噪声时更为有效。

外触发:使用外加信号作为触发信号,外加信号从外触发输入端输入。外触发信号与被测信号间应具有周期性的关系。由于被测信号没有用作触发信号,所以何时开始扫描与被测信号无关。

正确选择触发信号与波形显示的稳定、清晰有很大关系。例如在数字电路的测量中,对一个简单的周期信号而言,选择内触发可能好一些,而对于一个具有复杂周期的信号,且存在一个与它有周期关系的信号时,选用外触发可能更好。

② 触发耦合(Coupling)方式选择

触发信号到触发电路的耦合方式有多种,目的是为了触发信号的稳定、可靠。这里介绍常用的几种。

交流(AC)耦合:又称电容耦合。它只允许用触发信号的交流分量触发,触发信号的直流分量被隔断。通常在不考虑直流分量时使用这种耦合方式,以形成稳定触发。但是如果触发信号的频率小于 10Hz,则会造成触发困难。

直流(DC)耦合:不隔断触发信号的直流分量。当触发信号的频率较低或者触发信号的占空比很大时,使用直流耦合较好。

低频抑制(LFR)耦合和高频抑制(HFR)耦合:低频抑制触发时,触发信号经过高通滤波器加到触发电路,触发信号的低频成分被抑制;高频抑制触发时,触发信号通过低通滤波器加到触发电路,触发信号的高频成分被抑制。

除了上面介绍的几种触发耦合方式外,还有用于电视维修的电视同步(TV)触发。这些触发耦合方式各有自己的适用范围,需在使用中体会。

③ 触发电平(Level)和触发极性(Slope)

触发电平调节又叫同步调节,它使得扫描与被测信号同步。电平调节旋钮调节触发信号的触发电平。一旦触发信号超过由旋钮设定的触发电平时,扫描即被触发。顺时针旋转旋钮,触发电平上升;逆时针旋转旋钮,触发电平下降。当电平旋钮调到电平锁定位置时,触发电平自动保持在触发信号的幅度之内,不需要电平调节就能产生一个稳定的触发。当信号波形复杂,用电平旋钮不能稳定触发时,用释抑(Hold Off)旋钮调节波形的释抑时间(扫描暂停时间),能使扫描与波形稳定同步。

极性开关用来选择触发信号的极性。拨在"+"位置上时,在信号增加的方向上,当触发信号超过触发电平时就产生触发;拨在"-"位置上时,在信号减少的方向上,当触发信号超过触发电平时就产生触发。触发极性和触发电平共同决定触发信号的触发点。

(10) 扫描方式(SweepMode)

扫描有自动(Auto)、常态(Norm)和单次(Single)3 种方式。

自动:当无触发信号输入,或者触发信号频率低于 50Hz 时,扫描为自动方式。

常态:当无触发信号输入时,扫描处于准备状态,没有扫描线。触发信号到来后,触发扫描。

单次:单次按钮类似复位开关。单次扫描方式下,按单次按钮时扫描电路复位,此时准备(Ready)灯亮。触发信号到来后产生一次扫描。单次扫描结束后,准备灯灭。单次扫描用于观测非周期信号或者单次瞬变信号,往往需要对波形拍照。

上面扼要介绍了示波器的基本功能及操作方法。示波器还有一些更复杂的功能,如延迟扫描、触发延迟、X-Y 工作方式等,这里就不介绍了。示波器入门操作是容易的,真正熟练则要在应用中掌握。值得指出的是,示波器虽然功能较多,但许多情况下用其他仪器、仪表更好。例如,在数字电路实验中,判断一个脉宽较窄的单脉冲是否发生时,用逻辑笔就简单得多;测量单脉冲脉宽时,用逻辑分析仪更好一些。

3. 交流毫伏表

晶体管毫伏表测量机构与万用表交流电压挡相似,唯一的不同之处在于整流后,单向脉动电流经过大电容滤波后再输送给磁电式表芯。

由于滤波电容的存在,其指针的偏转与待测量的峰值成正比。因为它具有晶体管衰减与放大电路,故输入阻抗相当高,可达兆欧数量级,且测量电压范围相当宽,从毫伏至数百伏。但准确度等级并不高。

交流毫伏表使用注意事项:

（1）表盘刻度与万用表交流挡的类似，是按正弦波的有效值标定的。其指针偏转与被测量的波形有关，当测量非正弦波的交流电时，需要换算。

（2）由于刻度非线性，所以应注意在满量程附近读取数值。

（3）测量前应短路调零；测量时，根据被测电压的大小选取合适的量程，避免仪器过载。

（4）仪表具有一定的频率范围，使用时应注意在规定的频率范围内进行测量。

交流 DF2170A 毫伏表是通用型电压表，具有测量电压的频率范围宽、测量电压的灵敏度和测量精度高、本机噪声低、测量误差小的优点，并具有相当好的线性度。DF2170A 采用两组相同而又独立的线路及双指针表头，故可在同一表面同时指示两个不同交流信号的有效值，便于进行双路交流电压的同时测量和比较，同时监视输出。"同步-异步"操作，给测量特别是立体声双通道的测量带来了极大方便。

4. 信号发生器

SPF05 型数字合成函数/任意波信号发生器/计数器是一台带有微处理器的数字合成信号发生器，同时具有 100MHz 的等精度频率计数器功能。本机采用现代直接数字合成技术设计制造，与一般传统信号源相比，具有高精度、多功能、高可靠性和其他一些独特的优点。

5. 直流稳压电源

直流稳压电源一般由取样电路、比较放大、控制电路、调整电路、辅助电源电路、基准电路、保护电路、电源整流滤波电路等组成。

当输出电路由于电源电压或负载电流变化引起变动时，变动信号经取样电路与基准电路进行比较，其所得信号经比较放大后，由控制电路控制可控硅，使全波整流电流输出电压调整为额定值。

使用直流稳压电源时要注意：

（1）接通电源前，将"输出"调节至最小。

（2）使用时，根据需要选择合适的输出电压。

（3）使用完毕，将"输出"调节至最小后再切断电源。

MPS-3003L-3 线性直流电源具有两路独立输出，输出电压 0～30V，连续可调。输出电流按型号分为 2A，3A 和 5A。双色四路 LED 数字显示电压、电流。两路独立输出可通过TRANCKING 按键连接为串联或并联。具备恒压、恒流工作模式以及过流保护功能。

15.3.3 训练方法

（1）用示波器观察信号源输出的波形，并测量各种波形的主要参数。

（2）掌握如何在示波器上选用合适的衰减开关、时基、触发方式、耦合方式来观察稳定的或不稳定、有周期的(包括伪随机的)或无周期的信号。

（3）掌握如何用信号发生器产生我们所需要的信号，如信号的周期、幅值以及各种调制波的参数的设置。

（4）掌握直流稳压电源的使用方法，了解选用直流稳压电源的方法。

（5）掌握如何用万用表测量直流(交流)电的电压、电流、电阻，并进行二极管极性的判断、三极管类型和引脚的判断。

15.3.4　训练工具

示波器,信号源,直流稳压电源,万用表。

15.4　焊接工艺的认识与应用

15.4.1　训练目标

通过对焊接工艺理论的学习,使学生初步了解焊接工序和焊接方法;通过实训,使学生能够正确认识各种常用的焊接工具和焊接材料以及它们在焊接中的作用和使用方法;通过对焊接效果的分析,指导学生了解在实际焊接工作中需要注意的地方,着重培养学生的焊接习惯。

15.4.2　相关设备操作方法

1. 电烙铁

1) 操作说明
(1) 将温度控制旋钮转至 200℃ 位置。
(2) 连接好烙铁和控制台。
(3) 接上电源。
(4) 打开开关,电源指示灯(即 LED)发亮。
(5) 将温度控制旋钮转至适用的温度位置。
(6) 选择适当的使用温度。温度太低会减缓焊锡的流动;温度过高会把焊锡中的助焊剂烧焦而转为白色浓涸,造成虚焊或烧伤电路板。为保证焊点良好,烙铁头温度应按需要设定。电子业普遍采用的焊锡合金是 60% 锡、40% 铅(60/40),使用温度一般不超过 380℃。如果特别需要使用较高的温度,可控制在短时间内使用。
2) 烙铁头不沾锡的原因
(1) 烙铁头温度超过 400℃。
(2) 烙铁头沾锡面没有适当加锡。
(3) 在焊接、除锡、修理、补焊等作业中缺少助剂。
(4) 烙铁头接触到了有机物如塑料、矽(硅)质油脂及其他化学品。
(5) 使用的焊锡不纯洁和含锡量低。
3) 温度锁定
(1) 温度设定到适当温度。
(2) 用螺丝批在温度旋钮下顺时针拧锁定螺钉,直到温度设定旋钮不动。
(3) 温度重新设定时,逆时针旋转螺丝批,松动锁定螺钉。

2. 热风拔焊台

1) 使用前的准备工作
(1) 选择与集成电路尺寸相配合的起拔钢丝。FP 起拔器配有小钢丝(14mm),但可能需要大起拔钢丝(30mm)。请依照集成电路块的尺寸,选择适当的起拔钢丝。

（2）选择与集成电路块的尺寸相配合的喷嘴。

（3）松开喷嘴螺丝。

（4）装喷嘴。

（5）适当紧固螺丝。

2）除锡过程

（1）打开电源开关。

（2）调节气流和设定温度旋钮。

（3）将起拔器插在集成电路块下面。如果集成电路块的宽度不适合起拔器钢丝的尺寸,可挤压钢丝宽度以适应之。

（4）使喷嘴对准所要熔化焊剂的部分,让喷出的热气熔化焊剂。喷嘴不可触及集成电路块的引线。

（5）焊剂熔化时,提起起拔器,移开集成电路块。

（6）打开电源开关,自动喷气功能开始操作,通过管件输送凉气,使发热材料手柄降温。因此在冷却时段,不可拔去电源插头。当风口温度低于 100℃时(850、850DB 除外),自动关机。如果有一段长时间不使用本机身,应拔出电源插头。

（7）清除焊剂残余:移开集成电路块后,可用吸锡器或吸锡泵清除焊剂残余。

3）焊接

（1）涂抹适量锡膏,将 SMD 放在电路板上。

（2）预热 SMD。

（3）焊接:向引线框平均喷出热气。

（4）清理:焊接完毕后清除熔料残余。

15.4.3　训练工具

吸锡器,焊锡丝,焊锡膏,电烙铁(含烙铁架),电焊台,热风拔放台,焊接导线,焊接实训板。

15.5　收音机的组装与调试

15.5.1　训练目标

通过对收音机套件的组装,使学生加深对元器件工具以及焊接工艺的认识与应用;通过对收音机的调试,使学生加深对电路的认识,并让学生初步了解和掌握电路的基本调试方法,增强对电子的兴趣。

15.5.2　训练方法

对照电路图(图 15-3)和器件号进行焊接,着重加强学生对元器件的感识、各种常用工具的使用以及焊接工艺的实际运用,初步培养学生良好的焊接习惯。

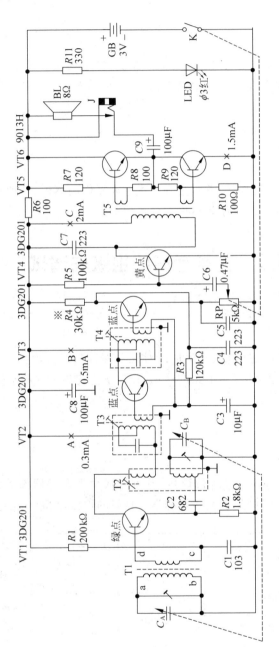

图 15-3　S66D 型收音机原理电路图

15.6　数字万用表的组装与调试

15.6.1　训练目标

通过对数字万用表套件的组装,使学生加深对元器件工具以及焊接工艺的认识与应用;通过数字万用表的调试,使学生加深对电路的认识,并让学生初步了解和掌握电路的基本调试方法,增强对电子的兴趣。

15.6.2　训练方法

对照电路图和器件号进行焊接,着重加强学生对元器件的感识、各种常用工具的使用以及焊接工艺的实际运用,初步培养学生良好的焊接习惯。

15.7　无线话筒的组装与调试

15.7.1　训练目标

通过对无线话筒套件的组装,使学生加深对元器件工具以及焊接工艺的认识与应用;通过无线话筒的调试,使学生加深对电路的认识,并让学生初步了解和掌握电路的基本调试方法,增强对电子的兴趣。

15.7.2　训练方法

对照电路图(图 15-4)和器件号进行焊接,着重加强学生对元器件的感识、各种常用工具的使用以及焊接工艺的实际运用,初步培养学生良好的焊接习惯。

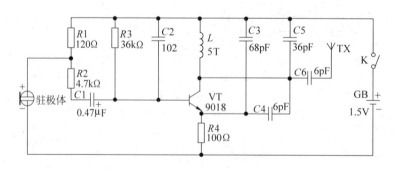

图 15-4　WXH02 型无线话筒原理电路图

第 16 章

电工实训

电工操作实训作为本科生实践教学的有机组成部分,面向大学一、二年级学生,其目标是:通过实际操作训练,让学生掌握常用低压电器的性能参数;掌握简单控制电路的读图;能够根据设计需要选择检测器件;能够依据装配图安装器件;能够依据工艺操作要求和原理图、互联图配线;能够小组协作配合进行检测调试。同时,通过实际操作训练,学生应该掌握基本的生产工艺知识和实际操作技能,树立劳动观念,发扬理论联系实际的科学作风,熟悉现代企业环境,为从事相关技术工作打下坚实基础。最重要的是在实习中学会学习,学会相处,学会合作。

电工实训的主要内容包括:常用电器元件的识别,常用电工仪表的使用,导线的连接,照明电路的设计安装,家用配电线路的设计安装,继电器控制电路的设计、安装等。

16.1　常用电器元件

电气控制线路是由各种接触器、继电器、按钮、开关等电器元件组成的,这种控制系统一般称为继电接触器控制。

要了解电路控制的原理,首先必须了解其中各个电器元件的结构、动作原理及控制作用。

16.1.1　组合开关

组合开关又称转换开关,实质上是一种刀片可转动的刀开关。它由装在同一根轴上的单个或多个单极旋转开关叠装在一起组成,有单极、双极和多极结构。根据动触片和静触片的不同组合,有许多接线方式。图 16-1 为常用的 HZ_2 系列的组合开关,它的 3 个静触片连在接线柱上,3 个动触片套在装有手柄的绝缘轴上。组合开关常用来作为电源的引入开关和其他控制开关。

16.1.2　按钮

按钮是一种简单的手动开关,通常用于发出操作信号,接通或断开电流较小的控制电路,以控制电流较大的电动机或其他电气设备的运行。它的外形、结构示意及符号如图 16-2 所示。由图可知,按钮由一对常开触点 3 和 4、一对常闭触点 1 和 2、复位弹簧 5 和按钮帽 6 组成。

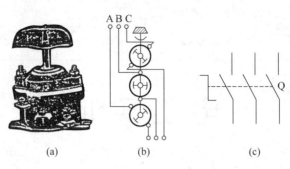

图 16-1　组合开关

(a) 外形；(b) 结构示意图；(c) 符号

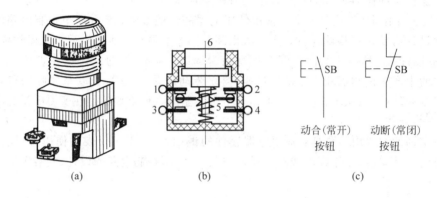

图 16-2　按钮

(a) 外形；(b) 结构示意图；(c) 符号

工作时,按下按钮帽,常闭触点断开,常开触点闭合。松开按钮帽,在复位弹簧的作用下,常开触点断开,常闭触点闭合。有些按钮还带有指示灯。按钮只能用在控制电路中,触点额定电流一般只有 5A。

16.1.3　交流接触器

交流接触器是利用电磁铁对衔铁的吸力作用制成的自动电器,用来接通或断开三相电动机或其他电气设备的主电路。图 16-3 是交流接触器的外形、结构示意和符号。交流接触器的触点分为主触点和辅助触点两种。主触点接触面积大,通过电流较大,通常一个接触器有 3 对主触点,均为常开触点,接在电动机的主电路中。辅助触点接触面积小,只能通过 5A 以下的较小电流,用于控制电路中。目前常用的接触器的型号有 CJO-2A 和 CJ2-40A 等。

注意:接触器 KM 中的"常开"是指吸引线圈未通电时触点是打开的,"常闭"是指吸引线圈未通电时触点是闭合的。当吸引线圈通电后,其常闭触点断开,常开触点则闭合。

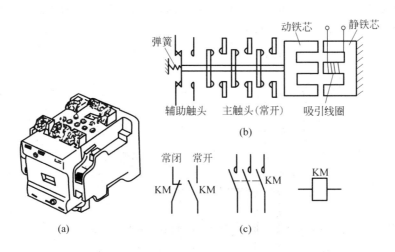

图 16-3　交流接触器

（a）外形；（b）结构示意图；（c）符号

16.1.4　保护电器

1. 热继电器

热继电器是一种保护电器,通常用来保护电动机不致因长时间过载而烧坏。

电动机的过载保护通常用热继电器来实现。热继电器是利用膨胀系数不同的双金属片遇热后产生的弯曲变形去推动触头,从而断开电动机的控制电路。它由发热元件、双金属片、触头及一套传动和调整机构组成,其外形、结构和符号如图 16-4 所示。

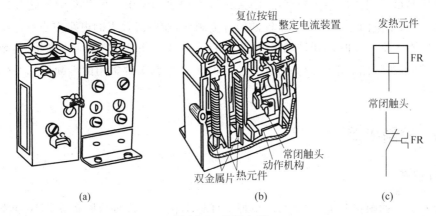

图 16-4　热继电器

（a）外形；（b）结构示意图；（c）符号

热继电器的接线和原理如图 16-5 所示。两组或 3 组发热元件串接在电动机的主电路中,而其常闭触头串接在控制电路中。电动机正常工作时,双金属片不起作用。当电动机过载时,流过热元件的电流超过其整定电流,使双金属片受热而有较大的弯曲,向左推动导板,温度补偿双金属片与推杆相应移动使动触头离开静触头,于是接触器线圈 KM 断开,从而断开电动机电源,达到过载保护的目的。

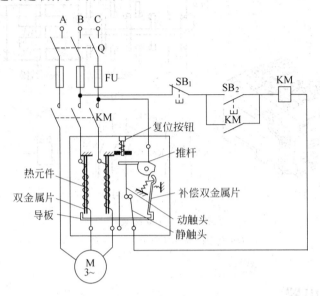

图 16-5　热继电器接线原理图

热继电器的主要技术数据是整定电流,是指长期通过热元件而动作的最大电流。其工作电流超过整定电流值 20% 时,热继电器 FR 应当在 20min 内动作。且其超过数值越大,动作时间越短。选用热继电器时应取其整定电流等于电动机的额定电流。

2. 熔断器

熔断器是最常用的短路保护电器,串接在被保护的电路中。熔断器中的熔片或熔丝统称为熔体,一般由电阻率较高而熔点较低的合金制成,在电流较大的电路中也有用细铜丝制成的。线路在正常工作时,熔断器的熔体不熔断,一旦发生短路,熔体应立即熔断,及时切断电源,以达到保护线路和电气设备的目的。图 16-6 所示为 3 种常用的熔断器以及熔断器的符号。

16.1.5　控制电器

1. 行程开关

行程开关又称限位开关,它是利用机械部件运动位移的位置或距离来切换电路的自动电器,它的结构和工作原理与按钮相似。行程开关是靠运动部件上的撞块来压动,使其常闭触点断开,常开触点闭合;当撞块离开时,靠弹簧作用使触点复位。图 16-7 是几种常用的行程开关的外形、结构示意和符号。

用行程开关 SQ 能实现限位控制和运动部件的自动循环往复行程控制。

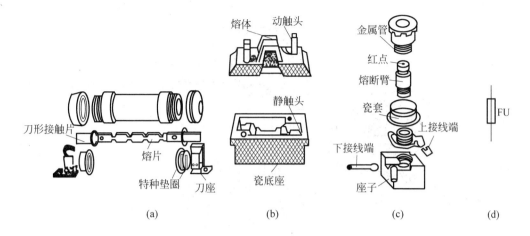

图 16-6　熔断器

（a）管式熔断器；（b）插入式熔断器；（c）螺旋式熔断器；（d）图形符号

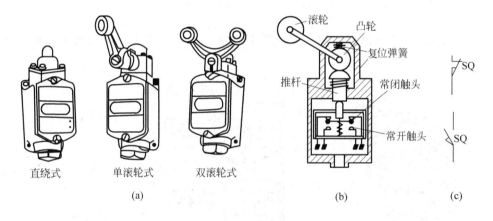

图 16-7　行程开关

（a）外形；（b）结构示意图；（c）符号

2. 速度继电器

速度继电器是利用转轴的一定转速来切换电路的自动电器,它的工作原理与鼠笼式异步电动机相似。速度继电器的外边有一个可以转动一定角度的外环,装有鼠笼绕组。转子是一块永久磁铁,与电动机或机械转轴连在一起,随轴转动。当转轴带动永久磁铁旋转时,定子外环的鼠笼绕组切割旋转磁铁的磁场产生感应电势和感应电流。该电流在转子磁场的作用下产生电磁力和电磁矩,使外环跟随转动一个角度。速度继电器的外形、原理示意和符号如图 16-8 所示。

正转时,右边的常闭触点断开,常开触点闭合；反转时,左边的常闭触点断开,常开触点闭合。当转速低于 20r/min 左右时,触点复位。

3. 时间继电器

在生产中经常需要按一定的时间间隔来对生产机械进行控制。如多台电机的分时启

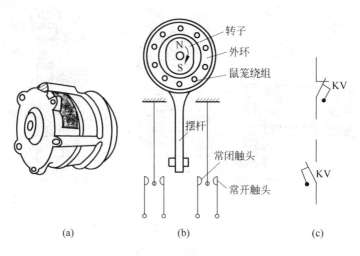

图 16-8　速度继电器

(a) 外形；(b) 原理示意图；(c) 符号

动,电动机启动时防止电流表的冲击等。图 16-9 所示为 JS7-A 型空气式通电延时时间继电器。

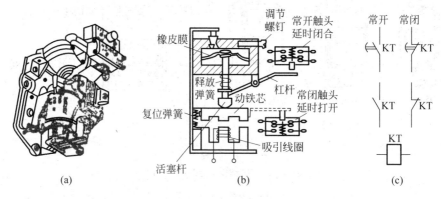

图 16-9　空气式通电延时时间继电器

(a) 外形；(b) 结构示意图；(c) 符号

当吸引线圈通电时,下面的静铁芯吸引上面的动铁芯,在释放弹簧的作用下,活塞杆向下移动。由于活塞上固定有一层橡皮膜,所以向下移动后封闭空气室的压强增大,活塞下移速度变慢,杠杆逐渐往上翘,经过一定的时间后,杠杆才能压动微动开关的推杆,使常闭触点断开,而常开触点闭合。这是一对通电延时触点。同时还有一对瞬时的触点,其符号如图 16-9(c)所示。当旋转调节螺钉时,即可调节进气孔的大小,改变延时时间。

另一类是断电延时的时间继电器,其延时触点为通电时瞬时动作,即通电时常闭触点瞬时断开,常开触点瞬时闭合。而当吸引线圈断电时,其常闭触点延时一段时间后才能恢复闭合,常开触点延时一段时间后才能恢复断开。

4. 牵引电磁铁

牵引电磁铁在机床电气控制系统中,主要用来操作某些可移动的机械机构,例如用来拨动变速齿轮的配合及变速,以改变机床移动部件的移动速度。

图 16-10 是一种螺管式的电磁系统牵引电磁铁工作原理示意图。牵引电磁铁由一个 U 形铁壳、T 形衔铁和吸引线圈组成。吸引线圈绕在纸板骨架上并安装在 U 形铁壳内,T 形衔铁伸进线圈的内孔。在 T 形衔铁的前端和 U 形铁芯上端均分别放置了短路环,以防止衔铁吸合后产生振动。

电磁铁一般只作垂直方向安装,这样可以使衔铁工作时灵活地作上、下方向的运动。

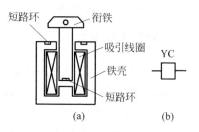

图 16-10　牵引电磁铁结构原理图
（a）结构原理图；（b）常用符号

16.2　常用工具、仪表的使用

16.2.1　万用表的使用

万用表是一种可以测量多种电量的多量程便携式仪表。可用来测量交流电压、直流电压、直流电流和电阻值等。是维修电工必备的测量仪表之一。现以 500 型万用表为例,介绍其使用时的注意事项。

1. 万用表表棒的插接

测量时将红表棒插入正极插孔,黑表棒插入负极插孔。测量高压时,应将红表棒插入 2500V 插孔,黑表棒插入负极插孔。

2. 交流电压的测量

测量交流电压时,将万用表右边的转换开关置于 ⊻ 位置,左边的转换开关(量程选择)选择到交流电压所需的某一量程位置上,表棒不分正负,用手握住两表棒绝缘部位,将两表棒金属头分别接触被测电压的两端,观察指针偏转并读数,然后从被测电压端断开表棒。如果不清楚被测电压的高低,则应选择表的最大量程,交流 500V 试测。若指针偏转小,就逐级调低量程,直到合适的量程时进行读数。交流电压量程有 10V,50V,250V 和 500V 等 4 挡。

读数:量程选择在 50V 及 50V 以上各挡时,读"～"标度尺,即在标度盘自上而下的第 2 行的标度尺上读取测量值。选择交流 10V 量程时,应读交流 10V 专用标度尺,即在标度盘由上至下的第 3 行标度尺上读取测量值。各量程表示为满刻度值。例如,量程选择为 250V,表针指示为 200 时测量读数为 200V。

3. 测量直流电压的方法

测量直流电压时,将万用表右边的转换开关置于 ⊻ 位置,左边的转换开关(量程选择)选择到直流电压所需的某一量程位置上。用红表棒金属头接触被测电压的正极,黑表棒金属头接触被测电压的负极。测量直流电压时，表棒不能接反，否则易损坏万用表。若不清楚被测电压的正负极，可用表棒轻快地碰触一下被测电压的两极，观察指针的偏转方向，确定出正负极后再进行测量。如果被测电压的高低不清楚，量程的选择方法与测量交流电压时量程的选择方法相同。

直流电压与交流电压在同一个标度尺上读数。

4．测量直流电流的方法

测量直流电流时，将万用表右边的转换开关置于 A 位置，左边的转换开关选择在直流电流所需的某一量程。再将两表棒串接在被测电路中，串接时注意按电流从正到负的方向。若被测电流的方向或大小不清楚，则可采用前面的方法进行处理。

直流电流与交、直流电压在同一个标度尺上读数。

5．测量电阻的方法

测量电阻时，将万用表左边的转换开关置于 Ω 位置，右边的转换开关置于所需的某一Ω 挡位。再将两表棒金属头短接，使指针向右偏转，调节调零电位器，使指针指示在欧姆标度尺"0Ω"位置上。欧姆调零后，用两表棒分别接触被测电阻的两端，读取测量值。测量电阻时，每转换一次量程挡位需要进行一次欧姆调零，以保证测量的准确性。

在 Ω 标度尺（即标度盘上的第一个标度尺）上读数，将读取的数再乘以倍率数就是被测电阻的电阻值。例如，当万用表左边的转换开关置于 Ω 位置，右边的转换开关置于 100 挡位时，读数为 15，则被测电阻的电阻值为 $15 \times 100 = 1500(\Omega)$。

6．使用万用表时应注意的事项

（1）使用万用表时，应仔细检查转换开关位置选择是否正确，若误用电流挡或电阻挡测量电压，会造成万用表损坏。

（2）万用表在测试时，不能旋转转换开关，需要旋转转换开关时，应让表棒离开被测电路，以保证转换开关接触良好。

（3）电阻测量必须在断电状态下进行。

（4）为提高测量精度，倍率选择应使指针所指示的被测电阻值尽可能在标度尺中间段。电压、电流的量程选择，应使仪表指针得到最大的偏转。

（5）为确保安全，测量交、直流 2500V 量程时，应将被测试表棒一端固定在电路的电位上，另一测试表棒去接触被测交流电源。测试过程中应严格执行高压操作规程，双手必须带高压绝缘手套，地板上应铺置高压绝缘胶板。

（6）仪表在携带时或每次用毕后，最好将两转换开关旋置"OFF"位置上，使表内部电路呈开路状态。

16.2.2　电流表

用来测量电路中电流大小的仪表叫电流表（如图 16-11 所示），具体又分为测量直流电流的直流电流表和测量交流电流的交流电流表。使用时，必须让电流表与被测电路串联，并且要求电流表的内阻尽可能小。使用直流电流表时,应注意极性的选择,避免指针反偏而损坏仪表。常用的直流电流表为磁电系电流表,规格型号如 1C2-A;交流电流表是电磁系电流表,规格型号如 1T1-A。

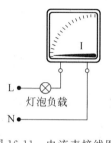

图 16-11　电流表接线图

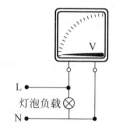

图 16-12　电压表接线图

16.2.3　电压表

　　用来测量电路中两点之间电压的仪表叫电压表(如图 16-12 所示)。电压表也分为直流电压表和交流电压表。使用时必须让电压表与被测电压两端并联,并且要求电压表的内阻尽可能大。使用直流电压表时必须注意极性的选择,避免出现指针反偏。常用的直流电压表为磁电系电压表,规格型号如 1C1-V;交流电压表是电磁系电压表,规格型号如 1T1-V。

16.2.4　电度表

　　电度表是计量电能的仪表。凡是需要计量用电量的地方,都要使用电度表。电度表可以计量交流电能,也可以计量直流电能。在计量交流电能的电度表中,又可分成计量有功电能和无功电能的电度表两类。本实验要介绍的电度表是用量最大的计量交流有功电能的感应式电度表。

　　电度表的活动部分是一个可以转动的铝盘。在电度表特有的磁路中,当有一定的电能通过电度表自电源向负载时,铝盘就会受到一个转矩的作用而不停地旋转。这种工作原理的仪表称为感应式仪表。铝盘的转动既作为电度表正常工作的标志,同时又带动一个齿轮,最后由计数器把铝盘的转数变换成所计量电能的数字。这个数字代表了累计用电量。因此,电度表是一种积算式仪表。

　　交流电度表分为单相电度表和三相电度表两类,分别用于单相及三相交流系统中电能的计量。

1. 电度表的规格和电气参数

1) 额定电压

单相电度表的额定电压有 220(250)V 和 380V 两种,分别用在 220V 和 380V 的单相电路中。

三相电度表的额定电压有 380V,380/220V,100V 等 3 种,分别用在三相三线制(或三相四线制的平衡负荷)、三相四线制的平衡或不平衡负荷以及通过电压互感器接入的高压供电系统中。

2）额定电流

电度表的额定电流有多个等级，如1A、2A、3A、5A等，它们表明了该电度表所能长期安全流过的最大电流。有时，电度表的额定电流标有两个值，后面一个写在括号中，如2(4)A，这说明该电度表的额定电流为2A，最大负荷可达4A。

3）频率

国产交流电度表都用在50Hz的电网中，故其使用频率也都是50Hz。

4）电度表常数

它表示每用1kW·h的电，电度表的铝盘所转动的圈数。例如，某块电度表的电度表常数为700，说明电度表每走一个字，即每用1kW·h的电，铝盘要转700圈。根据电度表常数，可以测算出用电设备的功率。

2. 感应式电度表的基本结构和原理

感应式单相电度表的结构见图16-13。它由以下几部分组成。

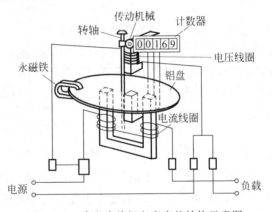

图16-13　感应式单相电度表的结构示意图

1）电磁机构

这是电度表的核心部分，由两组线圈和各自的磁路组成。一组线圈称为电流线圈，它与被测负载串联，工作时流过负荷电流；另一组线圈与电源并联，称为电压线圈。电度表工作时，两组线圈产生的磁通同时穿过铝盘，在这些磁通的共同作用下，铝盘受到一个正比于负载功率的转矩，使铝盘开始转动。铝盘的转速与负载功率成正比。铝盘通过齿轮机构带动计数器，可直接显示用电量。

2）计数器

它是电度表的指示机构，又称积算器，用电量的多少，最终由它指示出来。

3）传动机构

它是电磁机构和积算器之间的传动部件，由齿轮、蜗轮及蜗杆组成。铝盘的转数通过这一部分在计数器上显示出来。

4）制动机构

是一块可以调整的永磁铁。电度表正常工作时，铝盘受到一个转矩，此时会产生一个角加速度，若不靠永磁铁的制动转矩，铝盘会越转越快。当制动转矩与电磁转矩平衡时，铝盘保持匀速转动。

5）其他部分

包括各种调节校准机构、支架、轴承、接线端子等。它们虽然是电度表的辅助部分,但却是保证电度表正常工作必不可少的。

3. 电度表的倍率及计算方法

电度表以它的计数器来显示累计用电量。计数器的个位每增加 1（也就是常说的电度表走一个字）,说明用电量为 1kW·h。假如电度表是通过电流互感器接入的,而且电度表的额定电流是 5A,那么,在某一段时间的用电量,就应是这段时间的起始与终了时计数器的数字差与电流互感器的倍率的乘积。例如,

某段时间的实际用电量＝(本次电表读数－上次电表读数)×互感器变比

4. 电度表的安装要求

（1）电度表应安装在清洁、干燥的场所,周围不能有腐蚀性或可燃性气体,不能有大量的灰尘,不能靠近强磁场。与热力管应保持 0.5m 以上的距离。环境温度应在 0～40℃之间。

（2）明装电度表与地面应有 1.8～2.2m 的距离,暗装电度表应不少于 1.4m。装于立式盘和成套开关柜时,不应少于 0.7m。电度表应固定在牢固的表板或支架上,不能有振动。安装位置应便于抄表、检查、试验。

（3）电度表应垂直安装,垂度偏差不应大于 2°。

（4）电度表配合电流互感器使用时,电度表的电流回路应选用 2.5mm² 的独股绝缘铜芯导线,中间不能有接头,不能设开关与保险。所有压接螺丝要拧紧,导线端头要有清楚而明显的编号。互感器的二次绕组的一端要接地。

5. 电度表的安全要求

（1）电度表的选择要使它的型号和结构与被测的负荷性质和供电制式相适应,它的电压额定值要与电源电压相适应,电流额定值要与负荷相适应。

（2）要先弄清电度表的接线方法后再接线。接线一定要细心,接好后仔细检查。如果发生接线错误,轻则造成计量不准或电表反转,重则导致烧表,甚至危及人身安全。

（3）配用电流互感器时,电流互感器的二次侧在任何情况下都不允许开路。二次侧的一端应良好接地。接在电路中的电流互感器如暂时不用,则应将二次侧短路。

（4）容量在 250A 及以上的电度表,需要加装专用的接线端子,以备校表之用。

16.3 导线连接、布线方法

16.3.1 导线的几种连接方法

1. 剖削导线绝缘层

可用剥线钳或钢丝钳剥削导线的绝缘层,也可用电工刀剖削塑料硬线的绝缘层。

用电工刀剖削塑料硬线的绝缘层时，电工刀刀口在需要剖削的导线上与导线成45°夹角，斜切入绝缘层，然后以25°角倾斜推削，最后将剖开的绝缘层折叠，齐根剖削。剖削绝缘层时不要削伤线芯。

2. 单股铜芯导线的直线连接和 T 形分支连接

1）单股铜芯导线的直线连接

先将两线头剖削出一定长度的线芯，清除线芯表面的氧化层，将两线芯作 X 形交叉，并相互绞线 2～3 圈，再扳直线头，将扳直的两线头向两边各紧密绕 6 圈，切除余下线头并钳平线头末端。

2）单股铜芯导线的 T 形分支连接

将剖削好的线芯与干线芯十字相交，支路线芯根部留出约 3～5mm，然后顺时针在干线线芯上密绕 6～8 圈，用钢丝钳切除余下的线芯，钳平线芯末端。

3. 7 股铜芯导线的直线连接和 T 形分支连接

1）7 股铜芯导线的直线连接

先将两线头剖削出约 150 mm 长度的线芯，并将靠近绝缘层约 1/3 处的线芯绞紧，散开拉直线芯，清洁线芯表面的氧化层，然后再将线芯整理成伞状，把两伞状线芯隔根对叉。理平线芯，把 7 根线芯分成 2,2,3 三组，把第一组 2 根线芯顺时针方向紧密缠绕 2 圈后扳平余下的线芯，再把第二组的 2 根线芯扳垂直，用第二组线芯压住第一组余下的线芯，紧密缠绕 2 圈后扳平余下的线芯，用第三组的 3 根线芯压住余下的线芯，紧密缠绕 3 圈，切除余下的线芯，钳平线端。用同样的方法完成另一边的缠绕，完成 7 股铜芯导线的直线连接。

2）7 股铜芯导线的 T 形分支连接

剖削干线和支线的绝缘层，绞紧支线靠近绝缘层 1/8 处的线芯，散开支线线芯，拉直并清洁表面，把支线分成 4 根和 3 根两组排齐，将 4 根组插入干线线芯中间，把留在外面的 3 根组线芯，在干线线芯上顺时针方向紧密缠绕 4～5 圈，切除余下的线芯，并钳平线端。再用 4 根组线芯在干线线芯的另一侧顺时针方向紧密缠绕 3～4 圈，切除余下的线芯，钳平线端，完成 T 形分支连接。

4. 19 股铜芯导线的连接

其方法与 7 股的相似。因其线芯股数较多，在直接连接时，可钳去线芯中间的几根。

导线连接好以后，为增加其机械强度，改善导电性能，还应进行锡焊处理。铜线导线连接处锡焊处理的方法是：先将焊锡放在化焊锅内高温熔化，将表面处理干净的导线接头置于锡锅上，用勺盛上熔化的锡从接头上面浇下。刚开始时，由于接头处温度低，接头不易沾锡，继续浇锡使接头温度升高，沾锡，直到接头处全部焊牢为止。最后清除表面焊渣，使接头表面光滑。

5. 铝芯导线的连接

因铝线容易氧化且氧化膜电阻率高，所以铝芯导线不宜采用铜芯导线的连接方法，而应采用螺栓压接法。此法适用于小负荷的铝芯线的连接。

压接管压接法连接适用于较大负荷的多股铝芯导线的连接(也适用于铜芯导线),压接时应根据铝线芯的规格选择合适的铝压接管。先清理干净压接处,将两根铝芯线相对穿入压接管,使两线端伸出压接管 30mm 左右,然后用压接钳压接。压接时,第一道压坑应压在铝芯端部一侧。压接质量应符合技术要求。

6. 导线绝缘层的恢复

导线绝缘层因外界因素而破坏或导线连接后,为保证安全用电,都必须恢复其绝缘。恢复绝缘后的绝缘强度不应低于原有绝缘层的绝缘强度。通常使用的绝缘材料有黄蜡带、涤纶薄膜带和黑胶带等。作绝缘恢复时,绝缘带的起点应与线芯有两倍绝缘带的距离。包缠时黄蜡带与导线应保持一定的倾角,即每圈压带宽的 1/2。包缠完第一层黄蜡带后,要用黑胶带接在黄蜡带的尾端再反向包缠一层,其方法与前相同,以保证绝缘层恢复后的绝缘性能。

16.3.2 线管线路的敷设

为了使动力线路或照明线路免遭机械损坏,以及为了满足防潮、防腐的要求,可采用线管配线。线管配线有明敷和暗敷两种。

1. 选管

线管的直径应根据穿管导线的截面积进行选择,一般要求穿管的总截面积(包括绝缘层)不应超过线管内截面积的 40%。干燥场所一般采用电线管;潮湿和有腐蚀性气体的场所应选用白铁管,腐蚀性较大的场所应采用硬塑料管。

2. 弯管

线管的敷设应尽量减少弯曲,以方便穿线。管子弯曲角度不应小于 90°。

3. 管头处理

根据所需长度锯下线管后,应将管头毛刺锉去,打磨锋口。为方便线管之间的连接或线管与接线盒之间的连接,线管端应套螺纹。

4. 线管的连接与固定

线管与线管之间最好采用管箍连接。为保证接口的严密,螺纹口上应缠麻纱并涂上油漆,再用管钳拧紧。线管与接线盒等连接时,应在接线盒内外各用一锁紧螺母压紧。

线管一般采用管卡固定,固定位置一般在距离接线盒、配电箱及穿墙管等 100～300mm 处和线管弯头的两边。直线上的管卡间距根据线管的直径和壁厚的不同约为 1～3.5m。

5. 清管穿线

清扫残留在线管内的杂物和水分。选用粗细合适的钢丝做引线,将钢丝引线由一端穿入到另一端。

导线穿入线管前,应先在线管上套上护圈,按线管长度加上两端余量截取导线,剖削导线绝缘层,绑扎好引线和导线头。一端慢送导线,一端慢拉引线,完成导线穿管,最后用绝缘带包扎好管口。

6. 线管配线的注意事项

　　线管内的导线不得有接头,导线接头应在接线盒内处理;绝缘层损坏或损坏后恢复绝缘的导线不得穿入线管内;穿入线管的导线绝缘性能必须良好;不同电压、不同回路的导线,不应穿入同一线管内;除直流回路和接地线外,不得在线管内穿单根导线;潮湿场所敷设时,使用金属管的壁厚应大于 2mm,并应在线管进出口处采取防潮措施;线管明敷应做到横平竖直,排列整齐。

16.4　家用配电线路训练

16.4.1　日光灯

　　日光灯的电路原理如图 16-14 所示。当日光灯接通电源后,电源电压经镇流器和灯丝加在起辉器的 U 形动触片和静触片之间,起辉器放电。放电时的热量使双金属片膨胀并向外弯曲,动触片与静触片接触,接通电路,使灯丝预热并发射电子。与此同时,由于 U 形动触片与静触片相接触,两片间的电压为零而停止辉光放电,使 U 形动触片冷却并恢复原形,脱离静触片,在动触片断开的瞬间,在镇流器两端产生一个比电源电压高得多的感应电动势,这个感应电动势加在灯管两端,使灯管内惰性气体被电离引起电弧光放电,随着灯管内温度升高,液态汞气化游离,引起汞蒸气弧光放电而发出肉眼看不见的紫外线,紫外线激发灯管内壁的荧光粉后,发出近似月光的灯光。

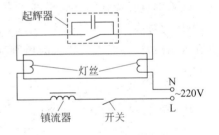

图 16-14　日光灯电路原理图

　　镇流器另外还有两个作用:一个是在灯丝预热时限制灯丝所需要的预热电流值,防止预热过高而烧断,并保证灯丝电子的发射能力;二是在灯管起辉后维持灯管的工作电压和限制灯管工作电流在额定值内,以保证灯管能稳定工作。

　　并联在氖泡上的电容有两个作用:一是与镇流器圈形成 LC 振荡电路,以延长灯丝的预热时间和维持感应电动势;二是吸收干扰收音机和电视机的交流杂声。如电容被击穿,则将电容剪去后仍可使用;若完全损坏,可暂时借用开关或导线代替,同样可起到触发作用。

　　如灯管一端的灯丝断裂,将该端的两只引出脚并联后仍可使用一段时间。

　　可以在日光灯的输入电源上并联一个电容来改善功率因数。

16.4.2　白炽灯

　　白炽灯结构简单,使用可靠,价格低廉,其相应的电路也简单,因而应用广泛,其主要缺

点是发光效率较低,寿命较短。图 16-15 为白炽灯的外
形示意图。

白炽灯泡由灯丝、玻壳和灯头 3 部分组成。灯丝一
般都是由钨丝制成的,玻壳由透明或不同颜色的玻璃制
成。40W 以下的灯泡,将玻壳内抽成真空;40W 以上的
灯泡,在玻壳内充有氩气或氮气等惰性气体,使钨丝不易
挥发,以延长寿命。灯泡的灯头,有卡口式和螺口式两种
形式,功率超过 300W 的灯泡一般采用螺口式灯头,因为
螺口灯座比卡口灯座接触和散热要好。

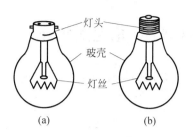

图 16-15 灯泡示意图
(a) 卡口式;(b) 螺口式

白炽灯的控制方式有单联开关控制和双联开关控制两种方式,如图 16-16 所示。

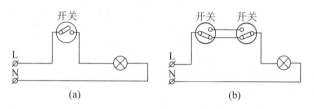

图 16-16 白炽灯的控制原理
(a) 单联开关控制;(b) 双联开关控制

白炽灯照明电路的安装与接线:先将准备实验的各元器件安装在网孔板上,然后根据
白炽灯的基本控制线路(如表 16-1 所示),选用几种进行实验。

表 16-1 白炽灯的基本控制线路

名 称 用 途	接 线 图	备 注
一个单联开关控制一个灯	中性线 电源 相线	开关装在相线上,接入灯头中心簧片上,零线接入灯头螺纹口接线柱
一个单联开关控制两个灯	中性线 电源 相线	超过两个灯按虚线延伸,但要注意开关允许容量
两个单联开关分别控制两盏灯	中性线 电源 相线	用于多个开关及多个灯,可延伸接线
两个双联开关在两地控制一个灯	零 火 3根线(两火一零)	用于楼梯或走廊上两端都能开、关的场合。接线口诀:开关之间3条线,零线经过不许断,电源与灯各一边

16.4.3　常用的灯座

常用的灯座有卡口吊灯座、卡口式平灯座、螺口吊灯座和螺口式平灯座等，外形结构如图 16-17 所示。

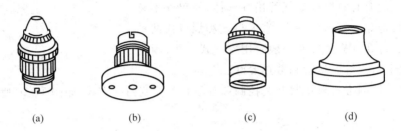

(a)　　　　(b)　　　　(c)　　　　(d)

图 16-17　常用灯座示意图

(a) 卡口吊灯座；(b) 卡口式平灯座；(c) 螺口吊灯座；(d) 螺口式平灯座

16.4.4　常用的开关

开关的品种很多，常用的开关有接线开关、顶装拉线开关、防水接线开关、平开关、暗装开关等，其外形结构如图 16-18 所示。

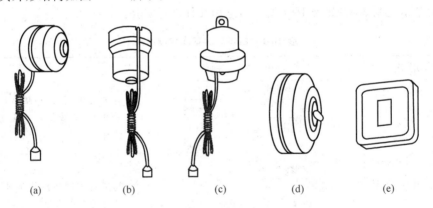

(a)　　　(b)　　　(c)　　　(d)　　　(e)

图 16-18　常用开关示意图

(a) 接线开关；(b) 顶装拉线开关；(c) 防水接线开关；(d) 平开关；(e) 暗装开关

安装照明电路必须遵循的总的原则：火线必须进开关；开关、灯具要串联；照明电路间要并联。

16.4.5　单相电度表的直接接线

单相电度表有 4 个接线孔，两个接进线，两个接出线。按照进出线的不同，单相电度表可分为顺入式和跳入式接线，跳入式接线方式见图 16-19。

对于一个具体的电度表,它的接法是确定的,在使用说明书上都有说明,一般在接线端盖的背后也印有接线图。另外,还可以用万用表的电阻挡来判断电度表的接线。电度表的电流线圈串在负荷电路中,其导线粗,匝数少,电阻近似为零;而电压线圈并在输入电压上,其导线细,匝数多,电阻值很大。因此很容易把它们区分开来。

如果电度表计量的负荷很大,超过了电度表的额定电流,就要配用电流互感器。配用电流互感器的电度表接线图见图 16-20。此时,电度表的电流线圈不再串在负载电路中,而是与电流互感器的二次侧相连,电流互感器的一次侧绕组串在负载电路中。这样,电度表的电压线圈将无法从它邻近的电流接线端上得到电压。因此,电压线图的进线端必须单引出一根线,接到电流互感器一次回路的进线端上去。要特别注意的是,电流互感器两个绕组的同名端和电度表两个同名端的接法不能搞错,否则可能引起电度表倒转。

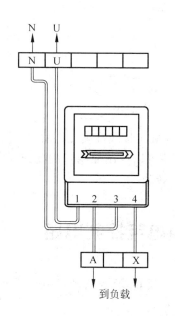

图 16-19　电度表跳入式接线方式

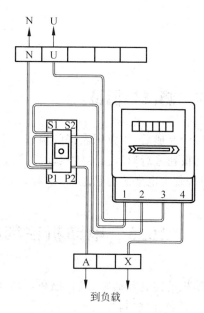

图 16-20　配用电流互感器的电度表接线图

在网孔板上安装好单相电度表、端子排,并按图 16-20 将电度表的各个端子引到端子排上。然后分别将 U,N 接到“三相电源输出”的 U 和 N 上;A,X 分别接到充当负载的灯泡电源进线上。

检查接线无误后,按下控制屏上的启动按钮进行启动。电源启动后,充当负载的灯泡亮,观察电度表的铝圆盘,应看到它从左往右匀速转动。若感觉转速太慢不好观察,可将几个灯泡并联起来(注意断电后再操作)。

16.4.6　家用配电线路训练

这种线路是常见的家用配电线路,包含了生活中配电线路所需要的几种器件,包括电度表、照明灯、开关、插座等,学生可按图 16-21 所示进行接线,也可改变要求,自行设计一家用配电线路。

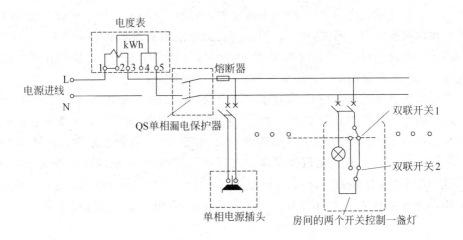

图 16-21　家用配电线路

16.4.7　测试与调试

在接线完成后，用万用表仔细检查一下是否短路。在确定接线准确无误后，按下控制屏上的启动按钮进行启动。电源启动后，通过任意一个开关可以控制照明灯的亮或灭。当照明灯亮时，观察电度表的铝圆盘，应看到它从左往右匀速转动。

16.5　电动机控制中的常用电气控制电路

电动机的控制除通常的启、停和点动外，还经常有正、反转，Y-Δ 启动，反接（或能耗）制动以及分时启、停控制等。

16.5.1　三相异步电动机的正、反转控制线路

许多机床都需要有正、反两个方向的运动，如机床主轴的正转和反转，X62W 铣床工作台的左、右、前、后、上、下 6 个方向的运动等，都要求电动机能够正转和反转。实现异步电动机的正、反转，只要将三相电源中任意两相交换相序即可。

图 16-22 是一种正、反转控制线路。主电路中由 KM_F 和 KM_Z 的主触点来实现交换两相相序。正转时 KM_F 接通，电动机按相序 $A-U_1$、$B-V_1$、$C-W_1$ 与电源相接；反转时 KM_F 断电 KM_Z 接通，这时电动机按相序 $C-U_1$、$B-V_1$、$A-W_1$ 与电源接通，正好交换两相相序。

线路的动作过程分析如下：

合上电源开关 Q→按下 SB_F→KM_F 线圈通电并自锁（互锁 KM_Z 不通电）→KM_F 主触点闭合→M 得电正转→按下 SB→KM_F 断电→KM_F 主触点打开，断开正向电源，M 正转停（且自锁触点断开，互锁触点恢复闭合）→按下 SB_R→KM_Z→线圈通电并自锁（互锁 KM_F 不通电）→KM_Z 主触点闭合→M 得电反转→按下 SB→KM_Z 断电→M 转停。

图 16-23 是采用复合按钮互锁,能实现直接从正转到反转的转换以及直接从反转到正转转换的控制线路。这个线路克服了图 16-22 所示线路中要从正转到反转,必须按停止按钮 SB 后才能反转的缺点。在图 16-23 中,只要按下 SB_F 电动机就正转,按下 SB_Z 电动机就直接由正转变为反转,只有需要停车时才按停止按钮 SB。

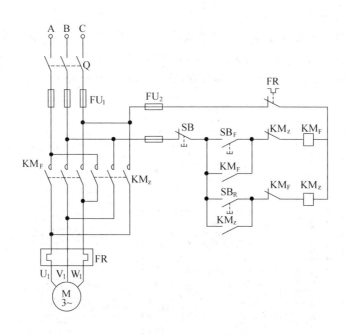

图 16-22 正、反转控制线路

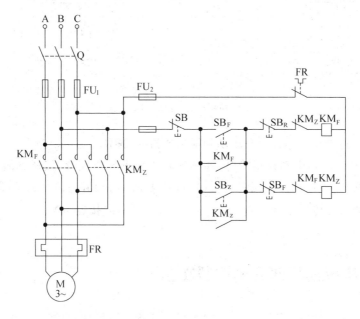

图 16-23 有复合按钮互锁的正、反转控制线路

16.5.2　自动往复行程控制线路

X62W 万能铣床要求工作台在 6 个方向的一定距离内能自动往复运动,以便对不同尺寸的工件进行连续加工。

图 16-24 就是一种自动往复行程控制线路。为实现自动往复行程控制,可将行程开关 SQ_F 和 SQ_R 分别安装在机床床身的左右两侧,将撞块安装在运动工作台上。在控制电路中,将行程开关 SQ_F 的常开触点与反转按钮 SB_R 并联,将行程开关 SQ_R 的常开触点与正转按钮 SB_F 并联。

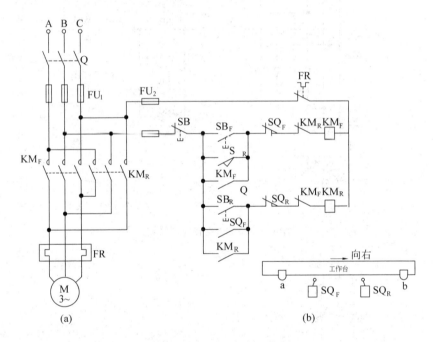

图 16-24　自动往复行程控制
(a) 电路; (b) 行程开关位置

当电动机正转带动工作台向左运动到极限位置时,撞块 a 碰到行程开关 SQ_F,先使其常闭触点断开,KM_F 断电,电动机正转停,再使 SQ_F 的常开触点闭合,接通 KM_R 线路,电动机反转,带动工作台向右运动。到极限位置时,撞块 b 压动 SQ_R,先使 SQ_R 的常闭触点断开,KM_R 断电,电动机反转停,再使 SQ_R 常开触点闭合,又一次接通 KM_F,电动机又开始正转,如此往复。

16.5.3　异步电动机的顺序控制线路

顺序控制的电气原理图如图 16-25(a)所示。在生产机械中,有时要求电动机间的启动、停止必须满足一定的顺序,如主轴电动机的启动必须在油泵启动之后,钻床的进给必须在主轴旋转之后等。实现顺序控制可以在主电路,也可以在控制电路实现。

图 16-25(b)中,接触器 KM1 的另一对常开触头(线号为 5,6)串联在接触器 KM2 线圈的控制电路中,当按下 SB11 使电动机 M1 启动运转后,再按下 SB21,电动机 M2 才会启动运转。若要使 M2 电动机停,只要按下 SB12 即可。

图 16-25(c)中,由于在 SB12 停止按钮两端并联着一个接触器 KM2 的常开辅助触头(线号为 U12,4),所以只有先使接触器 KM2 线圈失电,即使电动机 M2 停止,同时 KM2 常开辅助触头断开,然后才能使 SB12 达到断开接触器 KM1 线圈电源的目的,使电动机 M1 停止。这种顺序控制线路的特点是两台电动机依次顺序启动,而逆序停止。

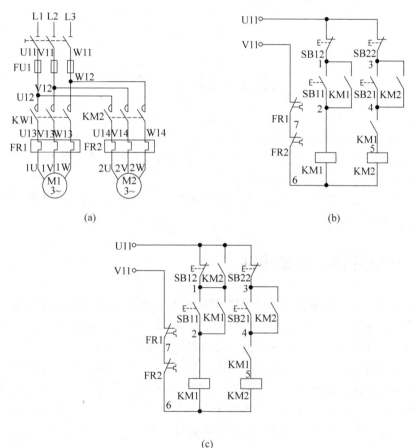

(a)

(b)

(c)

图 16-25 异步电动机的顺序控制线路

第17章

传感器实训

17.1 概   述

传感器是通过工业测量获取信息的重要环节,发展极为迅速,已经逐渐成为一门新的学科,其应用领域十分广泛,如现代飞行技术、计算机技术、工业自动化技术以及基础研究等,传感技术已成为现代信息技术的3大基础之一。

通过本部分的实训能够让学生了解常用工业传感器的种类和作用,熟悉工业传感器的使用方法。

17.1.1 传感器的定义及组成

通常传感器是指一个完整的测量系统或装置,它能感受规定的被测量并按一定规律转换成输出信号。传感器给出的信号是电信号,而它感受的信号不必是电信号,它是把外界输入的非电信号转换成电信号的装置。传感器输出的电信号继续输送给后续的配套的测量电路及终端装置,以便进行电信号的调理、分析、记录或显示等。传感器一般由敏感器件与其他辅助器件组成。敏感器件是传感器的核心,它的作用是直接感受被测物理量,并将信号进行必要的转换输出;信号调理与转换电路为辅助器件,是一些能把敏感器件输出的电信号转换为便于显示、记录、处理等有用的电信号的装置。

17.1.2 传感器的分类

传感器的种类繁多。在工程测试中,一种物理量可以用不同类型的传感器来检测;而同一种类型的传感器也可以测量不同的物理量。

传感器的分类方法很多,概括起来,可按以下几个方面进行分类:

(1) 按被测物理量来分,可分为位移传感器、速度传感器、加速度传感器、力传感器、温度传感器等。

(2) 按传感器工作的物理原理来分,可分为机械式、电气式、辐射式、流体式等。

(3) 按信号变换特征来分,可分为物性型和结构型。所谓物性型传感器,是利用敏感器件材料本身物理性质的变化来实现信号的检测。例如,用水银温度计测温,是利用了水银的热胀冷缩现象;用光电传感器测速,是利用了光电器件本身的光电效应;用压电测力计测力,是利用了石英晶体的压电效应等。所谓结构型传感器,则是通过传感器本身结构参数的变化来实现信号的转换。例如,电容式传感器,是通过极板间距离发生变化而引起电容量的变化;电感式传感器,是通过活动衔铁的位移引起自感或互感的变化等。

(4) 按传感器与被测量之间的关系来分,可分为能量转换型和能量控制型。能量转换型传感器(或称无源传感器),是直接由被测对象输入能量使其工作的。例如,热电偶将被测温度直接转换为电量输出。由于这类传感器在转换过程中需要吸收被测物体的能量,所以容易造成测量误差。

(5) 按传感器输出量的性质,可分为模拟式和数字式两种。前者的输出量为连续变化的模拟量,后者的输出量为数字量。由于计算机在工程测试中的应用,数字式传感器是很有发展前途的。当然,模拟量也可以通过模-数转换变为数字量。

17.2　XK-SXJD-S1 型传感器实训台简介

17.2.1　实训台操作面板

实训台采用 AC380V/50Hz,三相五线式接入,台面电源总开关采用三极断路器带漏电保护,具有电源指示、供电指示,并采取了壳体接地保护、急停按钮、绝缘胶垫等安全措施。

实训台操作面板分为以下几部分:

(1) 强电供电及控制区输出区;

(2) 强电接线区;

(3) 多路接线转接口;

(4) 直流显示仪表区,有直流电流表和直流电压表;

(5) 实训仪表专区,设热电阻温度数显表、热电偶温度数显表、计数器、时间继电器各 1 台;

(6) 信号源区,有 +5V,+12V,+24V 直流电压源,AC24V 交流电压源,4~20mA 电流源,负载电阻≤300Ω,各信号源均设有独立的控制开关及指示灯;

(7) 电桥及平衡调节电路。

17.2.2　实训台使用与接线

(1) 实训台电源由外部控制柜控制,电源接通时,"电源"指示灯亮起,实训台电源三极总开关闭合后"供电"指示灯亮起,二极、三极分控开关分别控制强电输出区的单相、三相电源输出插孔,同时也分别控制两个单相插座、三相四线插座。

(2) 多功能转接口和普通转接口区域是自身独立的区域,以供实验操作者接线。前者提供了 3 种形式(螺丝压线端子、跳线插孔、弹簧压线端子)的 4 路连线,以最大限度地提高接线效率;后者为螺丝压线端子与跳线插孔的 16 路连接。以上两种转接口操作者可根据需要选择,具体哪一端作为台内接线应视所采用的实验连线的不同形式而灵活掌握。

(3) 强电接线区提供了 6 路强电插孔-压线端子的转接线路,将该区域强电插孔通过强电跳线与强电输出区对应相连，即可令强电电源由压线端子的 1～5 输出。这样设计的目的是在接线的最后增加一个强电跳线的连接过程，进一步保证接线安全性。另外，由于部分外置式检测实训单元采用强电供电，故在该区域设有接地插孔 PE。该端子是与地线直接相连的，可将实训单元的金属壳体或线缆屏蔽层与该插孔或压线端子 6 相连，以进行接地保护。

（4）直流显示仪表区的电压、电流表供电电源由实训台电源总开关直接控制，待上电后，即可直接接入仪表量程范围内的测量信号。

（5）实训仪表专区的 4 台仪表电源分别用双极性船形开关控制，设有接通指示灯，仪表的引线均已连到压线端子上，并标有相应的电气符号，操作者可根据电路图直接进行连线，最后接通仪表电源。

（6）信号源均由相应的船形开关控制，设有工作指示。除电流源外，其余的信号均不可调节。

（7）电桥及电桥平衡电路部分，通常将 JP1 短接，即令平衡调节电位器输出端的电阻 RB0 无效，如遇有桥臂电阻较大，调节电位器无法使之平衡时，可将短路块断开并在 RB0 处插上合适的电阻。

17.2.3 实训台使用注意事项

（1）遇有强电设备需认真接线，注意安全，并防止损坏仪表或设备。

（2）了解实训台结构及操作面板的接线，注意安全用电。

（3）务必保证在系统提供的安全措施下进行实验实训。

（4）在量程及工作范围内接线，以防损坏仪表设备。

17.3 实训项目

17.3.1 位移及开关量传感器检测实训

1. 目的

（1）学习增量式编码器、计数器、时间继电器在位移检测中的应用。

（2）学习开关量传感器（霍尔开关、接近开关、限位开关）的应用。

2. 器材

（1）实训台：JSS48A 时间继电器，DM72 计数器。

（2）XK-SN01 型位移速度传感器检测实训单元，如图 17-1 所示。

（3）万用表、电工工具等。

3. 相关传感器介绍

1）编码器

编码器如以信号原理来分，有增量型编码器和绝对型编码器。

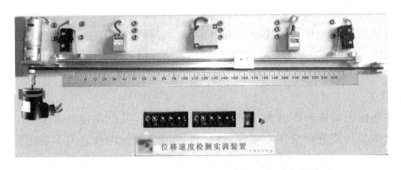

图 17-1　XK-SN01 型位移速度传感器检测实训单元

（1）增量型编码器（旋转型）

增量型光电编码器的码盘边缘附近有一圈由重复的相同遮光线和空隙组成的轨道。遮光线数的多少决定了解码器精度的高低。为了检测码盘旋转的方向，还需要安装两个相邻的光电晶体管，它们通常被称为 A 通道和 B 通道，可产生两相转换的脉冲序列。两个信号间的相位关系决定了旋转的方向。在高精度的编码器中，A 和 B 通道采用两个独立的轨道。在许多情况下，还需要增加一个索引道，以指示零点或原点位置。

编码器码盘的材料有玻璃、金属、塑料。玻璃码盘是在玻璃上沉积很薄的刻线，其热稳定性好，精度高；金属码盘直接以通和不通刻线，不易碎，但由于金属有一定的厚度，所以精度受到限制，其热稳定性要比玻璃码盘差一个数量级；塑料码盘是经济型的，其成本低，但精度、热稳定性、寿命均要差一些。

将编码器每旋转 360° 所能提供多少的通或暗刻线数称为分辨率，也称解析分度，或直接称多少线，一般在每转分度 5～10000 线。

增量式编码器存在的主要问题如下：存在零点累计误差，抗干扰较差，接收设备的停机需断电记忆，开机应找零或参考位等，这些问题如选用绝对型编码器可以解决。

增量型编码器一般用于测速、测转动方向、测移动角度和距离（相对）等。

（2）绝对型编码器（旋转型）

绝对型编码器的光码盘上有许多道光通道刻线，每道刻线依次以 2 线、4 线、8 线、16 线……编排，这样，在编码器的每一个位置，通过读取每道刻线的通、暗，获得一组从 $2^0 \sim 2^{n-1}$ 的唯一的二进制编码（格雷码），称为 n 位绝对编码器。这样的编码器是由光电码盘的机械位置决定的，不受停电、干扰的影响。

绝对型编码器由机械位置决定的每个位置是唯一的，它无须记忆，无须找参考点，而且不用一直计数，什么时候需要知道位置，什么时候就去读取它的位置。这样，编码器的抗干扰特性、数据的可靠性大大提高了。

旋转单圈绝对值编码器，在转动过程中测量光电码盘上的各道刻线，以获取唯一的编码。当转动超过 360° 时，编码又回到原点，这样就不符合绝对编码唯一的原则，这样的编码只能用于旋转范围在 360° 以内的测量，称为单圈绝对值编码器。

如果要进行旋转范围超过 360° 的测量，就要用到多圈绝对值编码器。运用钟表齿轮机械的原理，当中心码盘旋转时，通过齿轮带动另一组码盘（或多组齿轮、多组码盘），在单圈编码的基础上再增加圈数的编码，以扩大编码器的测量范围，这样的绝对编码器称为多圈式绝对编码器,它同样是由机械位置确定编码,每个位置的编码唯一,不重复,从而无须记忆。

多圈编码器的另一个优点是由于测量范围大,实际使用往往富裕较多,这样在安装时不必要费劲找零点,将某一中间位置作为起始点就可以了,从而大大简化了安装调试的难度。

2）接近开关

接近开关又称无触点行程开关。它能在一定的距离（几毫米至几十毫米）内检测有无物体靠近。当物体与其接近到设定距离时,就可以发出信号。由此识别出有无物体接近,进而控制开关的通或断。常用的接近开关有电涡流式（俗称电感接近开关）、电容式、磁性干簧开关、霍尔式、光电式、微波式、超声波式等。

下面对接近开关的相关术语做一简单解释。

（1）动作（检测）距离:动作距离是指检测体按一定方式移动时,从基准位置（接近开关的感应表面）到开关动作时测得的基准位置到检测面的空间距离。额定动作距离是指接近开关动作距离的标称值。

（2）设定距离:指接近开关在实际工作中的整定距离,一般为额定动作距离的0.8倍。被测物与接近开关之间的安装距离一般等于额定动作距离,以保证工作可靠。安装后还需通过调试,然后紧固。

（3）复位距离:接近开关动作后,再次复位时与被测物的距离,它略大于动作距离。

（4）回差值:动作距离与复位距离之间的绝对值。回差值越大,对外界以及被测物抖动等的抗干扰能力就越强。

3）霍尔开关

将半导体薄片置于磁感应强度为 B 的磁场中,磁场方向垂直于薄片,当有电流 I 流过薄片时,在垂直于电流和磁场的方向上将产生电动势 E,这种现象称为霍尔效应。

开关型霍尔集成电路是将霍尔元件、稳压电路、放大器、施密特触发器、OC 门（集电极开路输出门）等电路做在同一个芯片上。当外加磁场强度超过规定的工作点时,OC 门由高阻态变为导通状态,输出变为低电平;当外加磁场强度低于释放点时,OC 门重新变为高阻态,输出高电平。当磁铁的有效磁极接近并达到动作距离时,霍尔开关动作。

4. 实训步骤

（1）滑块位于装置左侧标尺开始处,若不为 0 刻度,记下初始位置;

（2）通电后设置计数器、时间继电器初始值;

（3）将编码器输出信号、GND 分别接入 DM72 计数器的 CONT,COM 端;

（4）将电机的一端与时间继电器 JSS48A 的 DLY（延时断开触点对）串联后接到+12V 电源,另一端接到 GND（为了保证电机安全停止,可将右限位也串联到电机电源中）;

（5）将计数器的常开触点与时间继电器的 PAU 触点对（计时暂停）并联,以便计数完成时可控制时间继电器暂停;

（6）闭合电机的 12V 电源,启动实验装置。

为了更准确地计时,可以将左侧限位开关的常开触点与时间继电器的 RST 触点对（计时复位控制端）相连,起初滑块令左限位动作（断开）,当电机转动后滑块移开致使左限位自然闭合,从而令计时开始。

5．结果分析

实训过程可出现 3 种情形：

（1）当计数脉冲优先到达时，其常开触点闭合，致使时间继电器暂停计时。

（2）当时间继电器优先到达时，DLY 断开，电机停止运行，编码器停止输出，计数器不再变化。

（3）当计数器和时间继电器预置超出滑块的移动距离时，滑块将令右限位动作，从而令电机电源断开，计数器不再变化，但时间继电器尚在运行，因此计数器停止计数时应立即记录此刻时间继电器的时间（此情形也会出现在电机电源事先断电的情况下）。

6．数据处理

通过步骤 4 的记录可获得我们所需的数据。

（1）位移 S：由标尺起、止刻度之差计算得到。

（2）时间 T：由时间继电器的有效计时时间获得。

（3）计数 N：由计数器直接获得。

因为 $S=VT$（位移 S 也即滑块的起止、刻度差的绝对值，为已知量），以及 $S=N\pi D/n$（n 为编码器的码数，D 为皮带轮直径），所以

$$VT = N\pi D/n$$
$$V = S/T$$
$$V = N\pi D/nT$$

将所测数据和已知数据带入上述公式，可以验证 N,D,T,S,n 相互之间存在的关系。

该实训单元上配备接近开关和霍尔开关，将其电源接＋12V 和 GND，通电后由其输出端可测得脉冲信号的变化，也可将输出端接到计数器的输入端 CNT，并将计数器的 COM 端与传感器 GND 相连，由计数器对接近开关或霍尔开关的输出脉冲进行计数。

接近开关和霍尔开关的另外一种接法是不使用实训台面板上的 12V 电源，而是采用计数器提供的＋12V 电源即 Uo,COM 端，将 Uo,COM,CNT 端分别接某传感器的电源正、负和输出端，正常工作后即可由计数器中读得脉冲计数值。

17.3.2　温度传感器检测实训

1．目的

（1）温度传感器（Cu50 热电阻和 K 热电偶）的应用实训。

（2）玻璃管温度计的应用实训。

（3）温度数显表（Cu50 热电阻输入、K 热电偶输入）的应用实训。

2．器材

（1）实训台，设温度数显表（Cu50）、温度数显表（K）、直流电压表。

（2）XK-SN02 型温度传感器检测实训单元，如图 17-2 所示。

（3）WRN 型热电偶，分度号为 K；热电阻，分度号为 Cu50；玻璃管温度计。

（4）万用表、电工工具等。

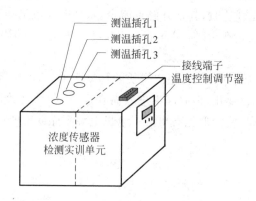

图 17-2　XK-SN02 型温度传感器检测实训单元

3. 相关传感器介绍

1）热电偶

（1）热电效应

在两种导体（或半导体）A，B 组成的闭合回路中，如果对节点 1 加热，使得节点 1 与 2 的温度不同，那么回路中就会有电流产生，接在回路中的电流表指针会发生偏转，这一现象称为温差电效应或塞贝克效应。

实践证明，当热电极材料一定后，热电动势就仅与两接点的温度有关。由此可见，热电偶就是利用热电动势随两接点温度变化的特性来测量温度的。

（2）热电偶的材料和常用的热电偶

常用的热电偶材料有铜、铁、铂铑合金和镍铬合金等。常用的热电偶有：

① 铂铑 10-铂热电偶，分度号为 S，是一种贵金属热电偶。

② 镍铬-镍硅（镍铝）热电偶，分度号为 K，是一种廉价热电偶。

③ 铂铑 30-铂铑 6 热电偶，分度号为 B，亦称为双铂铑热电偶。

④ 钨-铼热电偶，属高温型热电偶。

⑤ 镍铬-考铜热电偶，分度号为 EA。

⑥ 铜-康铜热电偶，分度号为 T。

（3）热电偶的冷端温度补偿

热电偶的热电动势大小与热电极材料和两节点的温度有关，同时热电偶的分度表和根据分度表刻度的温度仪表都是以热电偶参考端温度等于零为条件的。但实际上，冷端温度受周围温度的影响，不可能保持为 0℃ 或某一常数。因此要测出实际温度就必须采取修正或补偿措施。

2）热电阻

（1）热电阻效应

物质的电阻率随温度变化而变化的物理现象称为热电阻效应。大多数金属导体的电阻随温度的升高而增加,这是因为在金属中参加导电的为自由电子,当温度升高时,虽然自由电子数目基本不变(当温度变化范围不是很大时),但是每个自由电子的动能将增加,因此在一定的电场作用下,要使这些杂乱无章的电子作定向运动就会遇到更大的阻力,导致金属电阻随温度的升高而增加,其变化关系可由下式表示:

$$R_t = R_0[1 + \alpha(t - t_0)]$$

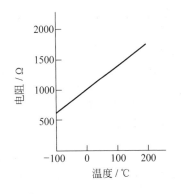

图 17-3　金属电阻-温度特性曲线

式中,R_t,R_0 分别为热电阻在 t℃和 t_0℃时的电阻值;α 为热电阻的电阻温度系数,1/℃。由上式可见,只要 α 保持不变(常数),金属电阻 R_t 就将随温度线性增加,如图 17-3 所示。但是,绝大多数金属导体的 α 并不是一个常数,而是随着温度而变化,只能在一定的温度范围内,把它近似地看作为一个常数。不同的金属导体,α 保持常数所对应的温度不相同,而且这个范围均小于该导体正常工作的温度范围。

(2) 热电阻材料和常用热电阻

制作热电阻可用易提纯、复现性好的金属材料。表 17-1 列出了几种常用的热电阻材料。其中,铂的物理、化学性能非常稳定,尤其是耐氧化能力很强,并且在很宽的温度范围内(1200℃以下)均可保持上述特性。电阻率较高,易于提纯,复制性好,易加工,可以制成极细的铂丝或极薄的铂箔。其缺点是电阻温度系数较小,在还原性介质中工作时易变脆,价格昂贵。由于铂有一系列突出的优点,因此是目前制造热电阻的最好材料。

表 17-1　金属电阻率及其温度系数

材料	温度 t/℃	电阻率 ρ/($\times 10^{-8}\Omega \cdot m$)	电阻温度系数 α/℃$^{-1}$
银	20	1.586	0.0038(20℃)
铜	20	1.678	0.00393(20℃)
金	20	2.40	0.00324(20℃)
镍	20	6.84	0.0069(0~100℃)
铂	20	10.6	0.00374(0~60℃)

表 17-2 列出了热电阻的主要技术性能。

(3) 一个小实验

取一只 100W/220V 的灯泡,用万用表测量其电阻值,可以发现其冷态阻值只有几十欧,而计算得到的额定热态电阻值应为 484Ω。

4. 实训步骤

(1) 将热电阻和热电偶插放到实训单元顶部的插孔中,完成与实训台面板的温度数显表的连线,将热电偶的红、绿线分别接到温度数显表的 TC+,TC−(根据线色可以轻易完成接线)。

表 17-2　热电阻的主要技术性能

材料	铂（WZP）	铜（WZC）
使用温度范围/℃	−200～+960	−50～+150
电阻率 $\rho/(\times 10^{-6}\Omega \cdot m)$	0.0981～0.106	0.017
0～100℃ 间电阻温度系数 α（平均值）(1℃)	0.00385	0.00428
化学稳定性	在氧化性介质中较稳定，不能在还原性介质中使用，尤其不能用在高温情况下	超过 100℃ 易氧化
特性	近于线性、性能稳定、精度高	线性较好、价格低廉、体积大
应用	适于较高温度的测量，可作标准测温装置	适于测量低温、无水分、无腐蚀性介质的温度

（2）设定实训单元上 TED400 温控器的温控值，例如 50℃，通电后温控器开始控制加热。

（3）接通温度数显表（Cu50）、温度数显表（K）的电源。

（4）加热过程中观察玻璃管温度计、温控器、温度数显表的变化。

（5）温度恒定到 50℃ 时可将多个测量结果进行比对。

（6）温度恒定时将热电阻接线拆除但不要从温室中取出，用万用表测量其阻值并与热电阻分度特性对照表（见表 17-3）中 Cu50 热电阻该温度下的阻值对照。

表 17-3　热电阻分度特性对照表 　　　　　　　　　Ω

温度/℃	PT100 电阻值	Cu50 电阻值	Cu53<G>电阻值	Cu100 电阻值
−50	80.31	39.24	41.74	78.49
−40	84.27	41.40	43.99	82.80
−30	88.22	43.55	46.24	87.10
−20	92.16	45.70	48.50	91.40
−10	96.09	47.85	50.75	95.70
0	100.00	50.00	53.00	100.00
10	103.90	52.14	55.25	104.28
20	107.79	54.28	57.50	108.56
30	111.67	56.42	59.75	112.84
40	115.54	58.56	62.01	117.12
50	119.40	60.70	64.26	121.40
60	123.24	62.84	66.52	125.68
70	127.07	64.98	68.77	129.96
80	130.89	67.12	71.02	134.24

续表

温度/℃	PT100 电阻值	Cu50 电阻值	Cu53＜G＞电阻值	Cu100 电阻值
90	134.70	69.26	73.27	138.52
100	138.50	71.40	75.52	142.80
110	142.29	73.54	77.78	147.08
120	146.06	75.68	80.03	151.36
130	149.82	77.83	82.28	155.66
140	153.58	79.98	84.54	159.96
150	157.31	82.13	86.79	164.27

(7) 温度恒定时将热电偶接线拆除,但不要从温室中取出,将接线连至直流电压数显表,测量其电势值并与热电偶温度毫伏对照表(见表 17-4)中 K 热电偶该温度下的电势对照。

表 17-4　热电偶温度毫伏对照表　　　　　　　　　　　　mV

tpts-68/℃	S 热电偶	B 热电偶	K 热电偶	E 热电偶
0	0	0	0	0
50	0.299	0.002	2.022	3.047
100	0.645	0.033	4.095	6.317
150	1.029	0.092	6.137	9.787
200	1.44	0.178	8.137	13.419
250	1.873	0.291	10.151	17.178
300	2.323	0.451	12.207	21.033
350	2.786	0.596	14.292	24.961
400	3.26	0.786	16.395	28.943
450	3.743	1.002	18.531	32.96
500	4.234	1.241	20.64	36.999
550	4.732	1.505	22.772	41.045
600	5.237	1.791	24.902	45.085
650	5.751	2.1	27.022	49.109
700	6.274	2.43	29.128	53.11
750	6.805	2.782	31.214	57.083
800	7.345	3.154	33.277	61.022
850	7.392	3.546	35.314	64.924
900	8.448	3.957	37.325	68.783
950	9.012	4.386	39.31	72.593
1000	9.585	4.833	41.269	76.358
1050	10.165	5.297	43.202	
1100	10.754	5.777	45.108	
1150	11.348	6.273	46.985	
1200	11.947	6.783	48.828	
1250	12.55	7.308	50.633	
1300	13.155	7.845	52.398	
1350	13.761	8.393	54.125	

tpts-68/℃	S 热电偶	B 热电偶	K 热电偶	E 热电偶
1400	14.368	8.952		
1450	14.973	9.519		
1500	15.576	10.094		
1550	16.175	10.674		
1600	16.771	11.257		
1650	17.56	11.842		
1700	17.942	12.426		

17.3.3 液体流量、压力检测及相关传感器安装实训

1. 目的

(1) 学习压力变送器、涡轮流量计的应用。

(2) 学习弹簧管压力表的应用。

2. 器材

(1) 实训台,设直流电流表。

(2) XK-SN03 型流量、压力检测实训单元,如图 17-4 所示。

(3) 万用表、电工工具、五金工具等。

3. 相关传感器介绍

1) 扩散硅压力变送器

选用高精度、高稳定性的扩散硅压力敏感元件,经过精密的补偿技术、信号处理技术,转换成标准的电流(电压)信号输出。可直接与工业仪表以及计算机控制系统连接,实现生产过程的自动检测和控制。可广泛应用于各种工业领域中非腐蚀性气体的压力检测。它具有以下特点:

(1) 适用于非腐蚀性气体测量;

(2) 具有高精度、高稳定性;

(3) 可用于表压、负压和绝压测量;

(4) 量程范围宽;

(5) 具有良好的温度补偿功能;

(6) 重量轻,小型一体化;

(7) 安装方便,现场互换性好,现场免维护;

(8) 具有电源反向保护功能。

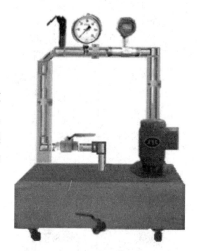

图 17-4　XK-SN03 型流量、压力检测实训单元

扩散硅压力变送器内部由扩散硅压力敏感芯片和信号处理电路组成。当外加压力作用在变送器敏感元件上时,首先引起敏感芯片上惠斯通电桥的输出电压变化,再由变送器内的信号处理电路将其放大并转换成标准的电流(电压)信号输出。电流(电压)信号的变化与所

加压力成正比,从而实现力-电转换。

2) 涡轮流量计

结构如图 17-5 所示,它主要由壳体、前导向架、叶轮、后导向架、压紧圈和带放大器的磁电感应转换器等组成。

当被测流体流经传感器时,传感器内的叶轮借助于流体的动能产生旋转,叶轮即周期性地改变磁电感应系统中的磁电阻,使通过线圈的磁通量周期性地发生变化而产生电脉冲信号,经放大器放大后传送至相应的流量计算仪表,进行流量或总量的测量。

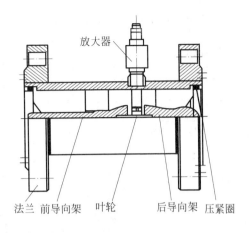

图 17-5　涡轮流量传感器结构图

4. 实训步骤

(1) 安装所需的传感器,如压力变送器、涡轮流量计等,不需要的位置安装丝堵。为防止漏水,可在螺纹上缠绕生料带,然后用管钳或扳手拧紧。安装过程中用力要适当,防止损坏传感器和实训设备。

(2) 关紧水箱排水阀,在水箱中加足够的水,并将手动阀门打开到最大位置。

(3) 由实训台接出交流 380V,三相四线制,将实训单元的壳体与台体操作面板的 PE 插孔相连,作接地保护。

(4) 将传感器连接到直流 24V 电源,将其中一种传感器的输出端与直流电流表串联。

(5) 将传感器与直流 24V 电源接通,将水泵 380V 电源开关闭合,水泵开始抽水并使之沿管道循环,涡轮流量计有信号输出,记录该电流值。

(6) 观察压力表的指针并做好记录。

(7) 逐渐关闭阀门,观察该过程中涡轮流量计的输出信号及压力表指针的变化情况。

(8) 拆除涡轮流量计与直流电流表的连线,将压力表变送器接入电流表,重复以上过程并观察电流表数值的变化。

(9) 实验完毕后关闭所有电源,拆除连线,打开水箱排水阀把水放净,防止长时间后水变质或装置腐蚀。

5. 总结

由于该装置中水泵的扬程为 4m,即最大可提供 39.2kPa 的压力,因此可选用 40kPa 的压力变送器,水泵最大流量 12L/min,即 0.72m³/h,此时涡轮流量计(DN15,一级)的测量范围为 0.4～4m³/h,故可以正常工作。

17.3.4　称重传感器的应用、安装实训

1. 目的

(1) 学习称重传感器的安装及使用。

(2) 学习称重传感器的串联应用。

（3）学习称重传感器的并联应用。

2. 器材

（1）实训台,设直流电压表。

（2）XK-SN04 型称重传感器实训单元,如图 17-6 所示。

（3）五金工具等。

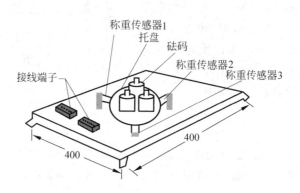

图 17-6　XK-SN04 型称重传感器实训单元

3. 称重传感器介绍

随着技术的进步,由称重传感器制作的电子衡器已广泛地应用到各行各业,实现了对物料快速、准确的称量。特别是随着微处理机的出现及工业生产过程自动化程度的不断提高,称重传感器已成为过程控制中一种必需的装置,从以前不能称重的大型罐、料斗等重量计测以及吊车秤、汽车秤等计测控制,到混合分配多种原料的配料系统、生产工艺中的自动检测和粉粒体进料量控制等,都应用了称重传感器,目前,称重传感器几乎运用到了所有的称重领域。

图 17-7 是本次实训所使用的 B-XA 称重传感器。

图 17-7　B-XA 称重传感器

4. 实训步骤

（1）将 3 只称重传感器及 3 个支架与托盘组装起来,螺栓不必拧紧,以便于轻微调整高度,使传感器高度一致,保证受力均匀。

（2）将 3 只称重传感器的 E＋,E－间接入＋12V 的直流电压,信号输出端 S＋,S－首尾相连,如图 17-8 所示,将输出端 ΔU 接入直流电压表。

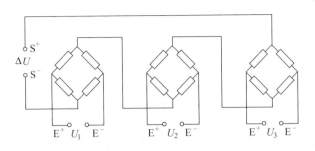

图 17-8　称重传感器串联

（3）托盘中无任何砝码，接通传感器的 12V 直流电源，观察并记录电压表显示数值。

（4）在托盘中央轻轻加上砝码，避免大的冲击，砝码逐渐增加，观察并记录每次电压表显示的数值。

（5）断开电源，改变传感器的接线，如图 17-9 所示使各输出端并联，依次重复步骤（3）和（4）（此处忽略了串入各传感器输出端的电阻 R）。

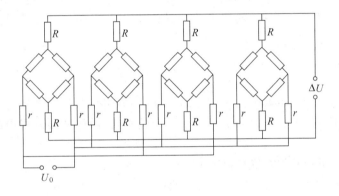

图 17-9　称重传感器并联

5. 数据分析

将不同接线不同重量时电压的测量值列成表格，分析重量、电压、接线方式之间的关系。

17.3.5　电流、电压传感器检测实训

1. 目的

（1）学习电流、电压传感器的应用及安装方法。
（2）学习电流、电压传感器应用中的注意事项。

2. 器材

（1）电压传感器；
（2）电流传感器；

（3）电源总控柜；

（4）万用表。

3. 相关传感器介绍

在城市用电设备增多,农村供电设备老化失修的情况下,城乡各地经常会出现电压不稳、电路短路、过流等现象,造成人民生活不便和仪器损毁。在电源技术中使用传感检测功能,可以使电源设备更加小型化、智能化和安全可靠。实际需求直接推动电源技术不断发展和进步,为了自动检测和显示电流,并在过流、过压等危害情况发生时具有自动保护功能和更高级的智能控制,具有传感检测、传感采样、传感保护的电源技术渐成趋势,检测电流或电压的传感器便应运而生并在我国开始受到广大电源设计者的青睐。

电流传感器可以测量各种类型的电流,从直流电到几十千赫兹的交流电,其所依据的工作原理主要是霍尔效应。电流传感器的输出信号是副边电流 I_S,它与输入信号（原边电流 I_P）成正比。I_S 一般很小,只有 $100\sim400\mathrm{mA}$。如果输出电流经过测量电阻 R_M,则可以得到一个与原边电流成正比的大小为几伏的输出电压信号。

电压传感器,利用磁补偿原理制作而成,原边电路与副边电路绝缘。在测量电压时,被测电压通过电阻与传感器连接,输出电流与被测电压成比例。也可以测直流、交流、脉动电压。

4. 实训步骤

（1）该实训项目在总电源配电柜中进行观摩实训,电流传感器及电压传感器已经事先固定到绝缘板（如印刷电路板）上,并已安装或接线完毕,操作者用万用表测量传感器的输出量。

（2）记录此时电源总控柜面板仪表上的电压值和电流值。

（3）根据传感器的变比计算得到原边的电压、电流参数,并与面板表的测量值进行比对。

5. 使用传感器模块的注意事项

（1）传感器模块在使用时,应先接通副边电源,再接通原边电流或电压。

（2）在选用传感器模块时,要根据测量范围、精度、反应时间及接线方式等参数,选用不同型号的传感器。

（3）测量电流时,最好用单根导线充满传感器模块孔径,以便得到最佳的动态性能和灵敏度。

（4）传感器模块的最佳测量精度是在额定值下测得的,当测量值低于额定值时,原边用多匝绕线,使总的匝数接近额定值,从而获得最佳测量精度。

（5）电流母线温度不得超过 $100°$。

（6）注意操作安全。

参 考 文 献

[1] 樊东黎.热加工工艺规范[M].北京：机械工业出版社,2003.

[2] 技工学校机械类通用教材编审委员会.金属工艺学[M].北京：机械工业出版社,2004.

[3] 陆文周.实验指导书[M].南京：东南大学出版社,1997.

[4] 吴鹏,迟剑锋.工程训练[M].北京：机械工业出版社,2005.

[5] 刘胜青.工程训练[M].成都：四川大学出版社,2002.

[6] 夏德荣,贺锡生.金工实习[M].南京：东南大学出版社,1999.

[7] 李佳,等.数控机床及应用[M].北京：清华大学出版社,2001.

[8] 冯俊,周郴.工程训练基础教程[M].北京：北京理工大学出版社,2005.

[9] 劳动和社会保障部教材办公室.数控机床编程[M].北京：中国劳动社会保障出版社,2000.

[10] 黄道业,等.数控铣床编程、操作及实训[M].合肥：合肥工业大学出版社,2005.

[11] 张振国.数控机床的结构与应用[M].北京：机械工业出版社,1996.

[12] FANUC Oi-MC 操作说明书.

[13] SINUMERIK 802D sl 操作编程.

[14] HNC-21/22T 编程说明书.

[15] 樊会灵.电子产品工艺[M].北京：机械工业出版社,2004.

[16] 程周.电气控制技术与应用[M].福州：福建科技出版社,2004.

[17] 鲁珍珠,许泽鹏,李玮.机电工程实践能力培训课教材.西安：西安理工大学校内教材.

[18] 李桂安.电工电子实践初步[M].南京：东南大学出版社,1999.

[19] 浙江天煌科技实业有限公司.电工实训指导书,2006.

[20] 济南星科经贸有限公司.PLC 实训指导书,2006.

[21] 济南星科经贸有限公司.传感器实训指导书,2006.

[22] 西安成和电子科技有限公司.电子装配实训指导书,2006.

[23] 稚庆.现代家庭急救手册[M].北京：中国商业出版社,1990.

[24] 丁训杰.急诊抢救手册[M].北京：金盾出版社,1992.

[25] 李小丽,等.3D 打印技术及应用趋势[J].自动化仪表,2014,35(1)：1-5.

[26] 李余峰,等.基于人机工程学的电子设备人机界面设计[J].包装工程,2011,32(6)：63-66.

[27] 赵婧.3D 打印技术在汽车设计中的应用研究与前景展望[D].太原：太原理工大学,2014.

[28] 王菊霞.3D 打印技术在汽车制造与维修领域应用研究[D].长春：吉林大学,2014.

[29] 魏洪广.基于逆向工程的产品数据重构技术研究[D].长春：长春工业大学,2014.

[30] 石诺.基于逆向工程的三维数字化测量技术研究[D].长春：长春理工大学,2013.

[31] 叶冬荣.逆向工程中数据预处理算法研究及软件实现[D].合肥：合肥工业大学,2014.

[32] 张晓青.3D 打印技术应用于文物复制的可行性研究[D].北京：北京印刷学院,2015.

[33] 张斌.3D 打印驱动关键技术研究[D].北京：北京印刷学院,2015.